普通高等教育环境与市政类（高职高专）"十三五"规划教材

水泵与水泵站技术

主编　夏宏生

·北京·

内 容 提 要

  本书介绍了水泵的分类、离心泵的基本构造与工作原理、离心泵的基本性能参数、离心泵的基本方程、离心泵的特性曲线等基本知识，重点讲述了离心泵装置的总扬程计算、水泵工况点确定及改变方式等内容；同时对给水泵站和排水泵站的设计方法与步骤、离心泵装置的维护与使用、泵站的日常管理等进行了详细介绍。

  本书可作为高职高专市政类专业的教材，也可作为从事相关专业的工程技术人员提供参考。

图书在版编目（CIP）数据

水泵与水泵站技术 / 夏宏生主编. -- 北京 : 中国
水利水电出版社，2016.8 (2021.7重印)
 普通高等教育环境与市政类（高职高专）"十三五"
规划教材
 ISBN 978-7-5170-4720-9

 Ⅰ．①水… Ⅱ．①夏… Ⅲ．①水泵－高等职业教育－
教材②泵站－高等职业教育－教材 Ⅳ．①TV675

 中国版本图书馆CIP数据核字（2016）第209808号

书　　　名	普通高等教育环境与市政类（高职高专）"十三五"规划教材 **水泵与水泵站技术** SHUIBENG YU SHUIBENGZHAN JISHU
作　　　者	主编　夏宏生
出 版 发 行	中国水利水电出版社 （北京市海淀区玉渊潭南路1号D座　100038） 网址：www.waterpub.com.cn E-mail：sales@waterpub.com.cn 电话：（010）68367658（营销中心）
经　　　售	北京科水图书销售中心（零售） 电话：（010）88383994、63202643、68545874 全国各地新华书店和相关出版物销售网点
排　　　版	中国水利水电出版社微机排版中心
印　　　刷	北京印匠彩色印刷有限公司
规　　　格	184mm×260mm　16开本　12.75印张　312千字
版　　　次	2016年8月第1版　2021年7月第2次印刷
印　　　数	3001—5000册
定　　　价	**36.00元**

QIANYAN 前 言

水泵与水泵站是市政工程的重要组成部分，是市政给排水工程不可缺少的组成项目，没有水泵，市政给水和排水系统将不能正常运行。"水泵与水泵站技术"是高职高专给排水工程技术、市政工程技术、环境工程技术、建筑设备工程技术等专业学习的一门重要的专业基础课。

编者在经过多年的教学和工程实践的基础上，借鉴许多前辈的经验，结合高职高专教学和学生学习的特点，先编写了"水泵与水泵站技术"讲义，经过几年使用、修改、完善，最终编写成了本书。本书精简了理论知识，侧重应用能力；作者在编写本书时，摒弃了按知识系统化的传统，改为按知识的应用为线索来编写，以知识应用为核心，便于学习和参考。本书主要包括以下几个方面的内容：水泵的基本知识，离心泵装置扬程计算与运行分析，中、小型给水泵站工艺设计与计算，中、小型排水泵站工艺设计与计算，泵站运行与管理，泵站工艺设计实例。可供高职高专学生学习使用，也可供有关工程技术人员参考。

本书由广东水利电力职业技术学院夏宏生主编，广东水利电力职业技术学院李龙校订，深圳水务集团东湖水厂钟雯、深圳市宝安规划设计院公司滕云志、顺德建筑设计院有限公司梁世军等提供了大量基础资料。

由于作者知识水平有限，本书难免存在疏漏及欠妥之处，敬请广大读者批评指正。

编 者

2016 年 1 月于广州

目 录 MULU

第1章 水泵的基本知识

1.1 水泵与水泵站在给水排水工程中的作用和地位

水泵广泛应用于采矿、冶金、电力、石油、化工、市政以及农林等国民经济的各个部门。

在城市给水排水工程中，水泵是不可缺少的重要组成部分，是给水系统或排水系统的水力枢纽——"心脏"，只有水泵的正常工作才能保证给水排水系统的正常运行。

城市给水系统和排水系统的组成示意图，如图1.1所示。原水由取水泵站从水源地抽送至水厂，净化后的清水由送水泵站输送到城市管网中去。城市中排泄的生活污水和工业废水或降水，经排水管渠系统汇集后，也必须由排水泵站将污水抽送至污水处理厂，经过处理后的污水再由排水泵站（或用重力自流）。排放入江河湖海中去，或者排入农田作为灌溉之用。

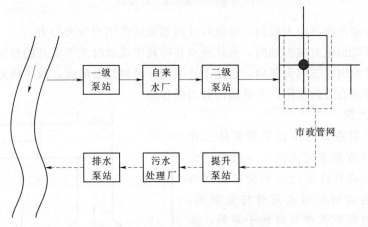

图1.1 城市给水系统和排水系统

此外，水泵和水泵站在城市引水、农田灌溉、防洪排涝等方面发挥着巨大作用，如城市引水工程中的抽升泵站和加压泵站、农田灌溉中的灌溉泵站、防洪排涝中的排涝泵站。

本章将以离心泵为例介绍叶片泵的基本知识：构造和工作原理、性能参数、基本方程、特性曲线等。

1.2 水泵的定义与分类

水泵是输送和提升液体的机器。它是把原动机的机械能传递给被输送液体，使液体获得动能或势能的增加，从而被提升或者被输送的机械。水泵按其作用原理可分为三类：叶片式

1

水泵、容积式泵、其他类型水泵。

1.2.1　叶片式水泵

　　叶片式水泵是依靠叶轮的高速旋转来完成能量的转换和传递的。叶轮叶片的形状则影响着水泵对水流的作用力及水流的出流方向，根据叶轮出水的水流方向的不同可将叶片式水泵分为径向流、轴向流和斜向流 3 种。属于这一类的有离心泵、轴流泵、混流泵，如图 1.2 所示。

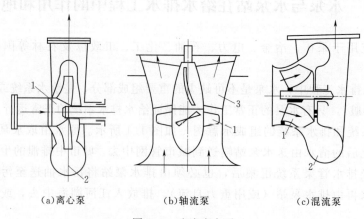

（a）离心泵　　　　　　（b）轴流泵　　　　　　（c）混流泵

图 1.2　叶片式水泵

1—叶轮；2—蜗形体；3—导叶

　　离心泵：叶轮出流方向为径向，叶轮叶片对水流的作用力为离心力。

　　轴流泵：叶轮出流方向为轴向，液体质点在叶轮中流动时主要受到的是轴向升力。

　　混流泵：叶轮出流方向为斜向，它是上述两种叶轮的过渡形式，液体质点在这种水泵叶轮中流动时既受离心力的作用，又有轴向升力的作用。

1.2.2　容积式水泵

　　容积式水泵对液体的压送是靠泵体工作室容积的周期性改变来完成的。一般使工作室容积改变的方式有往复运动和旋转运动两种。属于往复运动的容积水泵有往复泵等；属于旋转运动的容积式水泵有转子泵等，如图 1.3 所示。

　　容积泵的特点是工作流量稳定，基本不受工作压力变化的影响，常用来作为计量泵使用。

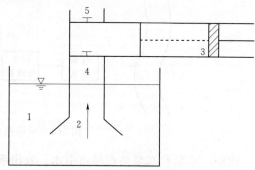

图 1.3　容积式水泵

1—吸水池；2—进水喇叭口；3—活塞；4—进水阀；5—出水阀

1.2.3　其他类型水泵

　　其他类型水泵是指除叶片式水泵和容积式水泵以外的特殊泵，包括螺旋泵、射流泵、水锤泵、水轮泵以及气升泵。

　　以上各种类型水泵的使用范围是很不同的，常见的几种类型泵的总型谱图，如图 1.4 所示。从图中可以看出，往复泵的使用范围侧重于高扬程、小流量；轴流泵和混流泵的使用范围侧重于低扬程、大流量；离心泵的使用范围介于两者之间，工作区间最广，产品的种类、

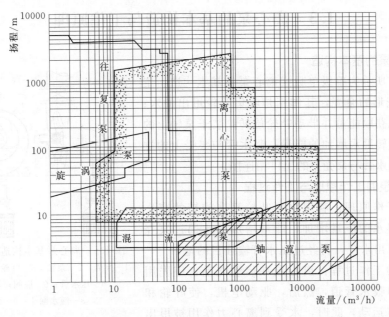

图 1.4 常用的几种水泵总型谱图

系列和规格也最多。

城市给水工程中扬程一般介于 20～100m 之间，单泵流量的使用范围一般在 50～10000m³/h 之间，从总型谱图可以看出，使用离心泵十分合适。从排水工程来看，城市污水泵站、雨水泵站的特点是大流量、低扬程。扬程一般介于 2～20m，流量可超过 10000m³/h，在这样的工作范围内，一般采用轴流泵比较合适。

20 世纪以来，在机械制造业中，水泵已发展成为一门独立的机种而列入了通用机械类，国际地位越来越重要。目前，水泵的发展总趋势可以归纳为：

（1）大型化、大容量化。

国际上大型水泵发展很快，巨型轴流泵的叶轮直径已达 7m，潜水泵直径达到了 1.0m，我国生产的轴流泵单机容量为 6000kW、混流泵达到 7000kW、离心泵达到 8000kW，高压锅炉给水泵单机容量大到 60000kW，新型离心潜水泵流量达到 1800m³/h，扬程达 110m，最大出水量达 28800m³/h，还有扩大趋势。

（2）高速化、高扬程化。

随着水泵汽蚀、材料强度等问题的不断改善，水泵的转速也越来越快。20 世纪 80 年代，国际水平的离心泵转速为 7500r/min，现已增至 10000r/min。转速的提高，扬程随之提高。目前，高压锅炉给水泵单级扬程已达 1000m，多级扬程已达 2000m。

（3）系列化、通用化、标准化。

国际标准化组织协会规定了额定压力为 720kPa 的单级离心泵的主要尺寸和规格参数（ISO2858—1975E），标准泵的性能范围：流量 6.3～400m³/h，扬程 25～125m，凡满足上述规格的水泵都视为标准泵。我国自 1958 年以来对泵的型号、定型尺寸及系列分类做了大量的工作，"三化"水平不断提高。

1.3　离心泵的基本构造与工作原理

1.3.1　离心泵的基本构造

如图 1.5 所示为单级单吸式离心泵的基本构造，主要包括有蜗壳形的泵壳，其作用是收集叶轮甩出的水；泵轴从原动机获取能量并带动叶轮旋转；装于泵轴上的叶轮，高速旋转甩水增加的能量；吸水管与泵壳上的进口相连接；压水管与泵壳上的出口相连接。

1.3.2　离心泵的工作原理与工作过程

离心泵工作原理：利用水泵叶轮高速旋转的离心力甩水，使得水的能量增加，能量增加的水通过泵壳和水泵出口流出水泵，再经过压水管输往目的地。

离心泵的工作过程：离心泵在启动之前，应先用水灌满泵壳和吸水管道，然后，驱动电机，使叶轮和水作高速旋转运动，此时，水受到离心力作用被甩出

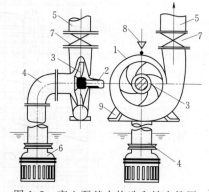

图 1.5　离心泵基本构造和抽水简图

1—泵壳；2—泵轴；3—叶轮；4—吸水管；
5—压水管；6—底阀；7—闸阀；
8—灌水漏斗；9—泵座

叶轮，经蜗形泵壳中的流道而流入水泵的压水管道，由压水管道而输入管网中去。在这同时，水泵叶轮中心处由于水被甩出而形成真空，吸水池中的水便在大气压力作用下，沿吸水管而源源不断地流入叶轮吸水口，又受到高速转动叶轮的作用，被甩出叶轮而输入压水管道。这样，就形成了离心泵的连续输水。

1.3.3　离心泵的主要零部件

如图 1.6 所示为单级单吸卧式离心泵的构造剖面图，离心泵的主要零件由转动、固定及

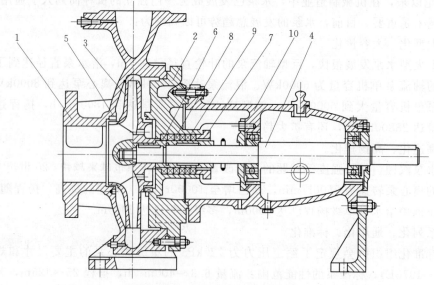

图 1.6　单级单吸卧式离心泵剖面图

1—泵体；2—泵盖；3—叶轮；4—轴；5—减漏环；6—轴套；7—填料压盖；
8—填料环；9—填料；10—悬架轴承部件

交接三大部件组成，其中转动部件有叶轮和泵轴等；固定部件有泵壳和泵座等；交接部件有轴承、轴封、联轴器、减漏环及轴向力平衡装置等。

1. 转动部件

（1）叶轮。叶轮是离心泵的主要零件，叶轮的作用就是通过其自身的高速旋转向液体传递能量。叶轮通过键固定于泵轴之上并由泵轴带动其转动。

叶轮的形状和尺寸是通过水力计算来决定的。叶轮形状及表面的光洁度对水泵的性能影响较大。

叶轮的材料常用的有：铸铁、铸钢、青铜、不锈钢、工程塑料等。选择叶轮材料时，除了要考虑离心力作用下的机械强度以外，还要考虑材料的耐磨和耐腐蚀性能。

叶轮按其吸水口的类型一般可分为单吸式叶轮与双吸式叶轮两种。单吸式叶轮，它是单边吸水，只有一个吸水口，叶轮的前盖板与后盖板呈不对称状，如图1.7所示。双吸式叶轮，叶轮两边吸水，有两个吸水口，叶轮盖板呈对称状，一般大流量离心泵多数采用双吸式叶轮，如图1.8所示。

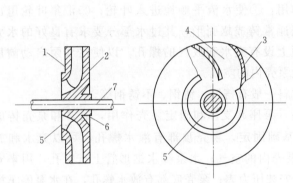

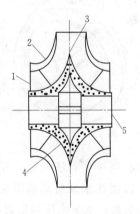

图1.7　单吸式叶轮结构简图

1—前盖板；2—后盖板；3—叶片；4—叶槽；
5—吸水口；6—轮毂；7—泵轴

图1.8　双吸式叶轮简图

1—吸入口；2—轮盖；3—叶片；
4—轮毂；5—轴孔

安装单吸式叶轮的离心泵称为单吸式离心泵，安装有双吸式叶轮的离心泵称为双吸式离心泵。

叶轮按其结构又可以分为开敞式、半开敞式和封闭式叶轮。叶轮按其盖板情况可分封闭式叶轮、敞开式叶轮和半开式叶轮三种形式，如图1.9所示。

封闭式叶轮具有前后两个盖板，称之为封闭式叶轮，应用最为广泛，单吸式叶轮和双吸式叶轮均属于这种叶轮，其叶片一般较多，通常有6~8片，多的可至12片；半开式叶轮只有后盖板没有前盖板，称为半开式叶轮；敞开式叶轮根本没有完整的前后盖板，称之为敞开式叶轮。在输送含有悬浮物的污染物的污水泵中，为了避免堵塞常采用半开式叶轮或敞开式叶轮，其特点是叶片少，一般仅2~5片。

（2）泵轴。泵轴是用来固定并带动叶轮旋转的，常用材料是碳素钢和不锈钢。泵轴应有足够的抗扭强度和足够的刚度，其挠度不超过允许值；工作转速不能接近产生共振现象的临界转速。

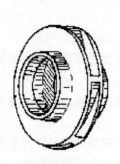  

(a)封闭式叶轮　　　　　(b)半开式叶轮　　　　　(c)敞开式叶轮

图 1.9　叶轮形式

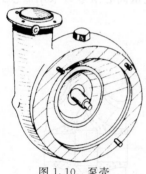

图 1.10　泵壳

2. 固定部件

(1) 泵壳。泵壳一般由泵盖、壳体 (蜗壳)、出水接管组成，如图 1.10 所示。

泵壳的作用：①使水流平顺地进入叶轮；②汇集叶轮甩出的流体。泵壳通常铸成蜗壳形，其过水部分要求有良好的水力条件。泵壳顶上设有充水和放气的螺孔，以便在水泵启动前用来充水及排走泵壳内的空气。

泵壳的材料一般有铸铁、铸钢、不锈钢等。

(2) 泵座。泵座起支撑和固定泵壳作用，通常和泵壳铸成一体。泵座上有法兰孔，用来与底板或基础固定；泵壳顶部有灌水螺孔，可以充水和放气，以便在水泵启动前用来充水和排走泵壳内的空气；水泵吸水锥形管上有螺孔，用来安装真空表；水泵水压锥形管有螺孔，用来安装压力表；泵壳底部有放水螺孔，在水泵停车检修时，用来放空泵壳内积水；在泵壳的横向槽底开有泄水螺孔，以便随时排走由填料盒内流出的渗漏水滴。所有的这些螺孔，如果暂时不用时，可以用带螺纹的丝堵 (又称"闷头")拴紧。

3. 交接部件

(1) 轴封装置。轴封装置位于泵轴穿过泵壳处，用于密封水泵的转动部件和固定部件之间的间隙，防止水泵内的高压水 (单吸式离心水泵、混流泵、轴流泵) 向泵外泄漏，或者是为了防止泵外的空气向泵内渗入 (双吸式离心泵) 破坏水泵进水口处的真空状态。

轴封装置主要有两种形式：填料密封和机械密封。

1) 填料密封装置也称填料盒，如图 1.11 所示。填料盒内有用于密封用的填料、起冷却和润滑作用的水封环、调节填料松紧度的调节压盖等组成。

填料通常是选用弹性材料。目前最常用的就是石棉盘根。

水封环通过水封管引水泵出水侧的高压水或者引自来水，并将水分布于泵轴的四周，一方面用水冷却填料与泵轴间摩擦产生的热量；另一方面也起到润滑的作用。同时，分布于泵轴四周的水在轴高速旋转时能在轴的表面形成水膜，也起到密封的作用。

调节压盖的作用就是用于控制填料的松紧度，不能太紧，也不能太松。

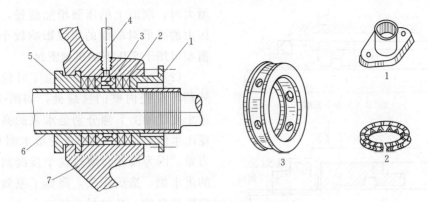

图 1.11　填料盒组装示意图

1—压盖；2—填料；3—水封环；4—水封管；5—轴封套；6—衬套；7—泵壳

2）机械密封也称端面密封。机械密封的基本元件，如图 1.12 所示，主要由动环 5（随轴一起旋转并能做轴向移动）、静环 6、压紧元件（弹簧 2）和密封元件（密封圈 4、7）等组成。机械密封的基本原理是动环借密封腔中液体的压力和压紧元件的压力，使其端面贴合在静环的端面上，并在两环端面 A 上产生适当的压强（单位面积上的压紧力）和保持一层极薄的液体膜而达到密封的目的，而动环和轴之间的间隙 B 由动环密封圈 4 密封，静环和压盖之间的间隙 C 由静环密封圈 7 密封。由此构成的三道密封（即 A、B、C 三个界面的密封），封堵了密封腔中液体向外泄漏的全部可能途经。密封元件除了密封作用以外，还与作为压紧元件的弹簧一道起到了缓冲补偿作用。泵在运转过程中，轴的振动如果不加缓冲而直接传递到密封端面上，那么密封端面不能紧密贴合而会使泄漏量增加，或者由于过大的轴向荷载而导致密封端面磨损严重，使密封失效。另外，端面因摩擦必然会产生磨损，如果没有缓冲补偿，势必会造成端面的间隙越来越大而导致无法密封。

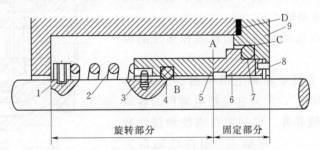

图 1.12　机械密封的基本元件示意图

1—弹簧座；2—弹簧；3—传动销；4—动环密封圈；5—动环；
6—静环；7—静环密封圈；8—防转销；9—压盖

机械密封有许多种类，下面仅介绍平衡型与非平衡型机械密封，见图 1.13。

非平衡型：密封介质作用在动环上的有效面积 B（去掉作用压力相互抵消部分的面积）等于或大于动、静环端面接触面积 A，此时端面上的压力取决于密封介质的压力，介质压力增加，端面上的压强也成正比地增加。如果端面的压强太大，则可能造成密封泄漏严重，寿命缩短，因此非平衡型机械密封不宜在高压下使用。

平衡型：密封介质作用在动环上的有效面积 B 小于端面接触面积 A，此时当介质压力

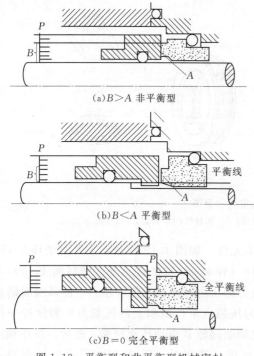

(a) B＞A 非平衡型

(b) B＜A 平衡型　平衡线

(c) B＝0 完全平衡型　全平衡线

图 1.13　平衡型和非平衡型机械密封

壳。所以也称为承磨环。由于其位于水泵的进口处，也称为口环。

（3）轴承。轴承装于轴承座内，用以支承水泵的转动部分，同时又有利于泵轴旋转并承受轴向推力，其构造如图 1.14 所示。离心泵使用的轴承有滚动轴承和滑动轴承两种。单级单吸离心泵通常采用单列向心球轴承（滚动轴承）。

（4）联轴器。联轴器是将原动机械和水泵的轴连接起来的装置。

联轴器是连接水泵泵轴和电机轴的连接部件，有人又称其为"靠背轮"，因为它是把电动机的转动力传递给水泵的机械部件。联轴器有刚性和挠性两种型式。刚性联轴器实际上就是两个圆形法兰盘，它无法调节泵轴和

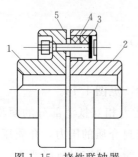

图 1.15　挠性联轴器
1—侧联轴器；2—电机侧联轴器；
3—柱销；4—弱性圈；5—档圈

增大时，端面上的压强增加缓慢，亦即介质压力的高低对端面的压强影响较小，因此平衡型可用于高压下的机械密封。

（2）减漏环。减漏环位于叶轮吸入口的外圆与泵壳内壁的接缝处，如图 1.6 所示，这个接缝的上下侧分别是水泵的高压区（叶轮出水侧）和低压区（叶轮吸水侧），存大压力差，因为流体会通过这个接缝回流到叶轮的进水侧，造成损失，降低了泵效。因此若想提高泵效，必须尽可能减小这一接缝，接缝过小后，在水泵工作时，叶轮就会和泵的壳体间产生摩擦，造成磨损，磨损后间隙就会加大，泵效下降，磨损量达到一定值后，水泵就会因为效率太低而报废或者需要更换叶轮和泵壳，这显然不经济，所以在这个位置安装了一个减漏环，用于缩小这个接缝以减少回流损失，同时承受磨损，磨损过大后更换该减漏环即可，而不必更换叶轮或者泵壳。

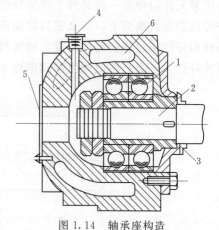

图 1.14　轴承座构造
1—双列滚珠轴承；2—泵站；3—阻漏油橡皮圈；
4—油杯孔；5—封板；6—冷却水套

电机轴连接时微小的不同心度，因此，安装精度要求高，常用于小型水泵机组和立式水泵机组的连接。

图 1.15 所示为圆盘形挠性联轴器，包括有两个圆盘和带弹性橡胶圈的钢柱。它能够减少电机轴和泵轴少量偏心引起的周期性的弯曲应力和振动，常用于大中型卧式水泵机组的安装。

（5）轴向力平衡装置。单吸离心泵由于叶轮不对称，叶轮前后盖板受到的水压力不能平衡，产生轴向力。而一般水泵使用的

轴承不能承受轴向力（采用可以承受轴向力轴承会使水泵轴承体结构变大且复杂，增加成本费用），如果这种轴向力过大就会造成危害。一般会采取在单吸叶轮的后盖板上钻平衡孔，同时在后盖板上加装减漏环的方法来平衡轴向力，如图 1.16 所示。

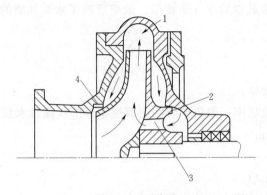

图 1.16　平衡孔

1— 排出压力；2—加装的减漏环；3—平衡孔；4—泵壳上的减漏环

1.4　水泵的基本性能参数

水泵的基本性能，即水泵工作能力的大小和工作性能的好坏，通常用 6 个基本性能参数来表示。

1.4.1　流量（抽水量）

水泵在单位时间内所输送的液体数量称为流量，用大写英文字母 Q 来表示，一般常用体积流量，法定主单位是立方米每秒（m^3/s），工程中常用的单位是立方米每小时（m^3/h）或升每秒（L/s），有时也用质量单位吨每小时（t/h）或吨每天（t/d）。流量是表示水泵工作能力大小的参数。

1.4.2　扬程（水头）

单位质量（1kg）的液体通过水泵后所获得的能量称为扬程，用大写的英文字母 H 表示，法定主单位为帕斯卡，简称"帕"（Pa），千帕（kPa）、兆帕（MPa）是帕斯卡的倍数单位，在工程上仍常把它折算成米水柱（mH_2O，$1mH_2O=9806.65\ Pa$），或用工程大气压，过去工程上也用千克力每平方厘米（kgf/cm^2）作单位。

扬程也就是水泵对单位质量的水所做的功，即比能（扬程）的增值。

$$H=E_2-E_1 \tag{1.1}$$

式中　E_2——液体流出水泵时所具有的比能；

　　　E_1——液体流入水泵时所具有的比能。

扬程也是表示水泵工作能力大小的参数。

1.4.3　轴功率

电机传给水泵泵轴的功率成为轴功率，用大写的英文字母 N 表示，法定主单位为瓦特（W）（简称"瓦"），千瓦（kW）是瓦的倍数单位，过去工程中常用"马力"（1 米制马力＝735.499W；1 英制马力＝745.700W）。

1.4.4　效率

水泵的有效功率于轴功率之比值称为效率，用希腊字母 η 表示，为量纲量。

由于水泵不会把电机输入的功率完全（不浪费地）传给水流，在水泵内部必然有能量损失，这个损失的大小通常就以效率 η 来衡量。效率反映了水泵性能的好坏。

$$\eta = \frac{N_u}{N}$$

$$N_u = \rho g Q H$$

(1.2)

式中　N——水泵的轴功率；

　　　N_u——水泵的有效功率，即单位时间内流过水泵的水流从水泵那里得到的能量，W；

　　　ρ——密度，kg/m^3；

　　　Q——流量，m^3/s；

　　　H——扬程，mH_2O。

工程上通常用下式来计算水泵的实际轴功率：

$$N = \frac{N_u}{\eta} = \frac{\rho g Q H}{1000\eta}(kW)$$

(1.3)

进而可以计算水泵电耗 W 值：

$$W = \frac{\rho g Q H}{1000\eta_1\eta_2} \cdot t(kW \cdot h)$$

(1.4)

式中　t——水泵运行的小时数；

　　　η_1、η_2——水泵和电机的效率值。

【例】某泵站平均供水量 $Q = 8.64 \times 10^4 m^3/d$，扬程 $H = 30m$，水泵和电机的效率均为 70%，求这个泵站工作 10h 的电耗值？

解：将 $Q = 8.64 \times 10^4 m^3/d = 1.0m^3/s$，$H = 30m$，$\eta_1 = \eta_2 = 0.7$ 代入公式得

$$W = \frac{\rho g Q H}{1000\eta_1\eta_2} \cdot t = 6000(kW \cdot h)$$

1.4.5　转速

水泵叶轮旋转的速度称为转速，单位为转每分钟（r/min），通常用小写的英文字母 n 表示。

水泵常见的转速有 2950r/min、1470r/min、970r/min 等。每种水泵都是按某一固定转速进行设计的（设计转速），若水泵的实际转速不等于设计转速时，则水泵的其他参数（如 Q、H、N 等）也随之按一定规律改变。

往复泵的转速通常以活塞或柱塞的往复运动次数每分钟（次/min）来表示。

1.4.6　允许吸上真空高度（H_s）及气蚀余量（H_{sv}）

允许吸上真空高度（H_s）及气蚀余量（H_{sv}）是两个从不同角度来反映水泵吸水性能好坏的特性参数。

允许吸上真空高度（H_s）：指水泵在标准状况下（即水温为 20℃、表面压力为 $1.013 \times 10^5 Pa$）运转时，水泵所允许的最大吸上真空高度，单位为 mH_2O。一般用 H_s 表示离心泵的吸水性能。

气蚀余量（H_{sv}）：指水泵进口处，单位质量的水所具有超过饱和蒸汽压力的那部分富余能量，单位为 mH_2O，一般用来反映轴流泵、锅炉给水泵等的吸水性能，气蚀余量在部

分水泵样本中也用 Δh 来表示。

1.4.7 水泵的铭牌

为了方便用户使用，水泵厂家在每台水泵的泵壳上钉有一块铭牌，铭牌上简明地列出了该水泵在设计转速下运转时，效率达到最高时的流量 Q、扬程 H、轴功率 N 及允许吸上真空高度 H_s 或气蚀余量 H_{sv} 值，称之为额定参数。额定参数是指水泵在设计工况下运行时的参数值，它只是反映水泵在最高效率下工作时所对应的各个参数值。如 100S90A 单级双吸中开离心泵的铭牌为：

单级双吸中开离心清水泵	
型号：100S90A	转速：2950r/min
扬程：90m	效率：64%
流量：72m³/h	轴功率：21.6kW
气蚀余量：2.5mH₂O	配带功率：30kW
重量：120kg	生产日期：××年×月×日
××××水泵厂	

铭牌上各参数的意义为：

100——泵入口直径；

　S——单级双吸中开离心泵；

90——泵额定（设计点）扬程，m；

　A——泵叶轮外径经过一次切割。

而老式单级双吸离心泵型号 6SH-9A 的意义是：

　6——泵入口直径，in；

SH——单级双吸中开离心泵；

　9——泵的比转数除以 10 的整数值，即该水泵的比转数为 90；

　A——泵叶轮外径经过一次切割。

1.5　离心泵的基本方程

离心泵是靠叶轮的高速旋转来抽送水，因此，水从水泵获得能量的方式、大小及其影响因素都与叶轮有关。离心泵的基本方程式就是反映离心泵的扬程与叶轮中液体流动状态之间的内在关系的。

1.5.1　叶轮中水的运动状态

水从叶轮的进口再进入叶轮后，一方面会沿着叶轮的水流通道（叶槽）向前流动直到流出叶轮后被泵壳收集并经水泵的出水口而流出水泵；另一方面，水流还将跟随叶轮一起作圆周运动。也就是说，水流进入叶轮后的运动实际上是两种简单运动的合成：一个是跟随叶轮的运动——牵连运动，另一个是相对叶轮的运动——相对运动。

如图 1.17 所示，相对速度（W）与牵连运动（圆周运动）的速度 U 的矢量和就是绝对速度 C，即：$C=W+U$。

这里，对于叶轮中任意一点处而言，该点处的水流质点的运动的相对速度矢量 W 的方

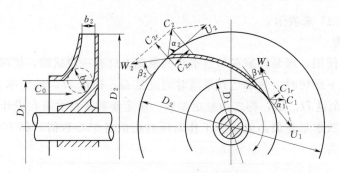

图 1.17　离心泵叶轮中水流速度

向为液流流线在该点处的切线方向，而牵连运动速度矢量 U 的方向为该点所在圆周的切线方向。绝对速度的大小和方向由 W 和 U 的方向和大小来确定。

　　按矢量加法法则，通过矢量移动，可以得到矢量加法的四边形，这个速度四边形适用于叶轮中任何一点。两个特殊点处的速度矢量四边形：叶轮进口处和叶轮出口处，分别用下标"1"和"2"表示，如图 1.17 所示。图 1.18 为叶轮出口速度四边形，图 1.19 为叶轮进口速度四边形。

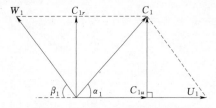

图 1.18　叶轮出口速度四边形

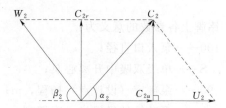

图 1.19　叶轮进口速度四边形

　　如图 1.18 所示，速度 C_1 在速度 U_1 方向上的投影为 C_{1u}，速度 C_1 在径向（半径方向）上的投影为 C_{1r}；如图 1.19 所示，速度 C_2 在速度 U_2 方向上的投影为 C_{2u}，速度 C_2 在径向（半径方向）上的投影为 C_{2r}。

　　C_1 与 U_1 的夹角为 α_1，称之为进口工作角，W_1 与 U_1（反向）的夹角为 β_1，称之为进口安装角（也称作叶轮进水角）；C_2 与 U_2 的夹角为 α_2，称之为出口工作角，W_2 与 U_2（反向）的夹角为 β_2，称之为出口安装角（也称作叶轮出水角）。

　　根据出口安装角（β_2）的大小可以将离心泵的叶片形式分成三种形式：后弯式叶片，径向式叶片，前弯式叶片，如图 1.20 所示。

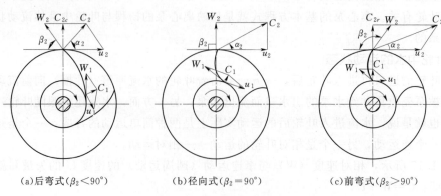

（a）后弯式（$\beta_2 < 90°$）　　　　（b）径向式（$\beta_2 = 90°$）　　　　（c）前弯式（$\beta_2 > 90°$）

图 1.20　离心泵叶片形状

1.5.2 基本方程式及其讨论

为了便于基本方程式的推导，通常对叶轮构造和水流状态作以下三点假定：①液流是恒定流，各点的运动要素不随时间改变；②叶槽中的液流是均匀流，叶轮同一半径处的液流的同名速度相等，即认为叶片无限多、叶片无限薄；③液流是理想液体。

1. 基本方程式

在三个假设的基础上，通常利用恒定总流动量矩方程来推导基本基本方程式，基本方程式如下：

$$H_T = \frac{1}{g}(u_2 C_{2u} - u_1 C_{1u}) \tag{1.5}$$

离心泵的基本方程式也称欧拉方程，是水泵理论扬程计算公式。该公式表明离心泵的理论扬程只与叶轮出口处以及叶轮进口处的速度矢量有关，而与液体的种类无关。

2. 基本方程式的讨论

（1）适用于一切叶片泵。基本方程式表明水泵的理论扬程只与水泵叶轮出口、进口处的水流速度有关，与叶轮内部的流动状态、速度分别、叶片形状和安装位置无关，因此，基本方程式不但适用于离心泵，而且适用于一切叶片泵。

（2）对提高扬程的影响。因为 $U_2 = n\pi D_2 / 60$，所以，水流在叶轮中所获得的比能（理论扬程 H_T）就与叶轮的转速 n、叶轮的外径 D_2 有关，增加转速 n 和加大叶轮外径 D_2，均可以提高扬程。

为了提高水泵的扬程和改善吸水性能，离心泵在设计时常取 $\alpha_1 = 90°$，既 $C_{1u} = 0$
则此时有：

$$H_T = \frac{U_2 C_{2u}}{g} \tag{1.6}$$

表明离心泵的理论扬程只与叶轮出口处的速度矢量有关。

（3）适用于多种液体。基本方程式（1.5）中可以看出理论扬程 H_T 的大小与密度 ρ 无关，即与液体的性质无关，这就是说，基本方程式（1.5）适用于一切流体（包括各种液体和气体），但是 H_T 的单位要用被输送的液体的液柱高计算。

虽然液体在一定转速下所受的离心作用力与液体质量（密度 ρ）有关，但是由理论扬程公式可以看出，密度对扬程的影响就被消除了。然而，当输送不同的液体时，水泵所消耗的功率将是不同的，这是因为 $N_T = \rho g Q_T H_T$，当输送不同的液体时，虽然 H_T 相同，但液体性质（ρg）不同，水泵功率也就完全不同。

（4）动扬程和势扬程。水从水泵叶轮获得的能量是由两部分组成的，即动能和势能；那么，二者各占总量的比例是多少呢？又是如何分配的呢？

根据三角形余弦定理和速度四边形（图 1.17 和图 1.18）则有：

$$W_2^2 = U_2^2 + C_2^2 - 2U_2 C_2 \cos\alpha_2 \tag{1.7}$$

$$W_1^1 = U_1^1 + C_1^1 - 2U_1 C_1 \cos\alpha_1 \tag{1.8}$$

$$W_1^2 = U_1^2 + C_1^2 - 2U_1 C_1 \cos\alpha_1$$

将式（1.7）、式（1.8）整理后代入基本方程式 $H_T = \dfrac{C_{2u}U_2 - C_{1u}U_1}{g}$ 中，就得到：

$$H_T = \frac{C_2^2 - C_1^2}{2g} + \frac{U_2^2 - U_1^2}{2g} + \frac{W_1^2 - W_2^2}{2g} \tag{1.9}$$

式（1.9）中 $\dfrac{C_2^2 - C_1^2}{2g}$ 项是绝对速度水头之差，也就是动能的增值，称之为动扬程 H_D，即：

$$H_D = \frac{C_2^2 - C_1^2}{2g} \tag{1.10}$$

而式（1.9）后两项则是由于牵连速度变化和相对速度变化引起的势扬程 H_P 的增值（即动扬程之外都是势扬程），即：

$$H_P = \frac{U_2^2 - U_1^2}{2g} + \frac{W_1^2 - W_2^2}{2g} \tag{1.11}$$

式中　$\dfrac{U_2^2 - U_1^2}{2g}$ ——离心力引起的压能增值；

　　　$\dfrac{W_1^2 - W_2^2}{2g}$ ——流道内相对速度下降转化的压能增值。

由于 $R_2 \gg R_1$，所以 $U_2 \gg U_1$，也就是 $\dfrac{U_2^2 - U_1^2}{2g}$ 很大，是 H_T 的主要部分。

1.5.3　基本方程式的修正

基本方程式是在三点假设的基础上推导出来的，因此，我们应对这三点假设的真实性进行分析，并对基本方程式进行修正。

1. 关于液体在流道内为恒定流动的假设

在实际运行中，水泵的工作是靠原动机（电机）的带动而运转的，原动机的转速是基本不变的，所以，水泵的转速在实际运行中可以认为是不变的，因而叶轮流道内的流动就近似为恒定流动。

2. 关于液体为理想流体的假设

实际流体在流动过程中必定有水头损失，如叶轮进口及出口的冲击损失、流动的摩阻损失和紊动损失等都要消耗能量，使得水泵扬程减少；在实际使用中则用修正系数——水力效率 η_h 来对 H_T 进行修正，修正后的扬程为 H'_T，则

$$H'_T = \eta_h H_T \tag{1.12}$$

3. 关于液流均匀一致的假设

要做到流道中的液流完全一致，只有做到叶片无限多、无限薄才能实现，这是不可能的，实际上，叶轮的叶片一般为 2～8 片（最多为 12 片），所以，叶轮同一圆周上的速度分布是不均匀的。

当水流被叶轮带着围绕泵轴旋转时，由于水流的"惯性"作用，产生一种抵抗叶轮旋转的现象，造成所谓的"反旋现象"，在叶片迎水面处水流速度减小，压力加大，造成速度分布不均匀，使得叶轮各处水流质点所获得的能量不均匀，从而增大水流在叶轮内部的能量损失，减少水泵扬程，通常用一个修正系数-反旋系数 p 来对 H'_T 进行修正，修正后的扬程为实际扬程 H，则：

$$H = \frac{H'_T}{1+p} = \frac{\eta_h H_T}{1+p} \tag{1.13}$$

上述 p 和 η_h 均要由试验确定，无法通过计算求得。

1.5.4 安装角对叶轮性能的影响

1. 进口安装角 (β_1) 对叶轮性能的影响

由基本方程式可知 $H_T = \dfrac{1}{g}(u_2 c_{2u} - u_1 C_{1u})$，如果减小 $C_{1u} U_1$ 项使之等于 0，就可获得较大的扬程 H_T。

在水泵设计时，设计者都是选择适当的 β_1，当实际流量 Q 等于设计流量时，使 $\alpha_1 = 90°$，则 C_1 的方向就是径向，此时 $C_{1u} = 0$，从而获得最大扬程。这样，在设计状态下的基本方程式就简化为

$$H_T = \frac{U_2 C_{2u}}{g} \tag{1.14}$$

式 (1.14) 被称为设计状态下的理论扬程计算公式。

2. 出口安装角 (β_2) 对叶轮性能的影响

(1) 准备工作。如图 1.21 所示，令 $C_{2u} = U_2 - X$，并将 $X = C_{2r} \cot\beta_2$ 代入，则得

$$C_{2u} = U_2 - C_{2r} \cot\beta_2 \tag{1.15}$$

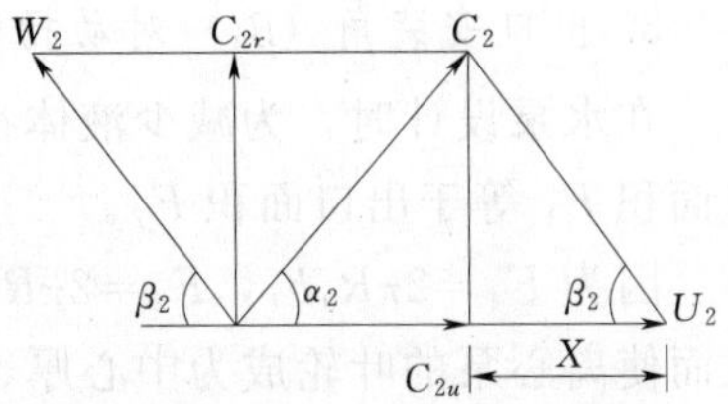

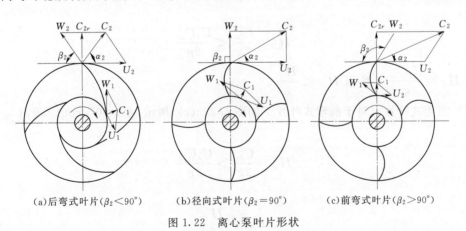

图 1.21 叶出口速度四边形

将式 (1.15) 代入式 $H_T = \dfrac{U_2 C_{2u}}{g}$，得

$$H_T = \frac{U_2^2 - U_2 C_{2r} \cot\beta_2}{g} \tag{1.16}$$

(2) 叶轮的形式：

1) 后弯式叶片。若叶片出口安装角 $\beta_2 < 90°$，如图 1.22 (a) 所示，叶轮出口处叶片的弯曲方向与叶轮旋转方向相反，即弯向叶轮旋转方向的后方，因此，称之为后弯式叶片。

(a)后弯式叶片($\beta_2 < 90°$)　　　(b)径向式叶片($\beta_2 = 90°$)　　　(c)前弯式叶片($\beta_2 > 90°$)

图 1.22 离心泵叶片形状

对于后弯式叶片，因为 $\beta_2 < 90°$，所以 $\cot\beta_2 > 0$，则：

$$H_T = \frac{U_2^2 - U_2 C_{2r} \cot\beta_2}{g} < \frac{U_2^2}{g} \tag{1.17}$$

2) 径向式叶片。若叶片出口安装角 $\beta_2 = 90°$，如图 1.22 (b) 所示，叶轮出口处叶片与叶轮径向相同，因此，称之为径向式叶片。

对于径向式叶片，$\beta_2 = 90°$，$\cot\beta_2 = 0$，则：

$$H_T = \frac{U_2^2 - U_2 C_{2r} \cot\beta_2}{g} = \frac{U_2^2}{g} \tag{1.18}$$

3）前弯式叶片。若叶片出口安装角 $\beta_2 > 90°$，如图 1.22（c）所示，叶轮出口处叶片的弯曲方向与叶轮旋转方向相同，即弯向叶轮旋转方向前方，因此，称之为前弯式叶片。

对于前弯式叶片，因为 $\beta_2 > 90°$，所以 $\cot\beta_2 < 0$，则：

$$H_T = \frac{U_2^2 - U_2 C_{2r} \cot\beta_2}{g} > \frac{U_2^2}{g} \tag{1.19}$$

4）结论。以 $\frac{U_2^2}{g}$ 为标准，比较式（1.17）～式（1.19），可知，后弯式叶片的理论扬程 H_T 最小，径向式叶片的理论扬程 H_T 居中，而前弯式叶片的理论扬程 H_T 最大。

3. 出口安装角（β_2）对动扬程、势扬程分配的影响

在水泵设计时，为减少液体在流道中扩大和收缩产生的水头损失，一般都尽可能做到进口面积 F_1 等于出口面积 F_2。

因为 $F_1 = 2\pi R_1 b_1$，$F_2 = 2\pi R_2 b_2$，而 $R_1 \ll R_2$，所以要想使 $F_1 = F_2$，则必须 $b_1 \gg b_2$，从而使离心泵的叶轮成为中心厚、周边薄的铁饼型。

因为 $Q = F_1 C_{1r} = F_2 C_{2r}$，并且在设计状态下 $C_{1r} = C_1$（$C_{1u} = 0$），所以：

$$C_{1r} = C_{2r} = C_1 \tag{1.20}$$

将式（1.20）代入式（1.21），得：

$$H_D = \frac{C_2^2 - C_1^2}{2g} = \frac{C_2^2 - C_{2r}^2}{2g} = \frac{C_{2u}^2}{2g} \tag{1.21}$$

对式（1.21）进行讨论：

（1）后弯式叶片。对于后弯式叶片，如图 1.22（a）所示，$\beta_2 < 90°$，$\cot\beta_2 > 0$，$C_{2u} < U_2$，则得：

$$H_D = \frac{C_{2u}^2}{2g} < \frac{U_2 C_{2u}}{2g} \tag{1.22}$$

又因为 $H_T = \frac{U_2 C_{2u}}{g}$，所以 $H_D < \frac{H_T}{2}$。

（2）前弯式叶片。对于前弯式叶片，如图 1.22（c）所示，$\beta_2 > 90°$，$\cot\beta_2 < 0$，$C_{2u} > U_2$，同理得：

$$H_D = \frac{C_{2u}^2}{2g} > \frac{U_2 C_{2u}}{2g}$$

即

$$H_D > \frac{H_T}{2} \tag{1.23}$$

（3）径向式叶片。对于径向式叶片，如图 1.22（b）所示，$\beta_2 = 90°$，$\cot\beta_2 = 0$，$C_{2u} = U_2$，则得

$$H_D = \frac{C_{2u}^2}{2g} = \frac{U_2 C_{2u}}{2g}$$

即

$$H_D = \frac{H_T}{2} \tag{1.24}$$

（4）结论。以 $\dfrac{H_T}{2}$ 为标准，比较式（1.22）～式（1.24），可知：

后弯式叶片的 H_D 最小，也就是速度水头最小，水流速度最小，所以水头损失最小，效率最大。

前弯式叶片的 H_D 最大，也就是速度水头最大，水流速度最大，所以水头损失最大，效率最小。

径向式叶片的 H_D 居中，也就是速度水头居中，水流速度居中，所以水头损失居中，效率居中。

4. 结论

后弯式叶片叶轮的理论扬程 H_T 最小，动扬程 H_D 最小，流道内水流速度最小，而且，流道弯度也最小，所以，在流道内的水头损失最小，从而效率最高。

前弯式叶片叶轮的理论扬程 H_T 最大，动扬程 H_D 最大，流道内水流速度最大，而且，流道弯度也最大，所以，在流道内的水头损失最大，从而效率最小。

径向式叶片叶轮的理论扬程 H_T 居中，动扬程 H_D 居中，流道内水流速度居中，而且，流道弯度也居中，所以，在流道内的水头损失居中，从而效率居中。径向式叶片一般用于抽送含有杂质的流体，以免堵塞，如污水泵、排尘风机等。

由于后弯式叶片的效率最高（虽然它的扬程最小），因此，水泵叶轮的叶片通常都采用后弯式，$\beta_2 = 20° \sim 30°$。大中型离心风机也多为后弯式叶片。

1.6 离心泵的特性曲线

在一定转速下，离心泵的扬程、功率、效率等随流量的变化关系称为特性曲线。它反映泵的基本性能的变化规律，可作为选泵和用泵的依据。各种型号离心泵的特性曲线不同，但都有共同的变化趋势。

即当 $n = C$（常数）时：

$$H = H(Q); \quad N = N(Q)$$

$$\eta = \eta(Q); \quad H_s = H_s(Q) / H_{sv} = H_{sv}(Q)$$

这四条曲线就是离心泵的特性曲线。

1.6.1 理论特性曲线的定性分析

由离心泵的基本方程式 $H_T = \dfrac{u_2 C_{2u}}{g}$ ，其中：$C_{2u} = u_2 - C_{2r} \cot\beta_2$，$C_{2r} = \dfrac{Q_T}{F_2}$

则得：

$$H_T = \frac{u_2}{g}\left(u_2 - \frac{Q_T}{F_2}\cot\beta_2\right) \tag{1.25}$$

式中 Q_T——泵理论流量，m^3/s；也即不考虑泵体内容积损失（如漏泄量、回流量等）的水泵流量；

       F_2——叶轮的出口面积，m^2；

C_{2r}——叶轮出口处水流绝对速度的径向分速，m/s。

当水泵转速 n 为一定值时，流动为恒定流，u_2 是常数，出水角 β_2 也是常数，叶轮的出口过水断面面积 F_2 显然是常数，所以可以得到：

$$H_T = A - BQ_T \qquad (1.26)$$

式（1.26）说明离心泵的扬程和流量为直线关系，直线的斜率取决于 B 的正负，而 B 的正负又取决于 β_2 的大小。

1. 理论扬程 $Q_T - H_T$ 曲线

（1）当 $\beta_2 < 90°$ 时：$\cot\beta_2 > 0$，H_T 随着 Q_T 的增大而减小，理论扬程曲线如图 1.23 所示。

（2）当 $\beta_2 = 90°$ 时：$\cot\beta_2 = 0$，$H_T = A$，此时水泵的扬程与流量无关，始终为一常数，理论扬程曲线如图 1.23 所示。

（3）当 $\beta_2 > 90°$ 时：$\cot\beta_2 < 0$，H_T 随着 Q_T 的增大而增大，理论扬程曲线如图 1.23 所示。

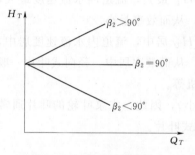

图 1.23 理论扬程曲线

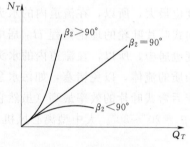

图 1.24 理论功率曲线

2. 理论功率曲线（$Q_T - N_T$）

$$N_T = \rho g Q_T H_T = \rho g Q_T (A - BQ_T) = \rho g A Q_T - \rho g B Q_T^2 \qquad (1.27)$$

式（1.27）说明理论功率曲线是二次曲线，如图 1.24 所示。

（1）对于后弯式叶片，$B > 0$，理论功率曲线为下凹抛物线；对于前弯式叶片，$B < 0$，理论功率曲线为上凹抛物线；对于径向式叶片，$B = 0$，理论功率为过原点的直线。

（2）对于后弯式叶片的叶轮，当 Q 增大时，H 降低，所以 N 增加也较小，N 变化相对平稳，易于电机工作平稳，不以超载。

（3）对于前弯式叶片的叶轮，当 Q 增大时，H 提高，所以 N 增加也较快，N 变化相对较大，易使电机工作超载运行，不宜选配电机。

所以，水泵叶轮都采用后弯式叶片，以便于水泵机组平稳工作，这是水泵叶轮采用后弯式叶片的又一原因。

3. 理论效率曲线

因为是理论曲线，根据理想流体的假设，效率必然是 100%，如图 1.25 所示。

1.6.2 水泵实际特性曲线分析

以后弯式叶片为例（$\beta_2 < 90°$）讨论一下离心泵的

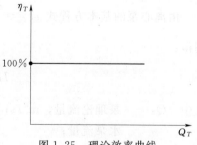

图 1.25 理论效率曲线

理论特性曲线向实际特性曲线演变的过程。

当 $\beta_2 < 90°$ 时，理论扬程曲线是一条向下的直线（H_T-Q_T 直线），如图 1.26 所示。

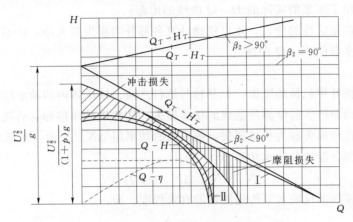

图 1.26　离心泵的理论特性曲线

由于在推导离心泵的基本方程式时，我们假设水泵内的水流为均匀流，而实际上流动是不均匀的，泵内存在反旋现象，这使得水泵的真正的理论扬程没有基本方程式反映得那么高，需对 H_T 进行修正：

$$H'_T = \frac{H_T}{1+p} \tag{1.28}$$

这使得 H_T-Q_T 直线在 H 轴上的截距变小，为直线 I，如图 1.26 所示。

1. 水力损失

基本方程式的另一假设是理想流体，而实际液体具有黏性，在水泵内部会产生水力损失。

（1）内摩阻损失 Δh_1：这部分水力损失与流量（流速）的平方成正比关系，可以表示为：
$\Delta h_1 = K_1 Q_T^2$

（2）冲击损失 Δh_2：水泵是按一定的工作状态来设计的，这也状态就是水泵的设计工况条件，在设计工况（条件）下工作的时候，水流的流态平顺，可以认为泵内没有冲击水流，也不存在冲击损失。但当实际的工作条件偏离这个设计工况时，泵内的水流形态就和设计条件下不一样了，就会出现冲击水流，产生冲击损失。因此，冲击损失的大小是跟水泵的流量 Q_T 偏离设计工况下流量 Q_0 的大小相关的，即：

$$\Delta h_2 = K_2 (Q_T - Q_0)^2 \tag{1.29}$$

式中　　Q_0——水泵的设计流量。

从直线 I 上面扣除对应流量下的内摩阻损失 Δh_1 和冲击损失 Δh_2，就得到了曲线 II，如图 1.26 所示。

2. 泄漏损失

水泵在工作过程中，除了存在上述水力损失以外，还存在一部分内部的泄漏损失，即出泵的出水流量比叶轮的出水流量要小，有一部分水流 Δq 通过泵内存在的间隙又回流到了叶轮的进口处，造成一部分能量的损失，这种损失称为容积损失。而 Δq 的大小跟扬程有关，扬程越大，表示叶轮出口的压力越高，这样在水泵的高压（低压）区的压力差就越大，回流量也就越大，反之回流量小。因此，扬程越大，由于回流所造成的损失也就越大。

这样在曲线Ⅱ上再扣除 Δq，就得到了 Q-H 曲线，如图 1.26 所示。

曲线Ⅴ表示出了水泵的实际的 H-Q 曲线的形态。

但以上分析都是定性的分析，难以精确计算各部分的损失的大小，还不能通过这种方法求得实际使用的水泵的 H-Q 曲线。

3. 能量损失

机械损失是指各种机械的摩擦，如泵轴与填料之间、轴承体内的轴承摩擦、叶轮与流体之间等有相对运动而产生的摩擦所造成的功率损失。这些机械摩擦都会消耗掉一部分能量从而造成损失，把这种损失称为机械损失，损失掉的功率用 ΔN_M 表示。水泵将余下的能量传递给了流体，这部分能量称为水功率 N_h，则：

$$N_h = N - \Delta N_M = \gamma Q_T H_T \tag{1.30}$$

用水泵的机械效率反映水泵传递能量的有效程度，即：

$$\eta_M = \frac{N_h}{N} \tag{1.31}$$

4. 效率

N_h 是流体从水泵处得到的能量，但这些能量并不都能用于流体能量的增加，还必须克服掉水力损失 ΔN_h 和容积损失 ΔN_v，两样可以用水力效率 η_h 和容积效率 η_v 来反映这两部分损失的大小。

$$\eta_h = \frac{H}{H_T} \tag{1.32}$$

$$\eta_v = \frac{Q}{Q_T} \tag{1.33}$$

水泵的总效率为这三部分效率的乘积：

$$\eta = \eta_h \cdot \eta_v \cdot \eta_M \tag{1.34}$$

1.6.3 水泵实测特性曲线的讨论

因为不能通过计算求得准确的水泵实际性能曲线，在实际应用时水泵的特性曲线都是实测得到的，即在水泵转速一定的情况下，在 20℃、一个标准大气压的条件下，通过水泵性能试验和气蚀试验测得的特性曲线。图 1.27 是某型号水泵的特性曲线，可以看出，每个流量 Q 都对应一个特定的扬程 H、效率 η、功率 N 和允许吸上真空高度 H_s。

1. 扬程曲线（Q-H）

离心泵的实测扬程特性曲线的形状如图 1.27 所示，可以看出，实测扬程 H 随流量 Q 的增加而降低，这与理论分析得出的扬程特性曲线吻合。$Q=0$ 时，$H=H_0$，最大。当 H 很小时，水泵将抽不上水来，扬程曲线不与横坐标相交，这与理论得出的扬程曲线不相同。

2. 功率曲线（Q-N）

离心泵的实测功率特性曲线的形状如图 1.27 所示，可以看出，实测功率 N 随流量 Q 的增加而增大。$Q=0$ 时，$N=N_0$，最小，称之为空载功率。这部分空载功率 N_0 主要消耗于机械损失上，用于克服机械摩擦，使水温升高和泵壳、轴承发热等，严重时可能导致金属热力变形。所以，水泵在 $Q=0$ 的空载情况下，只能做短时间运行。

由于 $N=N_0$ 时功率最小，约为额定功率的 30%～40%，符合电动机轻载启动的要求。

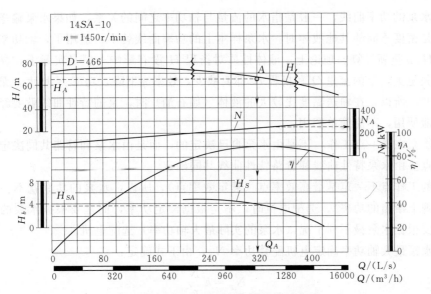

图 1.27　14SA-10 型离心泵的特性曲线

所以，离心泵的启动均采用"闭闸启动"方式。"闭闸启动"就是水泵启动前，要将水泵出口的控制闸阀完全关闭，然后启动电机（水泵），此时，$Q=0$；待电动机运转正常后（很短时间），再缓缓打开控制闸阀，使水泵正常工作。

3. 效率曲线（$Q-\eta$）

离心泵的实测效率特性曲线的形状如图 1.27 所示，可以看出，实测效率 η 是一条不规则的下凹曲线。

效率曲线两端低，即 $Q=0$ 时，$\eta=0$；$H=0$ 时，$\eta=0$，这与 $\eta=\rho gQH/N$ 一致。

效率曲线中间高，有一个极大值点，是水泵的最高效率点，其值叫做水泵的额定（设计）效率。水泵在这个点工作是最经济的，在这个点左右两边一定范围内（一般比最高效率不低于 10%）的效率也比较高，能在这个范围内工作，水泵的效率也就相当令人满意了，所以称这个高功率范围为水泵的高效段，通常用波形线"{}"来标出这个高效段，如图 1.27 所示。

与额定（设计）效率对应的各个参数值，称之为额定（设计）参数，如额定扬程 H_a、额定流量 Q_a 和额定功率 N_a 等。水泵铭牌上标出的就是水泵的额定参数。

4. 允许吸上真空高度曲线（$Q-H_S$）

在允许吸上真空高度曲线上各点的纵坐标，表示水泵在相应流量下工作时，水泵所允许的最大限度的吸上真空高度值。它并不表示水泵在某点（Q，H）工作时的实际吸水真空值。水泵的实际吸水真空值必须小于允许吸上真空高度曲线上的相应值，否则，水泵将会产生气蚀现象。

在应用特性曲线时，应注意以下几点：

（1）特性曲线上任意一点 A 所对应的各项坐标值的意义是：若水泵输送 Q_A（m^3/s）流量，水泵就必须给水增加 H_A（mH_2O）这么多的扬程，水泵消耗的轴功率就是 N_A（kW），水泵的效率就为 $\eta_A=\dfrac{\rho gQ_AH_A}{N_A}$。

（2）水泵的功率曲线，一般是指水的流量与轴功率之间的关系，如果水泵输送的液体不是水，而是密度不同的其他液体时，水泵样本上的功率曲线就不再适用了，轴功率要用公式 $N = \rho g Q H / \eta$ 重新计算。理论上，液体性质对扬程 H 没有影响，但是实际上，黏度大，液体能量损失也大，泵的流量 Q 和扬程 H 都要减少，效率 η 下降，功率 N 增大，泵的特性曲线就要改变。所以，在输送黏度比较大的液体（如石油）时，泵的特性曲线就要经过专门的换算后才能使用，不能简单套用。

（3）水泵在哪一点工作，不是由水泵自己决定的，而是由水泵和管路共同决定的，即水泵的工作点要由水泵特性曲线和管路特性曲线共同确定。

水泵的工作点不一定是最高效率点（额定效率点），所以，水泵的功率就不一定是额定功率（铭牌上给出的功率）。选配电机时，不是根据额定功率，而是要根据水泵的实际工况考虑，即要根据水泵最不利工况（水泵的实际最大轴功率）选配电机。

根据水泵最大轴功率确定电机配套功率 N_p，由下式确定：

$$N_p = k \frac{N}{\eta'} \tag{1.35}$$

式中　k——安全系数，可参考表 1.1 选取；

　　　　η'——传动效率，电动机功率传给水泵时的效率，传动方式不同，传动效率也不同；一般采用弹性联轴器传动时，$\eta' \geqslant 95\%$；采用皮带传动时，$\eta' = 90\% \sim 95\%$；

　　　　N——水泵运行时可能达到的最大轴功率。

表 1.1　　　　　　　　　　　根据水泵实际轴功率确定的 k 值

水泵轴功率/kW	<1	1~2	2~5	5~10	10~25	25~60	60~100	>100
k 值	1.7	1.7~1.5	1.5~1.3	1.3~1.25	1.25~1.15	1.15~1.1	1.1~1.08	1.08~1.05

1.7　轴流泵和混流泵

轴流泵和混流泵都是大、中流量，中、低扬程。尤其是轴流泵，扬程一般为 4~15m 左右，多用于大流量、低扬程的情况。例如：城市雨水提升泵站、大型污水泵站、大型灌溉泵站和长距离城市输水工程中的中途加压提升站等，采用轴流泵和混流泵是十分普遍的。

1.7.1　轴流泵

1.7.1.1　轴流泵的基本构造

轴流泵主要由喇叭管、叶轮、导叶体、泵轴、出水弯管、轴承、填料盒、叶片角度的调节机构等组成。如图 1.28 所示。

（1）吸入管：一般采用符合流线型喇叭管或做成流道形式。

（2）叶轮：固定式、半调节式和全调节式。

（3）导叶：把叶累中向上流出的水流旋转运动变为轴向运动。

（4）轴和轴承：导轴承、推力轴承。

（5）密封装置：压盖填料型。

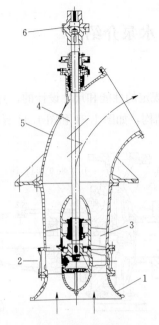

图 1.28 轴流泵

1—进水喇叭；2—叶轮；3—导叶体；4—泵轴；
5—出水弯管；6—刚性联轴器

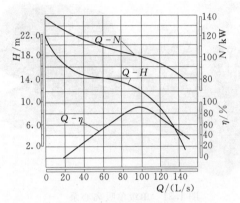

图 1.29 轴注泵特性曲线

1.7.1.2 轴流泵的性能特点

轴流泵的性能特点如图 1.29 所示：

(1) 扬程随流量的减小而剧烈增大，$Q\text{-}H$ 曲线陡降，并有转折点。

(2) $Q\text{-}N$ 曲线为下降曲线。

(3) $Q\text{-}\eta$ 曲线呈驼峰形。也即高效率工作的范围很小。

1.7.2 混流泵

混流泵根据其压水室的不同，通常可分为蜗壳式和导叶式两种。蜗壳式与单吸式离心泵相似，导叶式与立式轴流泵相似。工作原理：介于离心泵和轴流泵之间。蜗壳式混流泵构造装配图如图 1.30 所示。

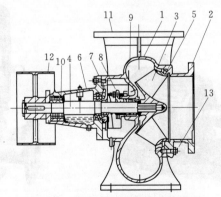

图 1.30 蜗壳式混流泵构造装配图

1—泵流；2—泵盖；3—叶轮；4—泵轴；5—减漏环；6—轴承盒；7—轴套；8—填料压盖；
9—填料；10—滚动轴承；11—出水口；12—皮带轮；13—双头螺丝

1.8 给水排水工程常用水泵介绍

1. IS 系列单级单吸式离心泵

IS 型单级单吸清水离心泵是根据国际标准 ISO2858 所规定的性能和尺寸设计的，是现行水泵行业首批采用国际标准联合设计的新系列产品，其外形与结构，如图 1.31 和图 1.32 所示。

图 1.31 单级单吸离心泵

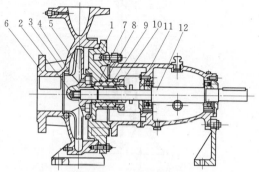

图 1.32 IS 型泵结构

1—泵体；2—叶轮螺母；3—止动垫圈；4—密封环；5—叶轮；6—泵盖；7—轴套；8—填料环；9—填料；10—填料压盖；11—悬架轴承部件；12—轴

适合输送清水及物理化学性质相类似的其他液体，主要用于工业和城市给水、排水，亦可用于农业排灌，互换性强、高效节能。

2. SH 系列单级双吸式离心泵

SH 型单级双吸式离心泵用来输送不含固体颗粒及温度不超过 80℃ 的清水或物理、化学性质类似水的其他液体。这种泵在城镇给水、工矿企业的循环用水、农田排灌、防洪排涝等方面应用十分广泛，是给水排水工程中最常用的一种水泵。目前，常见的流量为 90～20000m³/h，扬程为 10～100mH₂O。

按泵轴的安装位置不同，有卧式和立式两种，如图 1.33 所示。

(a)卧式单级双吸离心泵

(b)立式单级双吸离心泵

图 1.33 单级双吸离心泵

3. D（DA）系列分段多级式离心泵

多级泵相当于将几个叶轮同时安装在一根轴上串联工作，轴上叶轮的个数就代表泵的级数，D型多级泵的外形与结构分别见图1.34和图1.35。

图1.34　D型多级离心泵

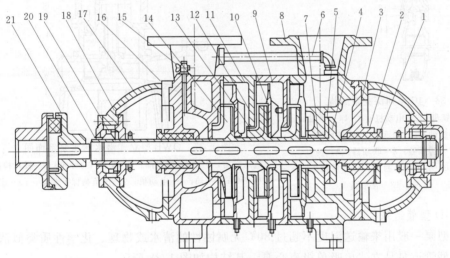

图1.35　D型泵结构

1—轴；2—轴套；3—尾盖；4—平衡盘；5—平衡板；6—平衡水管；7—平衡套；8—排出段；9—中段；
10—导叶；11—导叶套；12—次级叶轮；13—密封环；14—首级叶轮；15—气嘴；16—吸入段；
17—轴承体；18—轴承盖；19—轴承；20—轴承螺母；21—联轴器

D型多级离心泵用来输送不含固体颗粒及温度不超过80℃的清水或物理、化学性质类似清水的其他液体。这类泵扬程在100～650mH$_2$O高范围内，流量在5～720m^3/h范围内。

4. JC系列深井泵

深井泵是用来抽升深井地下水的。主要由三部分组成，如图1.36所示：

（1）包括滤网在内泵的工作部分。

（2）包括泵座和传动轴在内的扬水管部分。

（3）带电动机的传动装置部分等。

这类泵实际上是一种立式单吸分段式多级离心水泵。

5. 潜水泵

潜水泵主要是由电机、水泵和扬水管三部分组成，潜水泵的主要特点是机泵一体化，这种泵广泛地应用于工矿及城市给水排水过程中。

潜水泵按用途分给水泵、排污泵；按叶轮形式可分为离心式、轴流式及混流式潜水泵等。

如图1.37所示为QWB型立式潜水污水泵的剖面图。

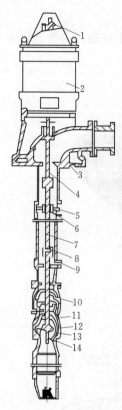

图1.36 JC系列深井泵结构

1—轴调节螺母；2—电动机；3、14—泵轴；
4—电动机轴；5—轴承体；6—轴承体
衬套；7—传动轴；8—联轴器；9—扬
水管；10—壳体轴承衬套；11—泵壳；
12—叶轮；13—锥形套

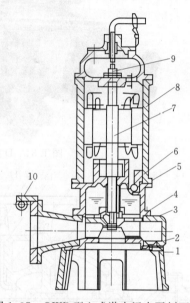

图1.37 QWB型立式潜水污水泵剖面图

1—进水端盖；2—O形密封圈；3—泵体 4—叶轮；5—浸水检出口；
6—机械密封；7—轴；8—电动机；9—过负荷保护装置；10—连接部件

6. GD型管道泵

GD型泵一般用来输送温度不超过80℃无腐蚀性的清水或物理、化学性质类似清水的液体。GD型管道泵是立式单吸单级离心泵，其结构如图1.38所示。

7. WL立式排污泵

WL立式排污泵与清水泵的不同处在于：叶轮的叶片少，流道宽，便于输送带有纤维或其他悬浮杂质的污水。另外，在泵体的外壳上开设有检查、清扫孔，便于在停车后清除泵壳内部的污浊杂质。

WL立式排污泵为单级单吸立式污水泵，其结构如图1.39所示。

8. WW型无堵塞污水污物泵

WW型无堵塞污水污物泵是适应现代工业发展的新型杂质泵，它广泛用于冶金、矿石、煤炭、电力、石油、化工等工业部门和城市污水处理、港口河道疏浚等作业。改种型号泵的最大特点是：可以抽送大块矿石，抽送含有杂草、麦穗、稻草等大量纤维状物质的污水而不会产生堵塞现象。

WW型无堵塞污水污物泵是一种单级单吸离心泵，其结构如图1.40所示。

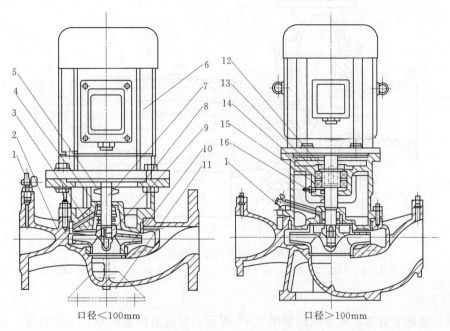

口径＜100mm   口径＞100mm

图 1.38 GD 型管道泵结构

1—放气阀；2—泵体；3—叶轮螺母；4—机械密封；5—挡水圈；6—电动机；7—电动机轴；
8—盖架；9—叶轮；10—密封环；11—支撑架；12—轴承盖；13—轴承；14—轴承
垫圈；15—单性档圈；16—连接轴

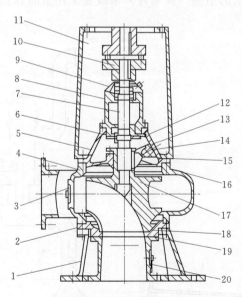

图 1.39 WL 型泵结构

1—底座；2—前泵盖；3、20—手孔盖；4—泵体；5—后启盖；6—下轴承盖；
7—轴；8—轴承架；9—上轴承盖；10—单性联轴器；11—电动机支架；
12—挡水圈；13—填料压盖；14—汽油杯；15—填料；16—填料杯；
17—叶轮；18—密封环；19—进口椎管

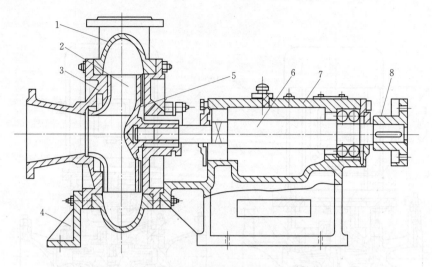

图 1.40　WW 型无堵塞污水污物离心泵结构图

1—泵体；2—叶轮；3—前盖；4—支架；5—后盖；6—泵轴；7—托架；8—联轴器

9. 射流泵

射流泵也称水射泵，基本结构如图 1.41 所示。射流泵构造简单，工作可靠，在给排水工程中经常应用。

10. 往复泵

往复泵主要由泵缸、活塞（或塞柱）和吸、压水阀所构成，如图 1.42 所示。它的工作是依靠在泵缸内作往复运动的活塞（或塞柱）来改变工作室的容积，从而达到吸入和排出液体的目的。

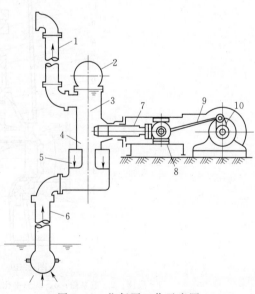

图 1.42　往复泵工作示意图

1—压水管路；2—压水空气室；3—压水阀；4—吸水阀；
5—吸水空气室；6—吸水管路；7—柱塞；
8—滑块；9—连杆；10—曲柄

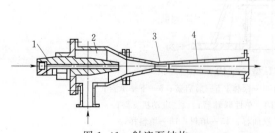

图 1.41　射流泵结构

1—喷嘴；2—吸入室；3—混合室；4—扩散管

思 考 题

1. 简述离心泵的工作原理及工作过程。
2. 离心泵的基本结构有哪些？
3. 离心泵的主要零部件有哪些？如何进行分类？
4. 水泵的基本性能参数有哪些？分别是如何定义的？
5. 离心泵基本方程式的内容是什么？
6. 叶片安装角对叶轮性能有何影响？
7. 离心泵装置的工作扬程如何确定？
8. 什么是水泵的工作特性曲线？水泵的实测特性曲线如何确定？

第2章 离心泵装置扬程计算 与运行分析

2.1 离心泵装置扬程计算

水泵装置也称抽水装置,如图 2.1 所示,该装置由吸水管路系统、水泵、出水管路系统、动力设备及传动设备等组成。水泵装置能独立完成输送水的任务,那么在实际工程中,水泵的固有特性是如何在水泵装置中发挥能力的,发挥的能力是多少?又是如何计算水泵的扬程,从而选择水泵呢?

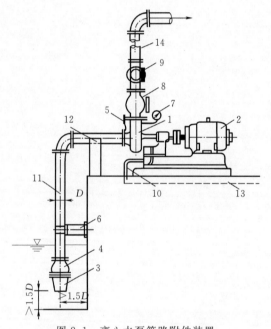

图 2.1 离心水泵管路附件装置

1—离心式泵;2—电动机;3—拦污栅;4—底阀;5—真空表;
6—防振件;7—压力表;8—止回阀;9—闸阀;10—排水管;
11—吸水管;12—支座;13—排水沟;14—压水管

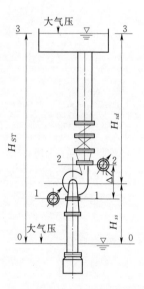

图 2.2 离心泵装置

2.1.1 水泵装置的总扬程

根据公式 $H = E_1 - E_2$,来讨论分析离心泵装置(图 2.2)的总扬程,推求水泵装置总扬程的计算式。

首先,我们对推导中所用的符号进行定义:

H_G——水泵装置的工作扬程;

H_D——水泵装置的设计扬程;

H_{ss}——水泵泵轴与吸水池测压管水面的高差,称之为水泵安装高度,也叫水泵的吸水地形高度。若泵轴比吸水池测压管水面高，H_{ss} 为正值；反之，H_{ss} 为负值；

H_{sd}——高地水池测压管水面与水泵泵轴的高差，称之为水泵的压水地形高度。若高地水池压管水面比泵轴高，H_{sd} 为正值；反之，H_{sd} 为负值；

H_{ST}——吸水池测压管水面与高地水池测压管水面之间的高差，称为水泵的静扬程；

$\sum h_s$——水泵吸水管路中的水头损失，包括全部沿程损失和局部损失；

$\sum h_d$——水泵压水管路中的水头损失，包括全部沿程损失和局部损失；

$\sum h$——水泵吸、压水管路中的总水头损失。

1. 总扬程表达式一

对于已建成的水泵装置，运行时的水泵扬程，即所谓的工作扬程。下面以图 2.2 为例，进行分析推求其工作扬程。

设水泵进口断面 1-1 的断面比能为 E_1，水泵出口断面 2-2 的断面比能为 E_2。

则水泵的扬程：

$$H = E_2 - E_1$$

即：

$$H = z_2 + \frac{P_2}{\gamma} + \frac{v_2^2}{2g} - \left(z_1 + \frac{P_1}{\gamma} + \frac{v_1^2}{2g} \right) \tag{2.1}$$

也即：

$$H = (z_2 - z_1) + \frac{P_2 - P_1}{\gamma} + \frac{v_2^2 - v_1^2}{2g} \tag{2.2}$$

又因为：

$$P_1 = P_a - P_v , \quad P_2 = P_a + P_d$$

式中　P_d——用水柱高度表示的压力表读数值；

P_v——用水柱高度表示的真空表读数值。

设：

$$H_d = \frac{p_d}{\gamma} , \quad H_v = \frac{p_v}{\gamma}$$

则：

$$H = H_d + H_v + \frac{v_2^2 - v_1^2}{2g} + \Delta Z \tag{2.3}$$

如果忽略水泵进口断面和出口断面的流速水头差和两个断面间的垂直高差，则上式可以简化为（近似计算公式）：

$$H = H_d + H_v \tag{2.4}$$

也即，水泵装置的总扬程可以近似地等于出口处安装的压力表的读数（米水柱高度）＋水泵进口处安装的真空表的读数（米水柱高度）。

该计算公式适用于正在运行的水泵装置的总扬程计算。

2. 总扬程表达式二

若进行水泵装置设计时，需根据工程实际现场条件计算所得到的水泵扬程，即所谓的设计扬程。下面以图 2.2 为例，进行分析，推求设计扬程。

列吸水池断面 0-0 与水泵进口断面 1-1 的能量方程：

$$z_0 + \frac{p_0}{\gamma} + \frac{v_0^2}{2g} = \left(z_1 + \frac{p_1}{\gamma} + \frac{v_1^2}{2g} \right) + \sum h_s \tag{2.5}$$

设

$$Z_0 = 0, \quad Z_1 = H_{ss} - \Delta Z / 2,$$

而：

$$P_0 = P_a, \quad P_1 - P_a = -P_v$$

则有：

$$0 = H_{ss} - \frac{\Delta Z}{2} - H_v + \frac{v_1^2}{2g} + \sum h_s \tag{2.6}$$

也即：

$$H_v = H_{ss} + \sum h_s + \frac{v_1^2}{2g} - \frac{\Delta Z}{2} \tag{2.7}$$

同理，列水泵出口断面与出水池水面之间的能量方程可得到：

$$H_d = H_{sd} + \sum h_d + \frac{v_2^2}{2g} - \frac{\Delta Z}{2} \tag{2.8}$$

将得到的 H_v 与 H_d 的表达式代入式（2.3）得到下式：

$$H = H_{ss} + H_{sd} + \sum h_s + \sum h_d \tag{2.9}$$

设 $H_{ST} = H_{ss} + H_{sd}$，$\sum h = \sum h_s + \sum h_d$，化简后得到

$$H = H_{ST} + \sum h \tag{2.10}$$

因此，水泵装置的总扬程等于装置的静扬程加上全部管路的水泵损失。该公式不仅适用于设计扬程的计算，同样适用于工作扬程的计算，是水泵装置总扬程的基本表达式。

本节中所介绍水泵总扬程表达式，适用于各种布置形式的水泵装置，包括抽升式、自灌式等。

2.1.2　离心泵装置静扬程计算

从能量的角度理解，静扬程可以看成是水泵给水（液体）增能的有效部分，或可以看成水（液体）通过水泵增能后其能量净增加值。

下面通过常见的几种水泵装置来分析静扬程的计算。

1. 装置一（图 2.3）

静扬程：

$$H_{ST} = Z_2 - Z_1$$

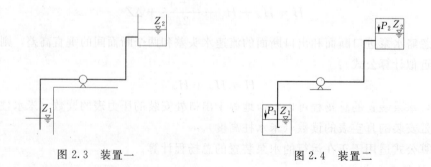

图 2.3　装置一　　　　　　　　　　　图 2.4　装置二

2. 装置二（图 2.4）

静扬程：

$$H_{ST} = (Z_2 + P_2 / \gamma) - (Z_1 + P_1 / \gamma) = (Z_2 - Z_1) + (P_2 / \gamma - P_1 / \gamma)$$

3. 装置三 （图 2.5）

静扬程：

$$H_{ST} = Z_2 - Z_1$$

4. 装置四 （图 2.6）

静扬程：

$$H_{ST} = (Z_2 + P_c/\gamma) - Z_1$$

5. 装置五 （图 2.7）

静扬程：

$$H_{ST} = (Z_2 + P_c/\gamma) - (Z_1 + P_1/\gamma) = (Z_2 - Z_1) + (P_c/\gamma - P_1/\gamma)$$

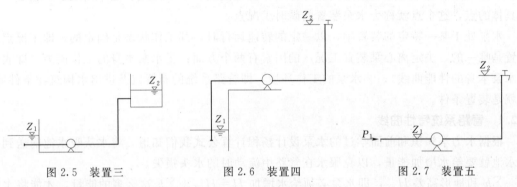

图 2.5　装置三　　　　　　图 2.6　装置四　　　　　　图 2.7　装置五

2.1.3 离心泵装置扬程计算举例

【例】水泵流量 $Q = 120 \text{L/s}$，吸水管管路长度 $L_1 = 20\text{m}$；压水管管路长度 $L_2 = 300\text{m}$；吸水管径 $D_s = 350\text{mm}$，压水管径 $D_d = 300\text{mm}$；吸水水面标高 58.0m；泵轴标高 60.0m；水厂混合池水面标高 90.0m。如图 2.8 所示，求水泵扬程（$i_s = 0.0065$，$i_d = 0.0148$；吸水管的局部水头损失为 1m，压水管的局部水头损失按压水管沿程损失的 15% 计）。

另如果在水泵进口处装有真空表，则真空表的读数为多少 mH_2O？（假设真空表的表头位置高于水泵基准面 1m）。

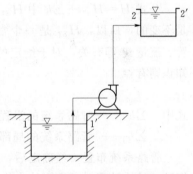

图 2.8　水泵抽水装置

如果在水泵的出口处装有压力表，则压力表的读数为多少 mH_2O？（假设压力表表头中心位置到水泵基准面的垂直距离为 1m）。

解： 根据扬程公式：$H = H_{ST} + \sum h$

$$H_{ST} = 90.0 - 58.0 = 32.0 \text{ （m）}$$

设吸水管路总水头损失为 $\sum h_s$，设压水管路总水头损失为 $\sum h_d$，

则：$\sum h = \sum h_s + \sum h_d$

$\sum h_s = 20 \times 0.0065 + 1 = 1.13 \text{ （m）}$

$\sum h_d = 300 \times 0.0148 + 300 \times 0.0148 \times 15\% = 5.106 \text{ （m）}$

所以：$\sum h = 1.13 + 5.106 = 6.236 \text{ （m）}$

故水泵扬程为：$H = 32.0 + 6.236 = 38.236 \text{ （m）}$

后面的问题留给读者自己思考解决。

2.2　离心泵装置的工况

设计泵站时，选定的水泵是否合适，事先怎么断定呢？水泵本身所具有的潜在能力如何才能发挥呢？选定的水泵是否安全、可靠、经济？若要解决这些问题，就要知道或确定所选定的水泵，在运行时的工作状态，即确定水泵的工况（工况点）。

水泵工况是指水泵运行时某一瞬时的实际工作状态，可用水泵的特性参数：流量 Q、扬程 H、轴功率 N、效率 η 及吸上真空高度 H_s 等表示该状态。将水泵运行时瞬时的流量、扬程、轴功率、效率及吸上真空高度等标绘在扬程曲线、功率曲线、效率曲线上，就成为一个具体的点，这个点就称为水泵装置的瞬时工况点。

水泵处于某一特定的装置中，以一定的转速运行时，其工作状态是确定的，即工况点的位置是唯一的。决定离心泵装置工况点的因素有两个方面：①水泵本身的工作能力（即表现为水泵本身的性能曲线）；②水泵的工作环境，即管路系统的布置以及进出水构筑物条件等，也就是装置条件。

2.2.1　管路系统特性曲线

根据水力学知识和前面学过的水泵设计扬程计算公式我们知道，将水从吸水池输送到高位水池就要给水增加能量，以克服水在管路中流动时的水头损失。

$\sum h$ 和地形高差 H_{ST}，即水泵必须给水增加 $H = H_{ST} + \sum h$ 这么多的能量，才能将水量为 Q 的水从吸水池输送到高位水池。

公式 $H = H_{ST} + \sum h$ 中 H_{ST} 的是地形高差，只与地形有关，对于给定的管路系统地形是不变的，所以，H_{ST} 是一个常数；$\sum h$ 是管路中的水头损失，它与管路长度 l、管路布置、流量 Q 等有关，对于给定的管路系统，就只与流量 Q 有关，即 $\sum h \propto Q^2$。根据水力学知识则有：

$$\sum h = \sum h_f + \sum h_j \tag{2.11}$$

式中　$\sum h_f$——管路系统的沿程水头损失；

　　　$\sum h_j$——管路系统的局部水头损失。

管路系统布置一经确定后，则管路长度 l、管径 D、比阻 A 以及局部阻力系数等均为已知数，具体计算时可查阅给水排水设计手册中《管渠水力计算表》。

采用水利坡降 i 公式时，对于钢管有：

$$\sum h_f = \sum i k_1 l \tag{2.12}$$

式中　k_1——由钢管壁厚不等于 10mm 而引入的修正系数。

对于铸铁管，则有：

$$\sum h_f = \sum i l \tag{2.13}$$

采用比阻（A）公式时，对于钢管有：

$$\sum h_f = \sum A k_1 k_3 l Q_i^2 \tag{2.14}$$

式中　k_1——由钢管壁厚不等于 10mm 而引入的修正系数；

　　　k_3——由管中平均流速小于 1.2m/s 而引入的修正系数。

对于铸铁管，则有：

$$\sum h_f = \sum A k_3 l Q_i^2 \tag{2.15}$$

因此，采用比阻公式表示时，式（2.15）可写成：

$$\sum h = \left[\sum Akl + \frac{\sum \zeta}{2g\left(\frac{\pi D^2}{4}\right)^2} \right] Q^2 \tag{2.16}$$

上式中 k 为修正系数，对于钢管 $k=k_1k_3$，对于铸铁管 $k=k_3$。方括号中的各项均为常数，我们用一个新的常数 S 表示（S 为管路系统阻力参数），称之为阻抗；阻抗 S 通常与管径 D、管长 l、粗糙系数 n、管路布置及管件的多少有关。将 S 代入式（2.16），则得

$$\sum h = SQ^2 \tag{2.17}$$

可以看出，式（2.17）是一个二次抛物线方程，如图 2.9 所示。在 $Q-H$ 坐标系中，$Q-\sum h$ 曲线是一个开口朝上的抛物线，称之为管路系统水头损失特性曲线。该曲线上任意一点 A（Q_A，h_A）表示的含义是，管路系统要输送 Q_A 大小的流量就要有 h_A 大小的水头在管路系统中消耗。

将式（2.17）代入水泵设计扬程的计算公式（2.10），则得

$$H = H_{ST} + SQ^2 \tag{2.18}$$

在 $Q-H$ 坐标系中，式（2.18）表示的是一条截距为 H_{ST} 的、开口向上的抛物线，我们称之为管路特性曲线，用 $(Q-H)_G$ 来表示。它是管路系统水头损失特性曲线向上移动一个 H_{ST} 后形成的，如图 2.10 所示。

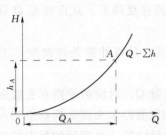

图 2.9　管路系统水头损失特性曲线

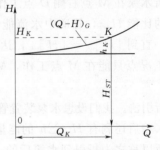

图 2.10　管路特性曲线

$(Q-H)_G$ 曲线表示 1kg 水由吸水池输送到压水池所需能量随流量 Q 的变化规律。即 $(Q-H)_G$ 曲线上任意一点 K（Q_K，H_K）表示的是管路系统要输送 Q_K 大小的流量，水泵就要给水提供（增加）H_K 大小的能量，用以将水提高一个 H_{ST} 高度，并克服在管路系统中流动时的水头损失 h_K。

2.2.2　求离心泵装置工况点的方法

1. 图解法求离心泵装置的工况点

（1）直接法。根据能量守恒原理，在水泵装置系统中，水泵供给水的比能应和管路系统所需要的比能相等，即水泵扬程曲线（$Q-H$）和管路特性曲线 $(Q-H)_G$ 的交点就是二者相互平衡的点。

图 2.11 为离心泵装置工况简图和图解法示意图。首先将水泵样本提供的水泵的（$Q-H$）曲线画下来，再根据公式 $H=H_{ST}+SQ^2$ 画出管路特性曲线 $(Q-H)_G$，二者的交点 M 点就是水泵提供的比能与管路系统所需求的比能相等的点，即水泵提供的比能与管路需求的比能相平衡的点，所以也称之为平衡工况点（工作点）。只要条件不发生变化，水泵将稳定

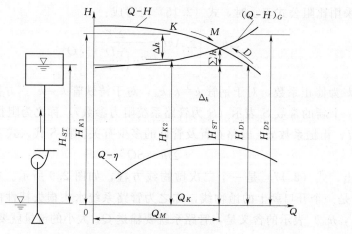

图 2.11　离心泵装置工况

工作，工况点不发生变化，此时水泵的出水量为 Q_M，扬程为 H_M。

水泵能在 M 点以外工作吗？我们可以分析一下，先看看水泵能否在 M 点左侧 K 点平稳工作。此时，水泵提供的比能 H_{K1} 大于管路需求的比能 H_{K2}，$[H]_供 > [H]_需$，多余的能量将以动能的形式，使水流速度加快，即流量 Q 增加，工况点右移，一直到 $[H]_供 = [H]_需$，达到 M 点为止。

再分析水泵在 M 点右侧 D 点工作，此时，$[H]_供 < [H]_需$，水泵提供的比能 H_{D1} 小于管路需求的比能 H_{D2}，管道中水流能量不足，使得水流速度降低，从而流量 Q 降低，工况点左移，一直到 $[H]_供 = [H]_需$，达到 M 点为止。

所以工况点只能在 M 点工作，M 点是能量平衡点，只有外界条件改变，工况点才能改变。

（2）折引法。我们设想水泵装置管路中流过某一流量 Q，对应的管路水头损失就为 $\sum h$，当水流到水箱后还剩有 $H - \sum h$ 的能量，即工作比能扣除管路水头损失后折引到水箱时的剩余能量，所以称之为折引到水箱后的“折引能量”，将对应每一个流量的折引能量在 Q-H 坐标系中描绘出来，再用圆滑的曲线连接起来，就得到“折引特性曲线”$(Q$-$H)'$（图 2.12）。用“折引特性曲线法”同样可以求解工况点，这就为后面求解复杂工况准备好了工具。

现在使用“折引特性曲线法”求解图，如图 2.11 所示离心泵装置的工况点，借以加强对“折引特性曲线”的理解，如图 2.12 所示。

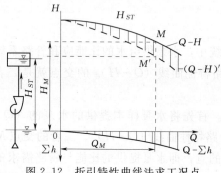

图 2.12　折引特性曲线法求工况点

首先，在横坐标下面画出 Q-$\sum h$ 曲线，然后在对应的流量的条件下从 Q-H 曲线上减去相应的水头损失 $\sum h$，这样就得到水泵的折引特性曲线 $(Q$-$H)'$。

$(Q$-$H)'$ 曲线表明在某一流量下，扣除了对应 $\sum h$ 后的剩余能量还能将水提高到的高度。$(Q$-$H)'$ 曲线与水泵装置的静扬程 H_{ST} 直线相交于 M' 点，从 M' 点向上作垂线与水泵特性曲线 $(Q$-$H)$ 相交于 M 点，即水泵装置工况点。与图解法求得的结果是一致的。

2. 数解法求离心泵工况点简介

我们假设 Q-H 曲线上的高效段可以用下面的方程形式来表达：

$$H = H_x - h_x \qquad (2.19)$$

式中 H——水泵的实际扬程（高效段内），m；

H_x——水泵在 $Q=0$ 时的虚（虚拟）总扬程，m；

h_x——相应于流量为 Q 时，水泵内部的虚水头损失之和。

若令

$$H = H_x - S_x Q^2 \qquad (2.20)$$

式中 S_x——泵体内虚阻耗系数。

如图 2.13 所示，将水泵特性曲线（Q-H）的高效段视为 Q_x-H_x 曲线的一部分，这个曲线与纵坐标的交点截距就是 H_x。

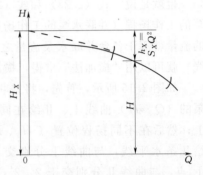

图 2.13 离心泵虚扬程

如果在水泵高效段内相距较远的地方任意选取两点，将这两点坐标代入式（2.21）则得：

$$H_x = H_1 + S_x Q_1^2 = H_2 + S_x Q_2^2 \qquad (2.21)$$

整理、化简后得到：

$$S_x = \frac{H_1 - H_2}{Q_2^2 - Q_1^2} \qquad (2.22)$$

根据式（2.22），我们可以算得 S_x 值，将其带入式（2.21）得到 H_x。

求得 H_x 和 S_x 后，我们就得到水泵特性曲线（Q_x-H_x）的虚拟方程式（2.20）。然后将水泵的虚拟特性曲线方程式（$H = H_x - S_x Q^2$）和管路特性曲线方程式（$H = H_{ST} + SQ^2$）联立求解，就可以求得水泵工况点的流量 Q 和扬程 H。

因为虚扬程曲线（Q_x-H_x）是一条抛物线，所以，这种方法也称之为抛物线法。但是，并不是所有的水泵的高效段都能很好地符合抛物线方程的，因此，在实际应用虚特性曲线方程式就会存在误差。

2.3 水泵联合工作的工况分析

在实际工程中，为了适应用户的用水量变化，水泵站往往设置多台水泵联合工作，用以解决水流量、水压变化时的供需矛盾，这是一种非常有效的节能措施。

如图 2.14 所示，分别为水泵并联工作和水泵串联工作。

水泵并联工作的特点：

（1）增加供水量。

（2）通过开停水泵的台数调节泵站的流量和扬程，以达到节能和安全供水。

（3）水泵并联扬水提高泵站运行调度的灵活性和供水的可靠性。

水泵串联工作的特点：

（1）增加总扬程。

（2）一台水泵有问题，其他水泵也不能工作。

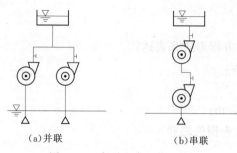

（a）并联　　　　（b）串联

图 2.14　水泵联合工作示意图

（3）水泵串联工作可以用多级水泵代替工作，所以在工程中很少有水泵串联工作的。

下面着重分析水泵并联工作的工况。首先来介绍一下水泵并联特性曲线的绘制。

如图 2.14（a）所示并联水泵工作时，其静扬程是相同的，如果不考虑水头损失，并联水泵的扬程也是相同的，即

$$H_1 = H_2 = H_总 \qquad (2.23)$$

$$Q_1 + Q_2 = Q_总 \qquad (2.24)$$

也就是说，式（2.23）和式（2.24）所表示的就是假想水泵的工作参数。显然，假想水泵的工作扬程（并联水泵的工作扬程）就等于各台并联水泵的扬程（不计损失），假想水泵的流量就等于各台并联水泵流量之和，从而并联水泵的并联特性曲线（假想水泵的特性曲线）就可以用"横加法"求得，横加法就是在相同扬程条件下将流量叠加。

如图 2.15 所示，首先，将并联的两台水泵的（Q-H）曲线 Ⅰ、Ⅱ 绘在同一坐标图上；然后在不同扬程位置（H_1、H_1'、H_1''）绘几条水平线，与曲线 Ⅰ 分别交于 Ⅰ、Ⅰ′、Ⅰ″点，与曲线 Ⅱ 分别交于 2、2′、2″点；根据横加法的原则，分别计算出在 H_1、H_1'、H_1'' 扬程下，并联之后水泵的流量，并将其绘在坐标图上，得到 3、3′、3″点；最后用一条光滑曲线连接 3、3′、3″各点，即得到水泵并联后的特性曲线 Ⅰ＋Ⅱ。

上述所谓的"横加法"只适用于管路布置相同的并联水泵（静扬程相同、水头损失

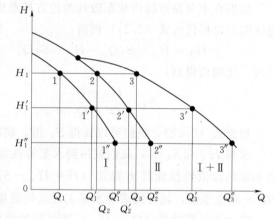

图 2.15　水泵并联 Q-H 曲线

相同），但在实际工程中管路布置往往不是相同的，水头损失也不相同，因而并联工作的各水泵扬程就不同，所以就不能直接使用"横加法"求出并联特性曲线，只能用"折引特性曲线法"求出折引并联特性曲线。

2.3.1　同型号、同水位、管路相同的两台水泵并联工况图解法

1. 绘制两台水泵并联后的总和（Q-H）$_{1+2}$ 曲线

如图 2.16 所示，在坐标图上分别绘出两台水泵的特性曲线，由于两台水泵型号相同，所以特性曲线相同。按照"横加法"原则，即可绘出（Q-H）$_{1+2}$ 曲线，即水泵 1 和水泵 2 的并联工作特性曲线，如图 2.16 所示。

2. 绘制管路系统特性曲线

根据上面分析可知两台水泵的静扬程相同，管路中的水头损失也相同，即并联之后两台水泵的扬程相等，且等于总扬程，则有：

$$H_0 = H_{ST} + \left(\frac{S_{AO}}{4} + S_{OG}\right)Q_{1+2}^2 = H_{ST} + \left(\frac{S_{BO}}{4} + S_{OG}\right)Q_{1+2}^2 \qquad (2.25)$$

上式就是管路系统特性曲线方程，据此可绘制出管路系统特性曲线，如图 2.16 所示的

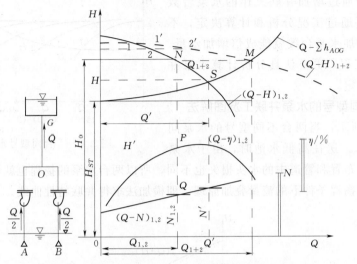

图 2.16 同型号、同水位、对称布置的两台水泵并联

$(Q -\sum h_{AOG})$ 曲线。

3. 并联工况点的确定

$(Q -H)_{1+2}$ 曲线与曲线 $(Q -\sum h_{AOG})$ 的交点 M 就是并联两台水泵的工况点。

M 点所对应的流量 Q_M 即为水泵并联之后的总流量 Q_{1+2},该点对应的扬程 H_M 即为并联水泵的总扬程 H_0。两台水泵在并联工作时,各单泵工况点为 N 点,其对应的流量和扬程分别为 Q_N 和 H_N,$Q_N =Q_M/2$,$H_N =H_M$。

从 N 点作垂线,交 $(Q -\eta)$ 曲线于 P 点,为单泵效率点,$\eta_1 =\eta_2$;交 $(Q -N)$ 曲线于 Q 点,为单泵功率点,$N_1 =N_2$。并联工作时的总功率 $N =N_1 +N_2$,总效率 $\eta =\eta_1 =\eta_2$。

4. 单泵单独工作工况点

单泵的特性曲线 $(Q -H)_{1,2}$ 与管路特性曲线 $(Q -\sum h_{AOG})$ 交于 S 点 (Q', H'),该点是一台水泵单独工作时的工况点,从图 2.16 中可以看出 $Q_{1台} < Q' < Q_{1+2}$。

在求解水泵并联工况点时应注意以下几点:

两台水泵并联工作时的总流量并不等于单台泵工作时流量的两倍,即 $Q_{1+2} \neq 2Q'$,$\Delta Q =Q_{1+2} -Q' < Q'$。管路特性曲线越陡,$\Delta Q$ 越少。

水泵并联时的总扬程 $H_{1+2} > H_{1台} =H'$,即水泵并联工作不仅仅能增加流量,扬程也有少量增加。

一台水泵单独工作时的功率要远远大于并联工作时单泵的功率,所以选配电动机时应根据一台水泵单独工作时的功率来进行选择。

2.3.2 多台同型号水泵并联工况图解法

多台同型号水泵并联工作的特性曲线同样可以用横加法求得,水泵并联工作时,每增加一台水泵所增加的水量 ΔQ 并不相同,水泵并联越多,增加的水量 ΔQ 就越少。如图 2.17 所示,当两台水泵并联时,流量比单泵工作时增加了 $90m^3/s$,3 台泵并联时比两台泵并联时增加了 $61m^3/s$,4 台泵并联比 3 台泵并联增加了 $33m^3/s$,5 台泵并联时仅比 4 台泵并联增加了 $16m^3/s$。由此可见,当水泵并联台数达到 $4\sim5$ 台以上时,增加的流量 ΔQ 很小,已经没有意义了。

所以，是否通过增加并联工作的水泵台数来增加水量，要通过工况分析和计算决定，不能简单地理解增加水泵台数就能成倍增加水量。尤其是改扩建工程，更要认真分析计算水泵并联工况，才能确定。

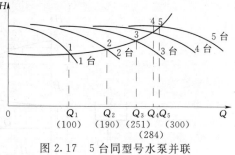

图 2.17　5 台同型号水泵并联

2.3.3　两台不同型号的水泵并联工况图解法

如图 2.18 所示，当两台不同型号的水泵同时从吸水井吸水，送往高低水池时，由于水泵性能不同，管道布置和管道中的水头损失也不同，所以两台水泵的扬程也就不同。这样，就不能直接利用等扬程条件下的流量叠加原理，即横加法求得并联特性曲线。

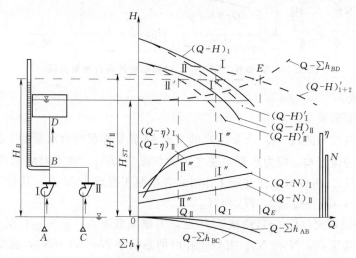

图 2.18　不同型号、相同水位下两台水泵并联

图 2.18 为水泵装置系统简图，两个水泵的管路交会点 B 是水泵并联工作的要点，也是求得并联特性曲线的关键点。根据水力学的知识可以知道，在 B 点安装一只测压管，测压管的值只能有一个，即 B 点处的比能值只能有一个。不管是水泵 I 输送到 B 点的水，还是水泵 II 输送到 B 点的水，到达 B 点后，它所具有的比能一定相同。

所以，假想水泵分两步工作：第一步，水泵各自单独工作，分别通过 AB 管段和 CB 管段，把水提升到 B 点；第二步，两台水泵联合在 B 点工作，一起把水从 B 点通过 BD 管路送到 D 水池。因此，在求解这两台水泵并联工作工况点时，可以采用折引特性曲线的方法，先把两台水泵同时折引到 B 点，此时就可按"横加法"原理做出折引并联特性曲线。

I 号泵折引到 B 点后的剩余水头（能量）H_B 为：

$$H_B = H_I - \sum h_{AB} = H_I - S_{AB}Q_I^2 \tag{2.26}$$

式中　Q_I、H_I——I 号泵的流量和扬程；

$\qquad S_{AB}$——AB 管路的阻力系数；

$\qquad H_B$——B 点测压管高度，也是 I 号泵折引到 B 点工作时的工作扬程。

同理，把 II 号泵折引到 B 点后的剩余水头（能量）H_B 为

$$H_B = H_{II} - \sum h_{BC} = H_{II} - S_{BC}Q_{II}^2 \tag{2.27}$$

式中　Q_{II}、H_{II}——II 号泵的流量和扬程；

S_{BC}——BC 管段的阻力系数。

扣除了 $\sum h_{AB}$ 和 $\sum h_{BC}$ 后，Ⅰ号泵和Ⅱ号泵就在相同的扬程 H_B 下工作了，可以按照"横加法"原理做出并联特性曲线，求解工况点。具体求解步骤如下：

(1) 首先在横坐标下绘制 $(Q - \sum h_{AB})$ 和 $(Q - \sum h_{BC})$ 曲线。

(2) 用折引特性曲线法，在对应的流量条件下水泵特性曲线 $(Q - H)_{\rm I}$ 和 $(Q - H)_{\rm II}$ 曲线上扣除水头损失 $\sum h_{AB}$ 和 $\sum h_{BC}$，得到折引特性曲线 $(Q - H)'_{\rm I}$ 和 $(Q - H)'_{\rm II}$。

(3) 由于扣除了差异 $\sum h_{AB}$ 和 $\sum h_{BC}$，此时可以应用等扬程下流量叠加的原理（横加法），绘出并联特性曲线 $(Q - H)'_{1+2}$。

(4) 绘制管路特性曲线 $Q - \sum h_{BD}$，与并联特性曲线 $(Q - H)'_{1+2}$ 交于 E 点，E 点就是并联水泵的工况点，该点对应的流量 Q_E，即为两台水泵并联工作的总出水量。

(5) 从 E 点引水平线，交 $(Q - H)'_{\rm I}$ 曲线和 $(Q - H)'_{\rm II}$ 曲线于 Ⅰ′点和 Ⅱ″点，由 Ⅰ′点和 Ⅱ″点向上作垂线交 $(Q - H)_{\rm I}$ 曲线和 $(Q - H)_{\rm II}$ 曲线于 Ⅰ点和 Ⅱ点；Ⅰ点就是Ⅰ号水泵的工况点 $(Q_{\rm I}, H_{\rm I})$，Ⅱ点就是Ⅱ号泵的工况点 $(Q_{\rm II}, H_{\rm II})$。

(6) 从Ⅰ点和Ⅱ点向下作垂线交 $(Q - N)_{\rm I}$ 曲线和 $(Q - N)_{\rm II}$ 曲线于 Ⅰ″点和 Ⅱ″点，交 $(Q - \eta)_{\rm I}$ 曲线和 $(Q - \eta)_{\rm II}$ 曲线于 Ⅰ‴点和 Ⅱ‴点。各点分别为两台水泵并联工作时功率点 Ⅰ″对应Ⅰ号泵功率 $N_{\rm I}$；Ⅱ″对应Ⅱ号泵功率值 $N_{\rm II}$；Ⅰ‴对应Ⅰ号泵功率值 $\eta_{\rm I}$；Ⅱ‴对应Ⅱ号泵功率值 $\eta_{\rm II}$。

总功率：

$$N = N_{\rm I} + N_{\rm II} \tag{2.28}$$

总效率：

$$\eta = \frac{\rho g Q_{\rm I} H_{\rm I} + \rho g Q_{\rm II} H_{\rm II}}{N_1 + N_2} \tag{2.29}$$

这种扣除差异，再用"横加法"求并联特性曲线的求解工况点的方法也适用于管路布置不同的情况（例如，井群取水送至水厂的情况），以及水位不同的情况（例如，从不同的吸水井取水）。

2.4 叶轮相似定律

由于水泵内部流动的复杂性，很难准确地计算出水泵的性能，只有通过试验来解决设计和运行中的参数问题。全转速、全尺寸、全性能地进行试验，所确定的设计和运行参数虽然是准确的，但却是非常困难的，经济上也是不可行的。应用流体力学的相似理论，借助于试验和模拟手段，解决水泵叶轮的设计和运行的相关参数问题，是经常采用的。在这个过程中，常遇到下面几个问题：

(1) 通过模型试验，确定新泵的设计参数。

(2) 使用已知的水泵性能参数换算未知的水泵的性能参数。

(3) 水泵转速改变前后，水泵性能参数的换算。

2.4.1 相似定律

1. 水泵叶片的相似条件

真型泵要与模型泵相似就必须满足几何相似、运动相似和动力相似三个条件。

（1）几何相似。两个叶轮主要过流部分一切相对应的尺寸成一定比例，所有的对应角相等。

$$\frac{b_2}{b_{2m}} = \frac{D_2}{D_{2m}} = \lambda \tag{2.30}$$

式中　b_2、b_{2m}——实际泵与模型泵叶轮的出口宽度；

　　　　D_2、D_{2m}——实际泵与模型泵叶轮的外径；

　　　　　　λ——比例。

（2）运动相似。两叶轮对应点上水流的同名速度方向一致，大小互成比例。也即在相应点上水流的速度三角形相似。

$$\frac{C_2}{C_{2m}} = \frac{u_2}{u_{2m}} = \frac{nD_2}{nD_{2m}} = \lambda \times \frac{n}{n_m} \tag{2.31}$$

（3）动力相似。根据流体力学原理，动力相似的判断准则为雷诺准则；由于水泵内部的流动为紊流，故所有的水泵都是自动相似。那么，判断水泵叶轮是否相似是，就不要再判断动力相似了。

由此知道，在几何相似的前提下，只要运动相似就称工况相似，此时的水泵称为工况相似水泵。

2．相似定律

（1）第一相似定律。确定两台在相似工况下运行水泵的流量之间的关系。

由于：

$$\frac{Q}{Q_m} = \lambda^3 \times \frac{\eta_v}{(\eta_v)_m} \times \frac{n}{n_m}$$

当 λ 不太大时，η 近似不变，故两台在相似工况下运行水泵的流量之间的关系为：

$$\frac{Q}{Q_m} = \lambda^3 \times \frac{n}{n_m} \tag{2.32}$$

（2）第二相似定律。确定两台在相似工况下运行水泵的扬程之间的关系。

由于：

$$\frac{H}{H_m} = \lambda^2 \times \frac{\eta_h}{(\eta_h)_m} \times \frac{n^2}{n_m^2}$$

当 λ 不太大时，η 近似不变，故两台在相似工况下运行水泵的扬程之间的关系为：

$$\frac{H}{H_m} = \lambda^2 \times \frac{n^2}{n_m^2} \tag{2.33}$$

（3）第三相似定律。确定两台在相似工况下运行水泵的轴功率之间的关系。

由于：

$$\frac{N}{N_m} = \lambda^5 \times \frac{n^3}{n_m^3} \times \frac{(\eta_M)_m}{\eta_M}$$

当 λ 不太大时，η 近似不变，故两台在相似工况下运行水泵的功率之间的关系为：

$$\frac{N}{N_m} = \lambda^5 \times \frac{n^3}{n_m^3} \tag{2.34}$$

2.4.2 比例律

1. 比例律

把相似定律应用于以不同转速运行的同一台叶片泵，则可得到比例律。

$$\frac{Q_1}{Q_2} = \frac{n_1}{n_2} \tag{2.35}$$

$$\frac{H_1}{H_2} = \left(\frac{n_1}{n_2}\right)^2 \tag{2.36}$$

$$\frac{N_1}{N_2} = \left(\frac{n_1}{n_2}\right)^3 \tag{2.37}$$

2. 比例律应用的第一类问题

已知： 水泵转速为 n_1 时的 $(Q-H)_1$ 曲线。

求： 水泵转速变为 n_2 时的 $(Q-H)_2$ 曲线。

解： 此类问题的解题步骤可分为四步，用八个字表述，即选点、计算、立点和连线。

（1）选点。在水泵特性曲线 $(Q-H)_1$ 上均匀选取一定数量的点，如图 2.19 所示，取 a、b、c、d、e 点，并在坐标轴上查出各点对应的坐标值 (Q_a, H_a)、(Q_b, H_b)、(Q_c, H_c)、(Q_d, H_d)、(Q_e, H_e)。

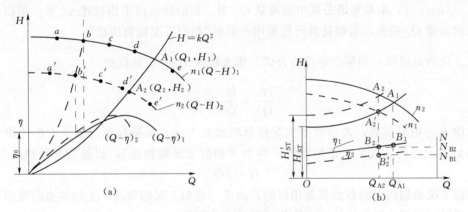

图 2.19 转速变化时特性曲线变化

（2）计算。利用比例律计算出选点各点对应于 n_2 时的坐标 $(Q_{a'}, H_{a'})$、$(Q_{b'}, H_{b'})$、$(Q_{c'}, H_{c'})$、$(Q_{d'}, H_{d'})$、$(Q_{e'}, H_{e'})$。

$$Q_{a'} = \frac{n_2}{n_1} \times Q_a$$

$$H_{a'} = \left(\frac{n_2}{n_1}\right)^2 H_a$$

$$\cdots\cdots$$

$$Q_{e'} = \frac{n_2}{n_1} \times Q_e$$

$$H_{e'} = \left(\frac{n_2}{n_1}\right)^2 H_e$$

（3）立点。将上述计算出的 a' 点至 e' 点，按照坐标值的大小落在坐标系中。

（4）连线。用光滑曲线将 a' 点至 e' 点连接起来，就得到转速为 n_2 时的扬程特性曲线。

同理，根据比例律第三定律，已知水泵转速为 n_1 时特性曲线 $(Q-N)_1$，可求出水泵转速变为 n_2 时特性曲线 $(Q-N)_2$。

转速为 n_2 时的效率曲线 $(Q-\eta)_2$，可通过效率计算公式 $\eta = \rho g Q H / N$ 计算效率值，得到对应于转速为 n_2 时各效率点坐标值，即 $(Q_{a'},\ \eta_{a'})$、$(Q_{b'},\ \eta_{b'})$、$(Q_{c'},\ \eta_{c'})$、$(Q_{d'},\ \eta_{d'})$、$(Q_{e'},\ \eta_{e'})$。然后，将对应各效率点落在 $Q-\eta$ 坐标系中并连线，就得到转速为 n_2 时的效率曲线 $(Q-\eta)_2$。

效率曲线 $(Q-\eta)_2$ 也可通过作图法直接绘出，如图 2.19 所示，因为 a、b、c、d、e 各点的效率点画水平线与 a'、b'、c'、d'、e' 各点的效率相等，所以，通过 a、b、c、d、e 各点的效率点化水平线与 a'、b'、c'、d'、e' 各点垂线的交点的连线就是转速为 n_2 时的效率曲线 $(Q-\eta)_2$。

3. 比例律应用的第二类问题

已知：水泵转速为 n_1 时的特性曲线 $(Q-H)_1$。

求：通过改变水泵转速方法，使得水泵工况点在 $A_2(Q_2,\ H_2)$ 处工作，此时转速 n_2 是多少？当转速为 n_2 时的特性曲线 $(Q-H)_2$、$(Q-N)_2$、$(Q-\eta)_2$ 如何变化？

解：水泵转速改变前后仍然满足工况相似的条件，所以符合比例律。根据比例第一定律 $Q_2/Q_1 = (n_2/n_1)$，如果知道公式中的流量 Q_1 项，我们就可以求出转速 n_2 来。所以问题关键是找出流量 Q_1 项来，求解这类问题要用所谓的"相似工况抛物线法"。

联立比例定律第一和第二定律的公式，消去转速比 $\dfrac{n_1}{n_2}$，就得到

$$\frac{H_1}{Q_1^2} = \frac{H_2}{Q_2^2} = k \tag{2.38}$$

式中 k 为相似系数，表示所有工况相似的水泵工况点的扬程与流量平方的比值。即所有的相似工况点的连线是一条抛物线，称为"相似工况抛物线"，相似工况抛物线方程为

$$H = kQ^2 \tag{2.39}$$

相似工况抛物线上的各点都是相似的，由于"相似工况抛物线"上的各点的效率都是相等的，所以"相似工况抛物线"也称作"等效率曲线"。

将 A_2 点的坐标值 $(Q_2,\ H_2)$ 代入式 (2.39)，求出 k 值，即可画出通过 A_2 点的相似工况抛物，如图 2.20 所示。此抛物线与转速为 n_1 的 $(Q-H)_1$ 曲线相交于 A_1 点。A_1 与 A_2 点工况相似。根据公式 $Q_2/Q_1 = n_2/n_1$，即可求出 n_2 值。

求转速变到 n_2 时的特性曲线 $(Q-H)_2$、$(Q-N)_2$、$(Q-\eta)_2$ 就回到第一类问题，所以就不再重复叙述了。

2.4.3　相似准数——比转数（n_s）

水泵叶轮的相似条件及相似定律都已经知道了，但是相似条件和相似定律却不能在实际中用来判定水泵叶轮是否相似，因为相似条件中的对应尺寸成比例和对应的同名速度成比例是很难在实际应用中去一一测量比较的。另外，由于各种水泵的构造不同、性能不同、尺寸大小不同，为了对水泵进行分类和比较，

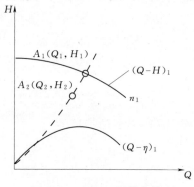

图 2.20　相似工况抛物线

就需要一个能综合反映水泵性能共性的特征参数，作为水泵规格化或者说分类的基础。

这个特征数就是相似准数—叶片泵的比转数（n_s），比转数反映了水泵叶轮的综合特性，是叶轮形状和性能的一个综合判据。

1. 比转数的公式

标准模型泵定义为：在最高效率下，当有效功率 $N_u = 735.5\mathrm{W}$（1HP），扬程 $H = 1\mathrm{m}$，流量 $Q = 0.075\mathrm{m}^3/\mathrm{s}$。

这时该模型泵的转数，就叫做与它相似的实际泵的比转数 n_s。

$$n_s = n\left(\frac{Q}{Q_m}\right)^{\frac{1}{2}}\left(\frac{H_m}{H}\right)^{\frac{3}{4}} \qquad (2.40)$$

将模型泵的 $H = 1\mathrm{m}$，$Q = 0.075\mathrm{m}^3/\mathrm{s}$ 代入式（2.40）：

$$n_s = \frac{3.65nQ^{\frac{1}{2}}}{H^{\frac{3}{4}}} \qquad (2.41)$$

比转数 n_s 是比较水泵是否相似的标准，凡是比转数相同的水泵，其工况相似。

2. 对比转数 n_s 的讨论

（1）比转数是相似定律的一个特例，是一系列工况相似水泵中所选定的一台水泵（标准模型泵）的转速。比转数 n_s 是表示这一系列工况相似水泵综合共性的特征量，n_s 相同，则水泵工况相似；工况相似，则水泵的比转数 n_s 相同。水泵样本给出的比转数 n_s，是根据输送温度为20℃、密度 $\rho = 1000\mathrm{kg}/\mathrm{m}^3$ 的清水得出的。

（2）计算比转数 n_s 时，真型泵的参数要用额定参数，即最高效率时对应的流量（m^3/s）、扬程（m）以及额定转速（r/min）。

（3）式 $n_s = n_m = \dfrac{3.65nQ^{\frac{1}{2}}}{H^{\frac{3}{4}}}$ 中的流量 Q 和扬程 H，指的是单级单吸叶轮的参数；

如果是双吸式叶轮，要将额定流量的一半代入计算（将 $Q/2$ 代入）；如果是多级泵，应将扬程 H 除以级数 Z 代入计算（将 H/Z 代入）。

（4）比转数 n_s 的单位为转速单位"r/min"，这是作为模型泵转速的原来意义。但是，作为真型泵的比转速时，它并不是一个实际的转速，而是一个比较水泵性能的标准，我们更注重它的数值的大小，它本身的单位就没有什么意义了，所以，在实际使用时往往就省略了比转数的单位。

但值得注意的是，当计算比转数 n_s 时，所用单位不同，得到的比转数 n_s 数值就不同。我国使用的单位为：流量 Q 单位为立方米/秒（m^3/s），扬程 H 单位为米（m），则转速 n 单位为转/分（r/min）。其他国家的单位不同，得出的比转数就与我国的比转数数值不同。

3. 比转数 n_s 的应用

（1）水泵的适应范围。虽然实际的比转数是模型泵的转速，但是，它包含了实际泵的参数，如流量 Q、扬程 H、转速 n 等，反映了实际泵的主要性能。从式 $n_s = n_m = \dfrac{3.65nQ^{\frac{1}{2}}}{H^{\frac{3}{4}}}$ 中

可以看出，转速 n 一定时，$n_s \propto Q^{1/2}$，n_s 越大，流量 Q 就越大；$n_s \propto H^{-3/4}$，n_s 越大，扬

程 H 就越小。所以，比转数 n_s 高的水泵，流量大，扬程低，如轴流泵、混流泵等。比转数 n_s 低的水泵，流量小，扬程高，如高压锅炉给水泵、高层建筑给水泵等。

（2）水泵叶轮形状随比转数变化的关系——叶片泵分类的基础。低比转数 n_s：扬程高、流量小。在构造上可用增大叶轮的外径 D_2 和减小内径 D_1 与叶槽宽度 b_2 的方法得到高扬程、小流量。其 D_2/D_1 可以大到 2.5；b_2/D_2 可以小到 0.03。如图 2.21 所示。

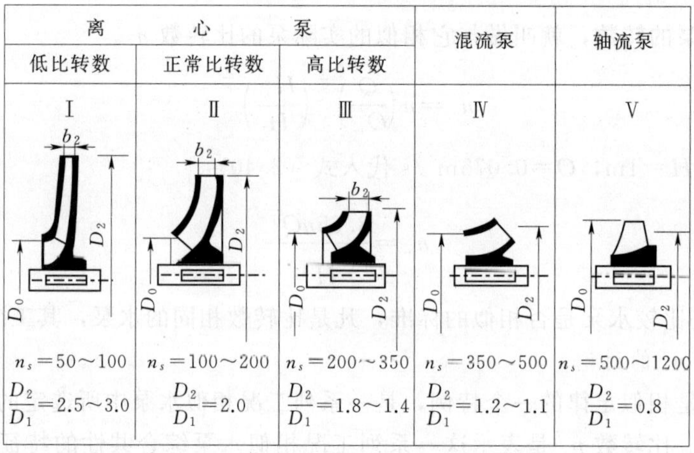

离	心	泵	混流泵	轴流泵
低比转数	正常比转数	高比转数		
Ⅰ	Ⅱ	Ⅲ	Ⅳ	Ⅴ
$n_s=50\sim100$	$n_s=100\sim200$	$n_s=200\sim350$	$n_s=350\sim500$	$n_s=500\sim1200$
$\dfrac{D_2}{D_1}=2.5\sim3.0$	$\dfrac{D_2}{D_1}=2.0$	$\dfrac{D_2}{D_1}=1.8\sim1.4$	$\dfrac{D_2}{D_1}=1.2\sim1.1$	$\dfrac{D_2}{D_1}=0.8$

图 2.21　叶片泵叶轮按比转数分类

高比转数 n_s：扬程低，流量大。要产生大流量，叶轮进口直径 D_1 及出口宽度 b_2 就要加大，但又因扬程要低，则叶轮的外径 D_2 就要缩小，于是，D_2/D_1 比值就小，b_2/D_2 就大。

（3）比转数的不同，反映了特性曲线的形状不同。如图 2.22 所示，n_s 越小，Q - H 曲线就越平坦；$Q=0$ 时的 N 值就越小。因而，比转数低的水泵，采用闭闸启动时，电动机属于轻载启动，启动电流减小；效率曲线在最高效率点两则下降得也越和缓。

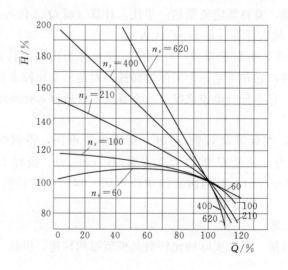

图 2.22　不同比转数时的水泵特性曲线

2.5 离心泵工况调节

用户的用水量是变化的，要适应这个变化，就要求改变水泵的工况。而水泵的工况点是由水泵特性曲线和管路特性曲线共同决定的，若改变其中之一或者二者同时改变，工况点就会改变。

改变水泵的工况点的两类方法：

（1）改变管道系统特性曲线：①管道系统的阻力参数改变，如闸阀开启度改变，即闸阀调节或称节流调节；②静扬程的改变，如水位变化，即自动调节。

（2）改变水泵的性能曲线：①通过改变水泵的转速——变速调节；②通过改变水泵叶轮的外径——变径调节；③通过改变轴流泵的叶片安装角度——变角调节。

2.5.1 自动调节与阀门调节

1. 自动调节

在城市供水中，用水量和水压时刻都是变化的。如早晨、中午和傍晚用水量大，半夜用水量小；水源（江河）的水位、高位水池的水位变化，都会使得管路特性曲线发生改变，从而使工况点改变。

如图 2.23 所示，当用水量大时，相当于管路末端的用水器具的龙头打开的比较多，管路阻力系数减少，阻抗 S 减少，管路特性曲线较平缓；当用水量小时，相当于管路末端的用水器具的龙头打开的比较少，管路阻力系数加大，阻抗 S 加大，管路特性曲线较陡。

水泵的工况点总是沿着水泵的特性曲线左右移动，直到建立新的平衡，所以，水泵的工况点是瞬时的，随用户的情况变化而变化。

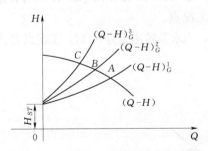
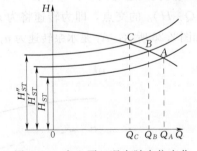

图 2.23　水泵工况点随用户变化曲线　　　　图 2.24　离心泵工况点随水位变化

如图 2.24 所示，当水源水位随高位水池的水位变化时，就使得水泵的静扬程增大或减小，使得管路特性曲线上下移动，从而使得水泵工况点改变。

水泵的工况点随着水位的变化或随着用水器具打开的多少而沿着水泵特性曲线左右移动，不断建立新的平衡工况点，即工况点是在一定幅度区间内游动的，这种水泵工况点自动随管路情况的变化而变化，称作自动调节。水泵也因这种自动适应能力，而大大增加了水泵的实用价值。

2. 阀门调节（节流调节）

通过上述讨论，我们知道，改变管路阻抗 S，就能改变水泵的工况点，所以，在实际运行中，就可以通过调整水泵出口的控制阀门的开启度而人为的调节水泵工况点，满足运行的

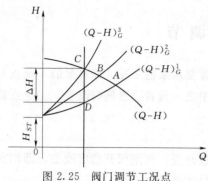

图 2.25　阀门调节工况点

需要。

如图 2.25 所示，阀门开启度达到最大时的工况点为 A 点，称之为极限工况点。随着控制阀门的关小，阻抗 S 逐渐增大，管路特性曲线逐步扬高，水泵工况点逐步左移到 B 点，C 点等。

当阀门关闭时，相当于阻抗 S 无限大，流量 $Q=0$。所以，通过改变控制阀门的开启度的大小，就可以使得水泵的工况点从空载工况点到极限工况点变化，达到控制流量，节约能量，适应用户要求的目的。

但是，阀门调节是以增加阀门阻力（阻抗 S 增大），多消耗能量为前提的。如水泵在 C 点工作时，水泵提供的扬程比管路所需的最小扬程多 ΔH，这多出的 ΔH 扬程就是浪费。浪费的扬程为 $\Delta H = H_C - H_D$，即在关小的阀门上浪费（多消耗）了 $\Delta N = \rho g Q \Delta H / \eta$ 的功率。

阀门调节的优点是方便灵活，可用于经常性调节，如小型泵站，城市给水泵站则很少使用。

2.5.2　水泵调速运行与水泵联合工作的工况调节

1. 水泵调速运行

通过改变水泵的转速即变速调节，是水泵工况调节的常用方法，下面介绍水泵调速运行中常见的几类问题。

第一类问题：已知水泵转速为 n_1 时的特性曲线 $(Q\text{-}H)$ 及管路特性曲线 $(Q\text{-}H)_G$，求转速将为 n_2 时的水泵工况。

解决此类问题分两步：①作出 n_2 时的特性曲线 $(Q\text{-}H)'$；②作出 $(Q\text{-}H)'$ 与管路特性曲线 $(Q\text{-}H)_G$ 的交点，即为转速将为 n_2 时的水泵工况点。

如图 2.26 所示，A_1 是水泵转速为 n_1 时的工况点，当水泵转速变为 n_2 时，工况点为 A_2'。

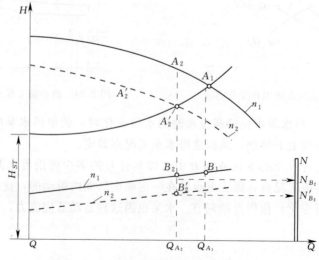

图 2.26　水泵转速变化后形成新的工况点

第二类问题：已知水泵转速为 n_1 时的特性曲线 $(Q - H)_1$，求通过改变水泵转速方法，使得水泵工况点在 $A_2(Q_2，H_2)$ 处工作时的转速 n_2 是多少？当转速为 n_2 时的特性曲线 $(Q-H)_2$、$(Q-N)_2$、$(Q-\eta)_2$ 如何变化？

此类问题在前述比例律的内容中已经讲过，此处不再赘述。

第三类问题：已知多台泵并联工作，其中有调速泵，分析工况调节情况。

以同型号两台水泵，一台定速和一台调速并联运行为例，讨论其工况问题。

调速泵和定速泵并联工作时，通常存在两种情况：一种情况是调速泵的转速 n_1 和定速泵的转速 n_2 均为已知，求并联工况点。若 $n_1 = n_2$，则属于同型号并联工况点问题，若 $n_1 \neq n_2$，则属于大小泵并联工况点问题，这类问题的求解，前面已经叙述过，不再重复。

另一种情况是知道定速泵的转速 n_2 和并联工作的总流量 Q，求调速泵的转速 n_1。这类问题比较复杂，存在 5 个未知数，即定速泵的工况点值 $(Q_{II}，H_{II})$，调速泵的工况点值 $(Q_I，H_I)$，以及调速泵的转速 n_1 等 5 个未知数。这种情况直接求解也比较复杂，但仍然可以用折引特性曲线法来求解。

求解思路是将大小泵并联步骤反向进行，如图 2.27 所示，已知定速泵的特性曲线 $(Q-H)$、管路特性曲线和总流量 Q，我们可以根据"横加法"的原理求解上述 5 个未知数步骤如下：

（1）画出同型号两台水泵的扬程特性曲线。

（2）根据公式 $H = H_{ST} + S_{BD}Q_{BD}^2$ 绘出 BD 段管路特性曲线 $Q-\sum h_{BD}$。

（3）从并联总流量 Q_P 向上引垂线，交 $Q-\sum h_{BD}$ 曲线于 P 点，P 点的纵坐标就是 B 点测压管高度 H_B。

（4）由 $\sum h_{BC} = S_{BC}Q_{BC}^2$ 在横坐标下面绘出 $Q-\sum h_{BC}$ 曲线，在对应流量条件下从定速泵的扬程特性曲线上减去 $\sum h_{BC}$，就得到定速泵的折引特性曲线 $(Q-H)'_{II}$；从 P 点向右引水平线，交曲线 $(Q-H)'_{II}$ 于 H 点。

（5）由 H 点向上引垂线，交水泵特性曲线 $(Q-H)'_{I，II}$ 于 J 点，J 点就是定速泵的工况点。J 点的横坐标即为定速泵的流量 Q_{II}，纵坐标就是定速泵的扬程 H_{II}。

（6）调速泵的流量 $Q_I = Q_P - Q_{II}$，调速泵的扬程 $H_I = H_B + \sum h_{AB} = H_B + S_{AB}Q_I^2$；根

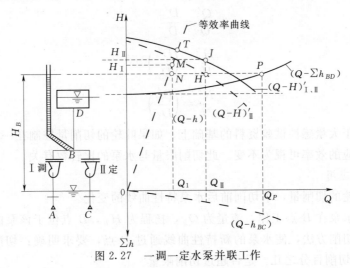

图 2.27　一调一定水泵并联工作

据 $(Q_I，H_I)$ 就可在图上绘出调速泵的工况点 M。

（7）确定了调速泵的工况点 M，就可以根据相似工况抛物线法求出调速泵的转速 n_1。

步骤为：先由 $k=H_I/Q_I^2$，求得 k 值，再绘出通过 M 点的相似工况抛物线（等效率曲线）$H=kQ^2$，它与定速泵的特性曲线 $(Q-H)_{I，II}$ 相交于 T 点，T 点横坐标为 Q_T。最后，根据比例律 $n_1=n_2 Q_I/Q_T$，就可以求出调速泵的转速 n_1。

2. 水泵调速运行注意事项

（1）转速改变前后效率相等是在一定的转速范围内可以实现的，当转速变化超出一定范围时，效率变化就会较大而不能忽略，所以，实测的等效率曲线与理论上的等效率曲线不是完全一致的，只有在高效率范围内才吻合。

（2）变速调节工况点，只能降速，不能增速。因为水泵的力学强度是按照额定转速设计的，超过额定转速，水泵就有可能被破坏。

（3）长期调节，像冬季与夏季之间水量不同的调节，可用有级调节，如切削调节、齿轮调速调节等，也可用无级调节，如变频调速调节等。而短期调节，如白天和夜晚之间的水量调节只能用无级调节，也可用阀门调节、变频调速调节。

3. 水泵并联工作的工况调节分析

若水泵装置只设一台水泵工作，当工作水泵是调速泵时，就能进行工况调节；倘若工作泵是定速泵，在其他条件不变的情况下，则其工况是不变的。

水泵装置还可以通过多泵并联工作来调节其工况，可分两种情况。第一种情况：并联水泵均为定速泵，根据水泵并联工作的知识，开启不同数量的工作泵，会形成不同的工况。因此，对于此类水泵装置，可以开启不同数量的水泵，来达到所需的工况。第二种情况：定速泵与变速泵并联运行，当变速泵在不同转速下运行时，并联装置会形成不同的工况；同时还可开启不同数量的水泵，形成多种工况，此类水泵装置的工况非常灵活。

2.5.3　水泵换轮运行

通过改变叶轮外径的方法可以用于工况点的条件，叫做"切削调节"或"换轮调节"。其优点是简便易行，不增加能量损失；缺点是不灵活。一般用于长期调节。

1. 切削定律

$$\frac{Q'}{Q}=\frac{D_2'}{D_2} \tag{2.42}$$

$$\frac{H'}{H}=\left(\frac{D_2'}{D_2}\right)^2 \tag{2.43}$$

$$\frac{N'}{N}=\left(\frac{D_2'}{D_2}\right)^3 \tag{2.44}$$

切削律是建于大量感性试验资料的基础上。如果叶轮的切削量控制在一定限度内时，则切削前后水泵相应的效率可视为不变。此切削限量与水泵的比转数有关。

2. 切削律的应用

（1）已知叶轮的切削量，求切削前后水泵特性曲线的变化。

（2）已知要水泵在 B 点工作，流量为 Q_B，扬程为 H_B，B 点位于该泵的 $(Q-H)$ 曲线的下方。现使用切削方法，使水泵的新持性曲线通过 B 点，要求明确：切削后的叶轮直径 D_2' 是多少？需要切削百分之几？是否超过切削限量？

3. 型谱图

叶轮切削以后可以使得水泵的应用范围扩大。如图 2.28 所示为 12Sh-19 型水泵的 Q-H 曲线，切削前（$D=290$mm）水泵的高效段为 AC 线段，切削后（$D=265$mm）的高效段是 BD 线段，那么 $ABCD$ 这个区域就称作水泵工作的高效方框图，这样，水泵高效工作就由一条线段扩大为一个区域，使得水泵更易于满足实际需要。

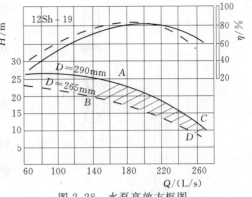

图 2.28　水泵高效方框图

目前，叶轮切削一般用于清水泵中，水泵厂常常对同一台水泵，配上 2～3 个外径不一样的叶轮以便用户采用。为使选泵方便，样本中通常将厂方所生产的某种型号的高效率方框图，成系列地绘在同一张坐标纸上，称为性能曲线型谱图，如图 2.29 所示。图中每一小方框表示一种水泵的高效工作区域。框内注明该水泵的型号、转速及叶轮直径。用户在使用这种型谱图选择水泵时，只需看所需要的工况点落在哪一块方框内，即选用哪一台水泵，十分简明方便。

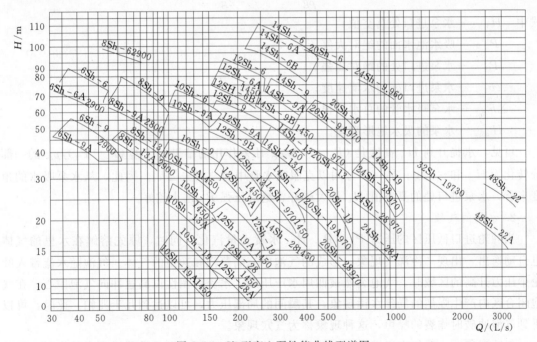

图 2.29　Sh 型离心泵性能曲线型谱图

2.6　离心泵吸水性能计算

2.6.1　吸水管中压力的变化和计算及气蚀现象

1. 离心泵的真空

我们已经知道离心泵之所以能将水加压送出，是因为离心泵能够真空吸水，将水吸进水

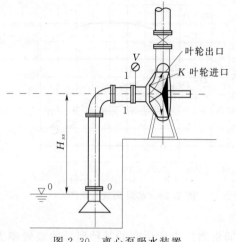

图 2.30　离心泵吸水装置

泵，如图 2.30 所示，水泵进口 1-1 断面处事处于真空状态，在吸水池水面大气压的作用下，水从吸水池通过吸水管进入水泵。

水在流进水泵的过程中，吸水池水面的绝对大气压与叶轮进口处的绝对压力差 $\dfrac{P_a}{\rho g}-\dfrac{P_1}{\rho g}=\dfrac{P_v}{\rho g}$ 转化成位置水头 H_{ss} 和速度水头 $\dfrac{v_1^2}{2g}$，并克服吸水管中的总水头损失 $\sum h_s$，所以，水泵进口处真空值的大小 $\dfrac{P_v}{\rho g}$ 与 H_{ss}、$\dfrac{v_1^2}{2g}$、$\sum h_s$ 有关。

我们列 0-0 断面和 1-1 断面能量方程，得：

$$\frac{P_a}{\rho g}=H_{ss}+\frac{P_1}{\rho g}+\frac{v_1^2}{\rho g}+\sum h_s \tag{2.45}$$

整理后，得到：

$$H_V=\frac{P_a-P_1}{\rho g}=H_{ss}+\frac{v_1^2}{2g}+\sum h_s \tag{2.46}$$

式中　　H_V——水泵进口处真空值；

　　　　P_a——吸水池水面的绝对大气压；

　　　　P_1——水泵进口处的绝对压强；

　　　　v_1——水泵进口处的水流速度；

　　　　$\sum h_s$——水泵吸水管的总水头损失；

　　　　H_{ss}——水泵的吸水地形高度。

可见，水提升到 H_{ss} 高度是（P_a-P_1）/ρg 压差作用的结果。压差（P_a-P_1）/ρg 的一部分转化为 H_{ss} 和 $v_1^2/2g$；另一部分用以克服吸水管中的总损失 $\sum h_s$。因此，从水泵吸水的角度来看，水泵进口处的真空值 H_v 越大越好，绝对压强 P_1 越小越好。

2. 水泵的气蚀

当叶轮进口低压区的压力 $P_k \leqslant P_{va}$ 时，水就大量汽化，同时，原先溶解在水里的气体也自动逸出，出现"冷沸"现象，形成的气泡中充满蒸汽和逸出的气体。气泡随水流带入叶轮中压力升高的区域时，气泡突然被四周水压压破，水流因惯性以高速冲向气泡中心，在气泡闭合区内产生强烈的局部水锤现象，其瞬间的局部压力，可以达到几十兆帕。此时，可以听到气泡冲破时炸裂的噪声，这种现象称为气穴现象。

气蚀现象：一般气穴区域发生在叶片进口的壁面，金属表面承受着局部水锤作用，经过一段时期后，金属就产生疲劳，金属表面开始呈蜂窝状，随之，应力更加集中，叶片出现裂缝和剥落。在这同时，由于水和蜂窝表面间歇接触之下，蜂窝的侧壁与底之间产生电位差，引起电化腐蚀，使裂缝加宽，最后，几条裂缝互相贯穿，达到完全蚀坏的程度。水泵叶轮进口端产生的这种效应称为"气蚀"。

气蚀两个阶段：第一阶段，表现在水泵外部的是轻微噪声、振动和水泵扬程、功率开始有些下降；第二阶段，气穴区就会突然扩大，这时，水泵的 H、N、η 就将到达临界值而急剧下降，最后终于停止出水。

气蚀的危害表现为：水泵性能恶化甚至停止出水；水泵过流部件发生破坏；产生噪声和振动。

那么水泵如何防止气蚀？

水泵进口处 1-1 断面的压力允许值 $P_{允许}$ 在标准状态（一个标准大气压，20℃水温）下用试验测定，不断改变试验条件使得水泵由不气蚀到发生气蚀，就可测得水泵气蚀时 1-1 断面 $P_{临界}$。实际使用时将这个临界压力值加上一个安全量 $P_{安全}$ 就得到 1-1 断面的允许最小压力值 $P_{允许}$ 值，对应的真空值为允许真空值 $P_{v允许}$ 值。

对于离心泵来说，应用允许真空值 $P_{v允许}$ 值比允许最小压力值 $P_{允许}$ 值更方便，所以 1-1 断面的 $P_{v允许}/\rho g$ 就被称为允许吸上真空高度 H_s，则有：

$$H_s = \frac{P_{v允许}}{\rho g} \tag{2.47}$$

要防止气蚀，水泵进口处 1-1 断面的实际真空值就必须小于允许吸上真空高度，即：

$$H_v < H_s \tag{2.48}$$

H_s 就确定了水泵的吸水性能，称为允许吸上真空高度。图 2.31 所示为离心泵（Q-H_s）特性曲线示意图，随着流量 Q 的增加，H_s 值在减小，也就是说水泵流量越大，允许吸上真空高度就越小。

从防止气蚀的角度来说，H_v 越小越好。但是，前面我们已经知道，从水泵吸水角度来说，H_v 越大越好。结合两个方面考虑，水泵进口处的真空高度 H_v 值在保证不气蚀的条件下越大越好，也就是说，水泵的性能参数允许吸上真空高度 H_s 越大，其吸水性能越好。

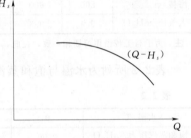

图 2.31 离心泵（Q-H_s）特性曲线

2.6.2 水泵最大安装高度

在实际工程中要防止发生气蚀，就必须满足 $H_v < H_s$。将式 $H_v = \frac{P_a - P_1}{\rho g} = H_{ss} + \frac{v_1^2}{2g} + \sum h_s$ 代入此式，得到：

$$H_{ss} + \frac{v_1^2}{2g} + \sum h_s = H_v < H_s \tag{2.49}$$

移项、整理，得：

$$H_{ss} < H_s - \frac{v_1^2}{2g} - \sum h_s \tag{2.50}$$

把上式中的不等号改成等号，计算得到的 H_{ss}，是水泵的最大安装高度，即：

$$H_{ss} = H_s - \frac{v_1^2}{2g} - \sum h_s \tag{2.51}$$

要保证实际安装高度 $[H_{ss}]_{实际} < [H_{ss}]_{最大}$，才能保证吸水而不发生气蚀。

在使用允许吸上真空高度 H_s 时，应注意以下几点：

H_s 随 Q 变化而变化，应用式（2.51）计算 H_{ss} 时，要用最大流量所对应的允许吸上真空高度 H_s。

为要安装高度 H_{ss} 尽可能大，应尽可能使 $v_1^2/2g$ 和 $\sum h_s$ 小；使管径加大，水流速度减小，水头损失 $\sum h_s$ 减小；也可减少管路上的管件和配件，使得水头损失 $\sum h_s$ 减少，达到增大安装高度 H_{ss} 的目的。

气蚀试验是在一个标准大气压、$t = 20℃$ 的标准条件下进行的，在实际工程条件不符合标准条件时需修正 H_s 值，其修正公式为：

$$H_s' = H_s - (10.33 - h_a) - (h_{va} - 0.24) \tag{2.52}$$

式中　　H_s'——修正后采用的允许吸上真空高度，m；

$\quad\quad\quad H_s$——水泵厂给定的允许吸上真空高度，m；

$\quad\quad\quad h_a$——安装地点的大气压，mH_2O；

$\quad\quad\quad h_{va}$——实际水温下的饱和蒸汽压力。

表 2.1 所列为海拔高度与大气压的关系。

表 2.1　　　　　　　　　　**海拔高度与大气压的关系**

海拔/m	−600	0.00	100	200	300	400	500	600	700
大气压/mH_2O	11.3	10.33	10.2	10.1	10.0	9.8	9.7	9.6	9.5
海拔/m	800	900	1000	1500	2000	3000	4000	5000	
大气压/mH_2O	9.4	9.3	9.2	8.6	8.4	7.3	6.3	5.5	

注　为了与工程沿用习惯相一致，在此，大气压单位也用 mH_2O。

表 2.2 所列为水温与饱和蒸汽压力 h_{va} 的关系。

表 2.2　　　　　　　　　　**水温与饱和蒸汽压**

水温/℃	0	5	10	20	30	40
饱和蒸汽压力/mH_2O	0.06	0.09	0.12	0.24	0.43	0.75
水温/℃	50	60	70	80	90	100
饱和蒸汽压力/mH_2O	1.25	2.02	3.17	4.82	7.14	10.33

从式（2.52）和表 2.1、表 2.2 可知，如果温度升高，则汽化压强 h_{va} 上升，容易气蚀；如果地势升高，当地大气压 h_a 下降，容易发生气蚀。

2.6.3　气蚀余量

对于某些轴流泵、热水锅炉给水泵等，安装高度 H_{ss} 往往是负值，通常用"气蚀余量"衡量他们的吸水性能。

气蚀余量是指水泵进口处具有的超过汽化压强的那部分富余能量（通常以泵轴为基准面），用 H_{sv} 表示气蚀余量，则气蚀余量计算式就为：

$$H_{sv} = \frac{P_1}{\rho g} + \frac{v_1^2}{2g} - h_{va} \tag{2.53}$$

一般通过试验确定气蚀余量临界值 $[H_{sv}]_{临界}$。临界气蚀余量加上安全量（$H_{安全}$）就为不发生气蚀的允许（最小）气蚀余量，为保证不发生气蚀，实际气蚀余量 $[H_{sv}]_{实际}$ 就必须大于允许气蚀余量 $[H_{sv}]_{允许}$，即：

$$[H_{sv}]_{实际} > [H_{sv}]_{允许} \tag{2.54}$$

允许气蚀余量 $[H_{sv}]_{允许}$ 越小，水泵吸水性能越好；允许气蚀余量 $[H_{sv}]_{允许}$ 越大，水泵的吸水性能越差。根据式 $\frac{P_a}{\rho g} = \frac{P_1}{\rho g} + \frac{v_1^2}{2g} + H_{ss} + \sum h_s$，得：

$$[H_{sv}]_{实际} = \frac{P_1}{\rho g} + \frac{v_1^2}{2g} - h_{va} = \frac{P_a}{\rho g} - H_{ss} - \sum h_s - h_{va} \tag{2.55}$$

式（2.54）为水泵进口处实际气蚀余量计算式，移项、整理后得：

$$H_{ss} = \frac{P_a}{\rho g} - H_{sv} - \sum h_s - h_{va} \tag{2.56}$$

由于 $[H_{sv}]_{允许}$ 往往很大，通常大于一个大气压，所以水泵的安装高度 H_{ss} 多为负值，这样水泵就应安装在水下。

应用气蚀余量时，应注意：

（1）允许气蚀余量 H_{sv} 随流量 Q 的变化而变化，即流量增加，气蚀余量 H_{sv} 也增加。

（2）允许气蚀余量 H_{sv} 不必修正，这是因为气蚀余量的基准面是水泵泵轴（立式泵为叶轮中心线），所以不用修正海拔高度影响；而气蚀余量定义式中已经包括饱和蒸汽压，所以也不用修正温度影响。

（3）用允许吸上真空高度 H_s，还是用气蚀余量 H_{sv} 来衡量水泵的吸水性能，应根据水泵类型，本着使用方便的原则确定，一般由水泵厂家在样本中给出。使用者使用哪一个参数计算 H_{ss}，取决于水泵样本给定的参数资料。

思 考 题

1. 什么叫水泵的工况点？工况点与哪些因素有关？当发生如下情况时，水泵的工况点如何变化？

（1）管道的直径变粗和变细时。

（2）当管路上闸阀的开度变小时。

（3）水源水位或出水池水位升高或降低时。

（4）水泵的转速增加或减少时。

（5）水泵减漏环严重磨损，叶片和减漏环间隙增大时。

（6）管路年久失修，严重锈蚀时。

2. 在图 1 所示的泵装置上，在出水闸阀前后装 A、B 两只压力表，在进水口出装上一只真空表 C，并均相应地接上测压管。现问：

（1）闸阀全开时，A、B 压力表的读数及 A、B 两根测压管的水面高度是否一样？

（2）闸阀逐渐关小时，A、B 压力表的读数以及 A、B 两根测压管的水面高度有何变化？

（3）在闸阀逐渐关小时，真空表 C 的读数以及它的测压管内水面高度如何变化？

3. 什么是工况相似泵，工况相似泵性能参数之间有何关系？

4. 试述比转数 n_s 的物理意义和实用意义？为什么它可以用来对泵进行分类？计算 n_s 时应遵循哪些规定？

5. 同一台泵，在运行中转速由 n_1 变为 n_2，试问其比转数 n_s 值是否发生相应的变化？为什么？

6. 什么叫工况调节？在那些情况下需要进行工况调节？工况调

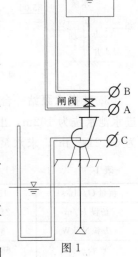

图 1

节的方法有哪几种？各适用于什么场合？

7. 在什么情况下需要两台或两台以上的水泵的并联运行？水泵并联运行有什么优缺点？是否水泵并联的台数越多，管路越省，运行越经济？

8. 什么是水泵汽蚀？有哪些危害？如何采取措施进行防止？

9. 气蚀余量与吸上真空度有何区别？有什么关系？

10. 允许吸上真空高度受海拔和水温影响时，如何进行修正？

习　题

1. 试写出图 1 所示的诸水泵装置中水泵的静扬程和设计扬程的表达式。

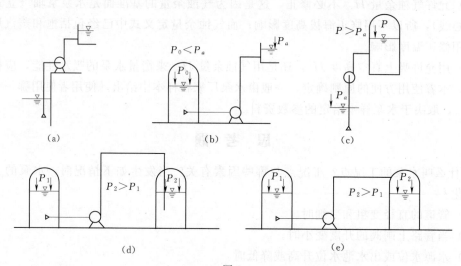

图 1

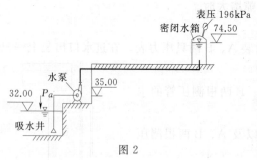

图 2

2. 如图 2 所示取水泵站，水泵由河中直接抽水输入表压为 196kPa 的高地密闭水箱中。已知水泵流量 $Q=160\text{L/s}$，吸水管：直径 $D_1=400\text{mm}$，管长 $L_1=30\text{m}$，摩阻系数 $\lambda_1=0.028$；压水管：直径 $D_2=350\text{mm}$，管长 $L_2=200\text{m}$，摩阻系数 $\lambda_2=0.029$。假设吸、压水管路局部水头损失各为 1m，水泵的效率 $\eta=70\%$，其他标高见图。试计算水泵扬程 H 及轴功率 N。

3. 某提水泵站一台 12Sh-9 型离心泵装置，高效区范围附近的性能参数如表 1 所示，进水池水位为 102m，出水池水位为 122m，进水管阻力参数为 $8.51\text{s}^2/\text{m}^5$，出水管阻力参数为 $62.21\text{s}^2/\text{m}^5$，求水泵的工作参数。

表 1　　　　　　12Sh-9 型离心泵装置高效区附近性能参数表

流量 $Q/(\text{L/s})$	150	175	200	225	250	275
扬程 H/m	24.3	23.8	22.5	21.0	18.8	15.8
功率 N/kW	52	53	54.2	54.9	55	54.8
效率 $\eta/\%$	68.8	77.1	81.5	84.4	83.8	77.8

4. 已知水泵的转速 $n_1 = 950\text{r/min}$，其 $Q\text{-}H$ 曲线高效段方程 $H = 45.833 - 4583.333Q^2$，管道系统特性曲线方程为 $H = 10 + 17500Q^2$（H 以 m 计，Q 以 m^3/s）。试求：

(1) 水泵装置的工况点；

(2) 当所需水泵的流量为 $Q = 0.028\text{m}^3/\text{s}$，求水泵转速 n_2 值。

5. 如图 3 所示，A 点为该泵装置的极限工况点，其相应的效率为 η_A。当闸阀关小时，工作点由 A 点移至点 B，相应的效率为 η_B。由图可知 $\eta_A > \eta_B$，现问：

(1) 关小闸阀是否可以提高效率？此现象如何解释？

(2) 水泵轴功率如何变化？

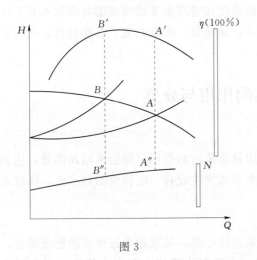

图 3

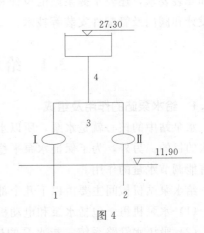

图 4

6. 某供水泵站，选用两台 20Sh-28 型水泵并联运行，如图 4 所示，已知 $S_{1\text{-}3} = S_{2\text{-}3} = 1.04\text{s}^2/\text{m}^5$，$S_{3\text{-}4} = 3.78\text{s}^2/\text{m}^5$。问题：(1) 求该装置的管道特性方程；(2) 若装置总流量为 $5400\text{m}^3/\text{h}$，试确定 I 泵的流量和扬程。

7. 12Sh-19A 型离心水泵，设计流量为 $Q = 220\text{L/s}$，在水泵样本中查得相应流量下的允许吸上真空高度为 $[H_s] = 4.5\text{m}$，水泵吸水口直径为 $D = 300\text{mm}$，吸水管总水头损失为 $\sum h_s = 1.0\text{m}$，当地海拔高度为 1000m，水温为 40℃，试计算最大安装高度 H_s（海拔 1000m 时的大气压为 $h_a = 9.2\text{mH}_2\text{O}$，水温 40℃时的汽化压强为 $h_{va} = 0.75\text{mH}_2\text{O}$）

8. 已知某离心泵的叶轮外径为 466mm，水泵装置的吸水管管径为 300mm，吸水池最低水位为 1001.5m，吸水池设计水位为 1003.0m，出水池水位假设不变为 1050.0m，水泵的 $Q\text{-}H$ 曲线可用方程 $H = 76.25 - 100Q^2$ 表示（式中流量的单位是 m^3/s），$[H_s] = 4.5\text{m}$，吸水管路的阻力系数 $S_s = 10\text{s}^2/\text{m}^5$，压水管路的阻力系数 $S_d = 20\text{s}^2/\text{m}^5$，当地大气压力为 90kPa，工作水温下水的饱和蒸汽压为 0.64m（水在 20℃时其饱和蒸汽压为 0.24m，在 0℃时为 0.06m），请计算：

(1) 当吸水池水位为设计水位时，若要使水泵的工作流量为 350L/s，应换上多大直径的叶轮可以满足要求？

(2) 试确定该装置的最大安装高度为多少？装置的安装高程为多少？（标准大气压力为 101.325kPa）

第3章 中、小型给水泵站工艺
设计与计算

水泵是不能自己单独工作的，它必须和管道、电机组合成一体才能工作，水泵、管道、电机构成了泵站的主要工艺部分。因而，要正确设计和管理水泵站不但需要掌握水泵工作原理和安装要求，还要掌握泵站的设计和管理技术，如选泵、水泵布置、基础设计、吸压水管路设计和阀门及管配件安装等技术。

3.1 给水泵站的作用与分类

3.1.1 给水泵站的作用及组成

水泵站中的核心就是水泵，所以水泵的作用就是泵站的作用，即给水增加能量，达到输送水的目的。另外，为了保证水泵平稳工作，水泵站往往设有一定容积的蓄水池，所以泵站还有能调节水量的作用。

给水泵站机械间主要由以下几个部分组成：

（1）水泵机组：包括水泵和电动机，这是泵站的心脏，是泵站中最重要的组成部分。

（2）吸压水管路系统：指水泵的进水管路（也称吸水管路）和出水管路（也称压水管路），水泵通过吸水管路从吸水井吸水，通过压水管路送给用户。

（3）吸水井：也称集水池，水泵吸水管从这里进行吸水。

（4）控制、调节和安全设备：指管路上安装的各种功能的截止阀、止回阀、安全阀、水锤消除器等。

（5）计量和检查设备：指流量计、压力计、真空表、电流表、电压表等。

（6）启动引水设备：指真空引水和灌水设备，如真空泵、引水罐等。

（7）电气设备：电机的启动、配电设备。

（8）通信、自动控制设备。

（9）起重设备：指安装、检修用的吊车、电动葫芦等。

（10）排水设施：指排水泵、排水沟、集水坑等。

（11）其他：包括采暖、通风、照明设备和结构等。

此外，在泵站中与机械间配套的，还有高、低压变电所、控制室、值班室等。

一个水泵站往往由上述几个部分或全部组成，水泵机组是水泵站的核心设备，其他部分都对水泵机组正常良好的工作起着不可替代的保证作用。

3.1.2 给水泵站的分类

在泵站的分类中，按照水泵机组设置的位置与地面的相对标高关系，泵站可分为地面式泵站、地下式泵站与半地下式泵站；按照操作条件及方式，泵站可分为人工手动控制、半自动化、全自动化和遥控泵站等四种。半自动化泵站是指开始的指令是由人工按动电钮，使电路闭合或切断，以后的各操作程序是利用各种继电器来控制。全自动化的泵站中，一切操作程序则都是由相应的自动控制系统来完成的。遥控泵站的一切操作均是在远离泵站的中央控制室进行的。在给水工程中，按泵站在给水系统中作用可分为：取水泵站、送水泵站、加压泵站及循环泵站等四种。

1. 取水泵站

取水泵站在水厂中也称一级泵站。在地面水水源中，取水泵站一般由吸水井、泵房及闸阀井等三部分组成，其工艺流程如图 3.1 所示。取水泵站由于它具有靠江临水的特点，所以河道的水文、水运、地质以及航道的变化等

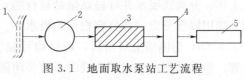

图 3.1　地面取水泵站工艺流程

1—水源；2—吸水井；3—取水泵站；

4—闸阀井；5—水处理厂

都会直接影响到取水泵站本身的埋深、结构型式以及工程造价等。我国西南及中南地区以及丘陵地区的河道水位涨落悬殊，设计最大洪水位与设计最枯水位相差常达 10～20m 之间，为了保证泵站能在最枯水位抽水的可能性，以及保证在最高洪水位时，泵房筒体不被水淹没，整个泵房的高度就很大，这是一般山区河道取水的共同特点。这类泵房一般采用圆形钢筋混凝土结构。这类泵房平面面积的大小，对于整个泵站的工程造价影响甚大，所以在取水泵站的设计中游"贵在平面"的说法。机组及各辅助设施的布置中应尽可能地充分利用泵房内的面积，水泵机组及电动闸阀的控制可以集中在泵房顶层集中管理，底层尽可能做到无人值班，仅定期下去抽查。

设计取水泵房时，在土建结构方面应考虑到河岸的稳定性，在泵房筒体的抗浮、抗裂、防倾覆、防滑坡等方面均应有周详的计算。在施工过程中，应考虑争取在河道枯水位时施工，要有比较周全的施工组织计划。在泵房投产后，在运行管理方面必须很好地使用通风、采光、起重、排水以及水锤防护等措施。此外，取水泵站由于其扩建比较困难，所以在新建给水工程时，应充分地认识到它"百年大计，一次完成"的特点。泵房内机组的布置，可以近远期相结合。对于机组的基础、吸压水管的穿墙嵌管，以及电气容量等都应考虑到远期扩建的可能性。

在近代的城市给水工程中，由于城市水源的污染、市政规划的限制等诸多因素的影响，水源取水点的选择常常是远离市区，取水泵站是远距离输水的工程设施。因此，对于水锤的防护问题、泵站的节电问题、远距离沿线管道的检修问题以及调度室的通讯问题等都是值得注意的。

对于采用地下水作为生活饮用水水源而水质又符合饮用水卫生标准时，取水井的泵站可直接将水送到用户。

2. 送水泵站

送水泵站在水厂中也称为二级泵站，其工艺流程如图 3.2 所示。通常是建在水厂内，它抽送的是清净水，所以又称为清水泵站。送水泵站的供水情况直接受用户用水情况的影响，其出厂流量与水压在一天内各个时段中是不断变化的。送水泵站的吸水井，它既要有利于水泵吸水管道布置，也要有利于清水池的维修。吸水井形状取决于吸水管道的布置要求，送水泵房一般都

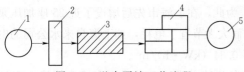

图 3.2　送水泵站工艺流程

1—清水池；2—吸水井；3—送水泵站；

4—管网；5—高地水池（水塔）

呈长方形，吸水井一般也为长方形。

吸水井型式有分离式吸水井和池内吸水井两种。分离式吸水井如图 3.3 所示，它是邻近泵房吸水管一侧设置的独立构筑物。平面布置一般分为独立的两格，中间隔墙上安装阀门，阀门口径应足以通过邻格最大的吸水流量，以便当进水管 A（或 B）切断时泵房内各机组仍能工作。分离式吸水井可提高泵站运行的安全性。池内吸水井如图 3.4 所示，它是在清水池的一端用隔墙分出一部分容积作为吸水井。吸水井分成两格，图 3.4（a）为隔墙上装闸门，图 3.4（b）为隔墙上装闸板，两格均可独立工作。吸水井一端接入来自另一只清水池的旁通管。当主体清水池需要清洗时，可关闭隔墙上的进水阀（或阀板），吸水井暂由旁通管供水，泵房仍能维持正常工作。

吸水池周围 10m 以内不得有化粪池、污水处理构筑物、渗水井、垃圾堆放场等污染源；周围 2m 以内不得有污水管道和污染物。当达不到上述要求时，应采取防止污染的措施。

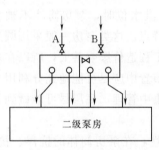

图 3.3　分离式吸水井

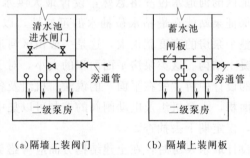

（a）隔墙上装阀门　　　　　（b）隔墙上装闸板

图 3.4　池内式吸水井

送水泵站吸水井水位变化范围小，通常不超过 3～4m，因此泵站埋深较浅。一般可建成地面式或半地下式。送水泵站为了适应网管中用户水量和水压的变化，必须设置各种不同型号和台数的水泵机组，从而导致泵站建筑面积增大，运行管理复杂。水泵的调速运行在送水泵站中尤其显得重要。送水泵站在城市供水系统中的作用，犹如人体的心脏，通过主动脉以及无数的支微血管，将血液送到人体的各个部位上去。在无水塔管网系统中工作的送水泵站，这种类比性就更加明显。

3. 加压泵站

城市给水管网面积较大，输配水管线很长或在给水对象所在地的地势很高，城市内地地形起伏较大的情况下，通过技术经济比较，可以在城市管网中增设加压泵站，在近代大、中型城市给水系统中实行分区供水方式时，设置加压泵站已十分普遍。为了保证远端用户的水压要求，在高峰供水时最远端的水头损失 80m（按管道中平均水力坡降为 0.4% 计算）加上服务水头 20m，则要求高峰出厂水压达 100mH$_2$O。这样，不仅能耗大，且造成邻近水厂地区管网中压力过高，管道漏失率高，卫生器具易损坏。而在非高峰季节，当用水量降为高峰流量的一半时，管道水头损失可降为 20m 左右，出厂水压只要求 40mH$_2$O 即可。为此，在上海市先后增设了近 25 座加压泵站，使水厂的出水水压控制在 35～55mH$_2$O 之间，从而大大节省了电耗，如上海自来水公司的电耗平均为 0.21（kW·h）/m^3，远远低于国内平均水平 0.34（kW·h）/m^3。

加压泵站的工况取决于加压所用的手段，一般有两种方式：一是采用在输水管线上直接串联加压的方式，如图 3.5（a）所示，这种方式，水厂内送水泵站和加压泵站将同步工作，一般用于水厂位置远离城市管网的长距离输水的场合；二是采用清水池及泵站加压供水方式

（又称水库泵站加压供水方式），即厂内送水泵站将水输入远离水厂、接近管网起端处的清水池内，由加压泵站将水输入管网，如图3.5（b）所示，这种方式可以使城市中用水负荷借助于加压泵站的清水池调节，从而使水厂的送水泵站工作制度比较均匀，有利于调度管理。此外，水厂送水泵站的出厂输水干管因时变化系数 K 时降低或均匀输水，从而可使输水干管管径减小。当输水干管越长时，其经济效益就越可观。

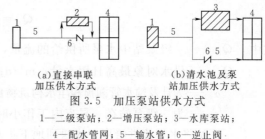

(a)直接串联　　　　(b)清水池及泵
加压供水方式　　　站加压供水方式

图3.5　加压泵站供水方式

1—二级泵站；2—增压泵站；3—水库泵站；
4—配水管网；5—输水管；6—逆止阀

4. 循环泵站

在某些工业企业中，生产用水可以循环使用或经过简单处理后回用。在循环系统的泵站中，一般设置输送冷、热水的两组水泵，热水泵将生产车间排出的废热水，压送到冷却构筑物内进行降温，冷却后的水再由冷水泵抽送到生产车间使用。如果冷却构筑物的位置较高，冷却后的水可以自流进入生产车间供生产设备使用时，则可免去一组冷水泵。有时生产车间排出的废水温度并不高，但含有一些机械杂质，需要把废水先送到净水构筑物进行处理，然后再用水泵送回车间使用，这种情况下就不设热水泵。有时生产车间排出的废水，既升高了温度又含有一定量的机械杂质，其处理工艺流程如图3.6所示。

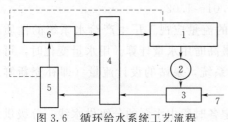

图3.6　循环给水系统工艺流程

1—生产车间；2—净水构筑物；3—热水井；4—循环水泵；5—冷却构筑物；6—集水池；7—补充新鲜水

一个大型工业企业中往往设有好几个循环给水系统。循环水泵站的工艺特点是其供水对象所要求的水压比较稳定，水量亦仅随季节的气温改变而有所变化；供水安全性要求一般都较高，因此水泵备用率较大，水泵台数较多，有时一个循环泵站内冷热水泵数量可达 20～30 台。在确定水泵数目和流量时，要考虑一年的水温变化，因此，可选用多台同型号水泵，不同季节开动不同台数的泵来调节流量。循环水泵站通常位于冷却构筑物或净水构筑物附近。

为了保证水泵良好的吸水条件和便于管理，水泵最好采用自灌式，即让水泵泵轴的标高低于吸水井的最低水位，因此循环水泵站大多是半地下式的。

3.2　给水水泵选择

3.2.1　泵站的设计流量和扬程

1. 泵站的设计流量

水泵站的设计流量与用户用水量、用水性质、给水系统的工作方式有关，可参见相关专业书籍的有关章节。

一级泵站的设计流量，有两种可能的情况。

（1）泵站从水源取水，输送到净水构筑物。为了减少取水构筑物、输水管道和净水构筑物的尺寸，节约基建投资，在这种情况下，通常要求一级泵站中的水泵昼夜均匀工作，因此，泵站的设计流量应为：

$$Q_r = \frac{\alpha Q_d}{t} \tag{3.1}$$

式中　Q_r——一级泵站中水泵所供给的流量，m^3/h；

　　　Q_d——供水对象最高日用水量，m^3/d；

　　　α——为计及输水管漏损和净水构筑物自身用水而采用的系数，一般 $\alpha = 1.05 \sim 1.1$；

　　　t——为一级泵站在一昼夜内工作小时数。

（2）泵站将水直接供给用户或送到地下集水池。当采用地下水作为生活饮用水水源，而水质又符合卫生标准时，就可将水直接供给用户。在这种情况下，实际上是起二级泵站的作用。

如送水到集水池，再从那里用二级泵站将水供给用户，由于在给水系统中没有净水构筑物，此时泵站的流量为：

$$Q_r = \frac{\beta Q_d}{t} \tag{3.2}$$

式中　β——给水系统中自身用水系数，一般 $\beta = 1.01 \sim 1.02$。

对于供应工厂生产用水的一级泵站，其中水泵的流量应视工厂生产给水系统的性质而定。如为直流给水系统，则泵站的流量应按最高日最高时用水量计算。用水量变化时，可采取开动不同台数泵的方法进行调节。对于循环给水系统，泵站的设计流量（即补充新鲜水量）可按平均日用水量计算。

二级泵站一般按最大日逐时用水变化曲线来确定各时段中水泵的分级供水线。分级供水的优点在于管网中水塔的调节容积远比均匀供水时小。但是，分级不宜太多，因为分级供水需设置较多的水泵，将增大泵站面积，清水池的调节容积也要加大。此外，二级泵站的输水管直径也要相应加大，因为必须按最大一级供水流量来设计输水管道的直径。

通常对于小城市的给水系统，由于用水量不大，大多数采用泵站均匀供水方式，即泵站的设计流量按最高日平均时用水量计算。这样，虽然水塔的调节容积占全日用水量的百分比值较大，但其绝对值不大，在经济上是适合的。对于大城市的给水系统，有的采取无水塔、多水源、分散供水系统，因此宜采取泵站分级供水方式，即泵站的设计流量按最高日最高时用水量计算，而运用多台或不同型号的水泵的组合来适应用水量的变化情况。对于中等城市的给水系统，输水管路越长，越宜采用均匀供水方式，以节省基建投资。

2. 泵站的设计扬程

水泵站的设计扬程与用户的位置和高度、管路布置及给水系统的工作方式等有关，其计算公式为：

$$H = H_{ss} + H_{sd} + \sum h_s + \sum h_d + H_{安全} \tag{3.3}$$

式中　H——水泵的设计扬程，mH_2O；

　　　H_{ss}——水泵吸水地形高度，与水泵安装高度和吸水井水位变化有关，mH_2O；

　　　H_{sd}——水泵压水地形高度，与地形高度、用户要求的水压（自由水压）有关，mH_2O；

　　　$\sum h_s$——水泵吸水管水头损失，与吸水管的长度、布置、管径、管材等有关，mH_2O；

　　　$\sum h_d$——水泵压水管水头损失，与压水管的长度、布置、管径、管材等有关，mH_2O；

　　　$H_{安全}$——为保证水泵长期良好稳定工作而取的安全水头，mH_2O（根据情况取 $2 \sim 3m$ 以内）。

3.2.2 确定工作泵的型号和台数

选泵的依据：工程所需的水量和水压及其变化规律。

选泵的原则要求：在满足最不利工况的条件下，考虑各种工况，尽可能节约投资、减少能耗。从技术上对流量 Q、扬程 H 进行合理计算，对水泵台数和型号进行选定，满足用户对水量和水压的要求。从经济和管理上对水泵台数和工作方式进行确定，做到投资、维修费最低，正常工作能耗最低。同一泵房内的泵型宜一致，规格不宜过多，机组供电电压宜一致。

1. 满足最不利工况

下面以一个例子介绍考虑最不利工况的选泵方法和步骤。

【例】一个小区给水泵站的管路总长度 $L = 3000\text{m}$，管径为 $DN = 500\text{mm}$，管材为钢管，最大工况时的流量 $Q_{max} = 800\text{m}^3/\text{h}$，最小流量 $Q_{min} = 400\text{m}^3/\text{h}$，吸水井最低水位与最不利点地形高差 $H_{ST} = 1\text{m}$，自由水压 $H_c = 12\text{m}$，泵站内部水头损失 $h_{泵站} = 2\text{m}$，安全水头取 $H_{安全} = 1.5\text{m}$，在最大流量 Q_{max} 时从泵站至最不利点的管路水头损失 $\sum h = 3.3\text{m}$。试选择水泵？

解： 选泵步骤如下：

首先确定水泵站设计供水量，泵站最大供水量：

$$Q_{max} = 800\text{m}^3/\text{h} = 0.22\text{m}^3/\text{s}$$

最小供水量：

$$Q_{min} = 400\text{m}^3/\text{h} = 0.11\text{m}^3/\text{s}$$

计算水泵站设计扬程：

$$H = H_{ST} + H_c + \sum h + h_{泵站} + H_{安全}$$
$$= 1.0 + 12 + 3.3 + 2.0 + 1.5 = 19.8 \text{ (m)}$$

总水头损失为：

$$\sum h + h_{泵站} = 3.3 + 2.0 = 5.5 \text{ (m)}$$

所以，管路阻抗

$$S = \sum{}_{总}/Q^2 = 5.5/0.22^2 = 113.64 \text{ (s}^2/\text{m}^5)$$

可得到管路特性曲线方程为：

$$H = 13.0 + 113.64 Q^2$$

(1) 根据流量 $Q = 800\text{m}^3/\text{h}$ 和扬程 $H = 19.8\text{m}$，从水泵样本上查得 12Sh-19 型水泵的高效区的流量 $Q = 612 \sim 935\text{m}^3/\text{h}$，扬程 $H = 23 \sim 14\text{m}$，适合水泵站的设计流量和设计扬程要求。

(2) 绘制水泵工况点，确定所选水泵是否合适需要。

从水泵样本上把 12Sh-19 型水泵特性曲线 $(Q-H)$ 描绘在方格坐标纸上，同时绘出管路特性曲线 $(Q-H)_G$，二者的交点 M 就是水泵工况点，如图 3.7 所示，其对应的流量和扬程就是 12Sh-19 型水泵安装在所给管路条件下工作流量和工作扬程。

从图 3.7 上可查得工作流量 $Q = 805\text{m}^3/\text{h}$，工作扬程 $H = 20\text{m}$。满足水泵站的设计流量和设计扬程的要求，相应的水泵效率 $\eta = 85\%$，选泵合适。

根据上述方法步骤选出的水泵，虽然满足最不利工况时工作要求，但是，当水泵不在最大流量工作时就会产生能量浪费问题。

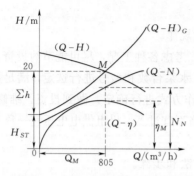

图 3.7　12Sh-19 型水泵工况点

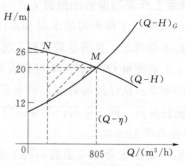

图 3.8　扬程浪费

见图 3.8，水泵不在最大工况点工作时就会出现阴影部分的扬程浪费，当水泵在最小流量 $Q=400\text{m}^3/\text{h}$ 工作时，水泵工况点为 N 点，此时的水泵扬程 $H=26\text{m}$，水泵效率 $\eta=65\%$；而管路只需消耗扬程 $H=12\text{m}$ 就可以把 $Q=400\text{m}^3/\text{h}$ 的水量输送到用户，水泵给出的扬程比管路需要的扬程多出 14m，这部分多出的扬程就称之为扬程浪费，因为无谓的消耗就是浪费。

因而，水泵装置的运行效率就为：$\eta_{运行}=65\%\times12/26=30\%$，远远小于水泵在最大工况点工作时的水泵装置的运行效率 η。

一般泵站运行费用（电费）占制水成本的 50% 以上。如一个供水量为 2.0 万 m^3/d 的泵站。平均扬程浪费 5m，效率按 70% 计，则全年多消耗电 141944（kW·h），相当于电费约 10 万元。

虽然这个浪费是不可避免的，但是尽量减少能量浪费是泵站设计的一个不可忽视的重要问题。

2. 减少能量浪费途径

减少能量浪费的途径主要有以下几种。

（1）大小兼顾，调配灵活。选用几台不同型号的水泵供水，以适应用水量的变化，如图 3.9 所示，选用 4 台不同水泵代替一台大泵工作，扬程浪费（阴影部分）大大降低。泵数量越多，浪费越少，理论上当水泵台数无限多时，可以使扬程浪费消除。但在实际工程中水泵台数不可能太多，否则工程投资将很大。另外，型号太多也不便于管理，所以一般不宜采用超过两种类型的水泵。

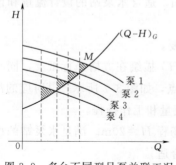

图 3.9　多台不同型号泵并联工况

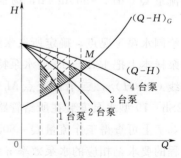

图 3.10　多台同型号泵并联工况

（2）型号整齐，互为备用。在实际工程中，多采用多台同型号泵并联工作以减少扬程浪费，如图 3.10 所示。多台水泵或单独工作或多台并联工作，以适应水量变化，这同样使扬程浪费大大降低。而且水泵型号相同，可以互为备用，对零配件、易损件的储备、管道的制作和安装、设备的维护和管理都带来很大的方便。

但是，水泵台数的增加，泵站投资费用也必将增加，到底孰多孰少呢？经验证明，在水泵并联台数不是特别多（5～7 台以内）时，运行效率提高而节省的能耗，足以抵偿多设置水泵的投资。

（3）水泵换轮运行。水泵换轮运行同样可以达到上述减少扬程浪费的目的，如图 3.11 所示。但是，更换叶轮需要停泵，操作不方便，宜于长期调节时使用。

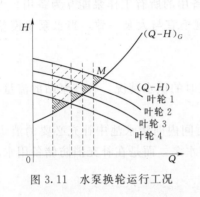

图 3.11　水泵换轮运行工况

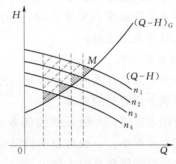

图 3.12　水泵调速运行工况

（4）水泵调速运行。利用变频调速的方法，可以使得扬程浪费减少到最小，如图 3.12 所示。图中的阴影部分能量损失能减少到最小，大大提高水泵装置运行效率，目前水泵调速方法有变频调速、串极调速等。在小区供水、高层建筑供水中，多采用变频调速，节能效果好，使用方便，安全可靠，但增加的投资较多。

多台水泵并联工作时，可以采用调速泵和定速泵配合工作，达到节能和节省投资的最佳效果。

3．提高运行效率的途径

（1）尽量选用大泵，因为在保证一定调节能力的条件下，大泵的效率往往都高于小泵的效率。

（2）若有多种工况，要尽可能使得各种工况下水泵都在高效区工作，并联工作的水泵要使其在单独工作和并联工作时均能在高效区工作，如果不能保证水泵所有的工况点都在高效区内，就应保证频率出现高的工况点一定在高效区工作，如平均日、平均时；频率出现较低的工况，可以短时间不在高效区工作，如最高时、最低时等。

（3）尽可能减少管路水头损失，管路设计时，在保证水泵装置良好工作的条件下，尽量缩短管路长度，取直不取弯，减少管路配件，阀门、管件的数目。

3.2.3　确定备用泵的型号和台数

1．水泵储备

水泵站内不但要设置工作水泵，而且还要在工作泵之外设置备用水泵，以便工作泵损坏或维修时能替换工作，以保证安全供水。备用泵的数量，要根据用户的用水性质和用户对供水可靠性的要求确定，比如，工业用水比居民用水可靠性要求高——断水危害和损失程度大（如国防、发电、钢铁企业），一般不容许断水。

一般来讲，备用泵的台数应满足以下几点：

（1）不允许减少供水量和不允许间断供水的泵站，应有两套备用机组，如大工矿企业。

（2）允许减少供水量，只保证事故水量的泵站，或允许间断供水时，可设一套备用机组。

（3）城市供水系统中的泵站以及高层建筑给水泵一般只设一套备用机组。

（4）通常备用泵与最大泵型号相同。

（5）如果给水系统中有相当大容积的水塔，也可不设备用机组。

（6）备用泵要处于完好准备状态，随时能启动工作，备用泵和工作泵是互为备用、轮流工作的关系。

（7）泵房应放置备用水泵 1～2 台，且应与所备用的所有工作泵能互为备用。当泵房设有不同规格水泵且规模差异不大时，备用水泵的规模宜与大泵一致，当水泵规模差异较大时，宜分别设置备用水泵。

2. 选泵后的校核

泵站中的水泵选好之后，还必须按照发生火灾时的供水情况，校核泵站的流量和扬程，检验其是否满足消防时的要求。

就消防用水来说，一级泵站的任务是在规定时间内向清水池中补充必要的消防储备用水。由于供水强度小，一般可以不另设专用的消防水泵，而是在补充消防储备用水时间内，开动备用水泵以加强泵站的工作。

因此，备用泵的流量可用下式进行校核

$$Q = \frac{2a(Q_f + Q') - 2Q_r}{t_f} \tag{3.4}$$

式中　Q_f——设计的消防用水量，m^3/h；

Q'——最高用水日连续最大 2h 平均用水量，m^3/h；

Q_r——一级泵站正常运行时的流量，m^3/h；

t_f——补充消防用水的时间，从 24～28h，由用户的性质和消防用水量的大小决定，见建筑设计防火规范；及净水构筑物本身用水的系数。

就二级泵站来说，消防属于紧急情况，消防用水其总量一般占整个城市或工厂供水量的比例虽然不大，但因消防期间供水强度大，使整个给水系统负担突然加重。因此，应作为一种特殊情况在泵站中加以考虑。

例如，10 万人口的城镇，一层、二层混合建筑，其生活用水按每人每天 100L 计，平均秒流量 $q=116L/s$，设工业生产用水按生活用水量的 30％计算，为 $Q'=35L/s$，合计 $\sum Q = 151L/s$。消防时，按两处同时着火计，$q_f=60L/s$。可见，几乎使泵站负荷增加 40％。

因此，虽然城市给水系统常用低压消防制，消防给水扬程要求不高，但由于消防用水的供水强度大，即使开动备用泵有时也满足不了消防时所需的流量。在这种情况下，可再增加一台消防水泵。如果因为扬程不足，那么泵站中正常工作的水泵，在消防时都将不能使用，这时将另选适合消防时扬程的水泵，而流量将为消防流量与最高时用水量之和。这样势必使泵站容量大大增加。在低压消防制条件下，这是不合理的。对于这种情况，最好适当调整管网中个别管段的直径，而不使消防扬程过高。

除消防校核外，根据实际工程情况还有转输校核和事故校核等情况。而小区加压泵站和高层建筑给水泵站是单设消防泵房，不存在消防校核问题，而转输校核和事故校核为管网系统问题。

3.2.4 选泵时还要考虑的其他因素

（1）水泵类型必须与抽送的水质相适应，输送清水要用清水泵，抽送污水要用污水泵。

（2）要考虑水泵的吸水能力，在保证吸水条件下，尽可能减少泵站埋深。多种水泵的允许吸上真空高度 H_s 要大致相同，若允许吸上真空高度 H_s 不同，水泵安装高度不同时，要照顾"基础平齐，就低不就高"的原则。

（3）考虑远期发展，远近结合，因一级泵站施工费高，更要考虑远近期结合。一般方法有：①预留位置，当水量增加时，增加新泵；②近期用小泵工作，远期更换大泵工作；③更换叶轮，近期安装小叶轮，远期安装大叶轮工作。

最好近期泵在远期供水量低时仍能使用。

（4）水泵的构造型式对泵房的大小、结构形式和泵房内部布置等都有影响，可直接影响泵站的造价。例如，对于水源水位很低，必须建造很深的泵站时，选用立式泵可使泵房面积小，降低造价。又如，单吸垂直接缝的水泵和双吸式水平接缝的水泵在吸、压水管路的布置上就有很大不同。

（5）应选择便于维修养护、当地能成系列生产、比较定型的、性能良好的产品。

（6）水泵性能的选择应遵循高效、安全和稳定运行的原则。当供水水量和水压变化较大时，经过技术经济比较，可采用大小规格搭配、机组调速、更换叶轮、调节叶片角度等措施。

3.3　水泵机组的布置与基础设计

水泵机组布置排列和管路系统的设计布置是水泵站设计的主要内容，它决定泵房建筑面积的大小。机组间距以不妨碍设备操作和维护、人员巡视安全为原则。

所以，机组布置应保证设备工作可靠，运行安全，装卸维修和管理方便，管道总长度最短，接头配件最少，水头损失最小，并应留有扩建的余地。

3.3.1 水泵机组的布置

1. 纵向排列（水泵轴线平行）

纵向排列（如图 3.13 所示），适用于如 IS 型单级单吸悬臂式离心泵。因为悬臂式水泵系顶端进水，采用纵向排列能使吸水管保持顺直状态（见图 3.13 中泵 1）。如果泵房中兼有侧向进水和侧向出水的离心泵（图 3.13 中泵 2 均系 Sh 型泵或 SA 型泵），则纵向排列的方案就值得商榷。如果 Sh 型泵占多数时，纵向排列方案就不可取。例如，20Sh - 9 型泵，纵向排列时，泵宽加上吸压水口的大小头和两个 90°弯头长度共计 3.9m（图 3.14），如果横向

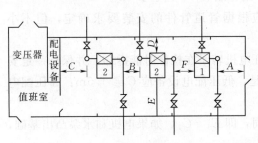

图 3.13　水泵机组纵向排列

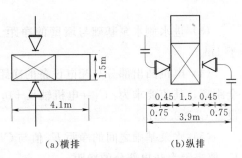

（a）横排　　　　（b）纵排

图 3.14　纵排和横排比较（20Sh - 9 型）

排列，则泵宽为 4.1m，其宽度并不比纵排增加多少，但进出口的水力条件就大为改善了，在长期运行中可以节省大量电耗。

图 3.13 中，机组之间各部分尺寸应符合下列要求：

（1）泵房大门口要求通畅，即能容纳最大的设备（水泵或电机），又有操作余地。其场地宽度一般用水管外壁和墙壁的净距 A 值表示。A 等于最大设备的宽度加 1m。但不得小于 2m。靠近泵房设备入口端的机组与墙壁之间的水平距离应满足设备运输、吊装以及楼梯、交通通道布置的要求。

（2）水管与水管之间的净距 B 值应大于 0.7m，保证工作人员能较为方便地通过。

（3）水管外壁与配电设备应保持一定的安全操作距离 C。当为低压配电设备时，C 值不小于 1.5m，高压配电设备 C 值不小于 2m。

（4）水泵外形凸出部分与墙壁的净距 D，须满足管道配件安装的要求，但是为了便于就地检修水泵，D 值不宜小于 1m。如水泵外形不凸出基础，D 值则表示基础与墙壁的距离。

（5）电机外形凸出部分与墙壁的净距 E，应保证电机转子在检修时能拆卸，并适当留有余地。E 值一般为电机轴长加 0.5m，但不宜小于 3m，如电机外形不凸出基础，则 E 值表示基础与墙壁的距离。

（6）水管外壁与相邻机组的突出部分的净距 F 应不小于 0.7m。如电机容量大于 55kW 时，F 应不小于 1m。

纵向排列布置的特点是布置紧凑，跨度小，适宜布置单吸式泵，但电机散热条件差，起重设备较难选择。

2. 横向排列（水泵轴线呈一直线）

横向排列（如图 3.15 所示），适用于侧向进、出水的水泵，如单吸双吸卧式离心泵 Sh 型、SA 型。横向排列虽然稍增加泵房的长度，但跨度可减小，进出水管顺直，水力条件好，节省电耗，故被广泛采用。横向排列的各部分尺寸应符合下列要求：

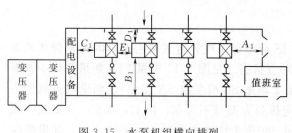

图 3.15　水泵机组横向排列

（1）水泵凸出部分到墙壁的净距 A_1 与上述纵向排列的第一条要求相同，如水泵外形不凸出基础，则 A_1 表示基础与墙壁的净距。

（2）出水侧水泵基础与墙壁的净距 B_1 应按水管配件安装的需要确定。但是，考虑到水泵出水侧是管理操作的主要通道，故 B_1 不宜小于 3m。

（3）进水侧水泵基础与墙壁的净距 D_1，也应根据管道管件的安装要求确定，但不小于 1m。

（4）电机凸出部分与配电设备的净距，应保证电机转子在检修时能拆卸，并保持一定安全距离，其值要求为：C_1＝电机轴长＋0.5m。但是，低压配电设备应 $C_1 \geqslant 1.5$m；高压配电设备 $C_1 \geqslant 2.05$m。

（5）水泵基础之间的净距 E_1 值与 C_1 要求相同，即 $E_1 = C_1$。如果电机和水泵凸出基础，E_1 值表示为凸出部分的净距。

（6）为了减少泵房的跨度，也可考虑将吸水阀门设置在泵房外面。

3. 横向双行排列

横向双行排列，相邻机组间净距为0.6~1.2m，如图 3.16 所示，这种布置形式更为紧凑，因此节省建筑面积。由于泵房跨度大，起重设备需考虑采用桥式行车。机组较多的圆形取水泵站中采用这种布置，可节省较多的基建造价。应该指出，这种布置形式两行水泵的转

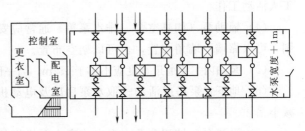

图 3.16 水泵机组双行排列（倒、顺转）

向从电机方向看去彼此是相反的，因此，在水泵订货时应向水泵厂特别说明，以便水泵厂配置不同转向的轴套止锁装置。

3.3.2 水泵机组基础设计

1. 基础的作用及要求

水泵基础的作用是支撑并固定机组，以便于机组运行平稳，不产生振动。因而要求基础坚实牢固，不发生下沉和不均匀沉降现象，卧式泵多采用混凝土块式基础，立式泵多采用圆柱式混凝土基础或与泵房基础、楼板合建。

2. 卧式泵的块式基础的尺寸

（1）带底座的小型水泵：

基础长度 L＝水泵底座长度 L_1＋（0.15~0.20）（m）；

基础宽度 B＝水泵底座螺孔间距 B_1＋（0.15~0.20）（m）；

基础高度 H＝水泵底脚螺栓长度 L＋（0.15~0.20）（m）；

（2）不带底座的大、中型水泵：

基础长度 L＝水泵机组底脚螺孔长度方向间距 L_1＋（0.40~0.50）（m）；

基础宽度 B＝水泵底脚螺孔宽度方向间距 B_1＋（0.40~0.50）（m）；

基础高度 H＝水泵脚螺栓长度 L＋（0.15~0.20）（m）。

3. 高度校核

为保证水泵稳定工作，基础必须有相当的重量，一般基础重量应大于 2.5~4.0 倍水泵机组总重量，在已知基础平面尺寸的条件下，根据基础的总重量可以算出其高度。基础最小高度不小于 500~700mm，以保证基础的稳定性，基础一般用混凝土浇筑，混凝土基础应高出室内地坪约 10~20cm。

基础在室内地坪以下的深度还取决于临近的管沟深度，不得小于管沟的深度。由于水能促进振动的传播，所以应尽量使基础的底放在地下水位以上，否则应将泵房地板做成整体的连续钢筋混凝土板，而将机组安装在地板上凸出的基础座上。

3.3.3 水泵机组布置的一些规定

（1）要有一定宽度的人员通道，电动机功率不大于 55kW 时，净距应不小于 1.0m；电动机功率大于 55kW 时，净距应不小于 1.2m，设备的突出部分之间或突出部分与墙壁之间不小于0.7m，进出设备的大门口宽为最大设备宽度加 1m，不在同一平面轴线时，净距不小于 0.6m。

（2）非中开式水泵，要有能抽出水泵泵轴的位置，其长度轴长加 0.25m，对于电机转子要有电机转子加 0.5m 的位置。

（3）大型泵应有检修的空地，其大小应使得被检修设备周围有 0.7~1.0m 空地，以便

工人活动工作。

（4）辅助泵（如真空泵、排水泵等）通常应安装在适当的地方，以不增加泵房面积为原则，可以靠墙、墙角布置，也可以架空布置。

（5）泵站内主要通道宽度应不小于 1.2m，当一侧布置有操作柜时，其净宽不宜小于 2.0m。

（6）地下式泵房或活动式取水泵房以及电动机容量小于 20kW 时，水泵机组间距可适当减小。

（7）混流泵、轴流泵及大型立式离心泵机组的水平净距不应小于 1.5m，并应满足水泵吸水进水流道的布置要求。当水泵电机采用风道抽风降温时，相邻两台电动机风道盖板间的水平净距不应小于 1.5m。

3.4　吸水与压水管路系统

3.4.1　吸水管路设计要求

（1）不允许有泄漏，尤其是离心泵不允许漏气，否则会使水泵的工作发生严重故障。所以水泵吸水管一般采用金属管材，多为钢管。钢管强度高，密封性好，便于检修补漏。

（2）不积气，应避免形成气囊。吸水管的真空值达到一定值时，水中溶解的气体就会因为压力减少而逸出，积存在管路的局部最高点处，形成气囊，影响吸水管的过水能力，严重时会使真空破坏，吸水管停止吸水。

为避免形成气囊，在设计吸水管时应注意：吸水管应有沿水流方向连续向上的坡度，一般 $i \geqslant 0.005$；吸水管径大于进口直径需用渐缩管连接时，要用偏心渐缩管，渐缩管上部管壁与吸水管（直段）坡度相同；吸水管进口淹没深度要足够，以避免吸气。

几种吸水管长度正确布置和不正确布置容易产生气囊的例子，如图 3.17 所示。

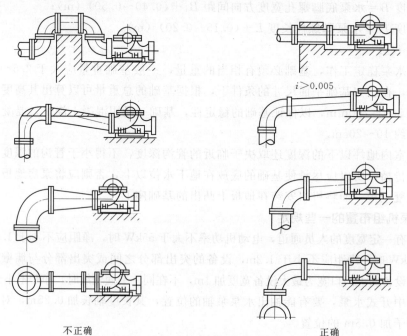

不正确　　　　　　　　　　　　正确

图 3.17　正确的和不正确的吸水管安装

（3）尽可能减少吸水管长度，少用管件，以减少吸水管水头损失，减少埋深。

（4）每台水泵应有自己独立的吸水管。

（5）吸水井水位高于泵轴时，应设手动、常开检修闸阀。

（6）吸水管设计流速一般采用数据见表3.1。

（7）吸水管进水口用底阀时，应设喇叭口，以使吸水管进水口水流流动平稳，减少损失。

喇叭口的尺寸为：$D=(1.3\sim1.5)d$，$H=(3.5\sim7.0)(D\sim d)$，D 为喇叭口大头直径，d 为吸水管直径。

当水中有大悬浮杂质时，可在喇叭口前段加装滤网，以减少杂质的进入。

表 3.1　水泵进水管及出水管设计流速

管径/mm	进水管流速/(m/s)	出水管流速/(m/s)
$D<250$	1.0～1.2	1.5～2.0
$250\leqslant D<1000$	1.2～1.6	2.0～2.5
$D\geqslant1000$	1.5～2.0	2.0～3.0

（8）水泵灌水启动时，应设有底阀。底阀过去一般采用水下式，装于吸水管的末端。底阀的式样很多，它的作用是水只能吸入水泵，而不能从吸水喇叭口流出。如图3.18所示为一种铸铁底阀，在水泵停车时，碟形阀门在吸水管中压力作用及本身重量作用下落座，使水不能从吸水管逆流。底阀上附有滤网，以防止杂物进入水泵堵塞或损坏叶轮。实践表明，水下式底阀因胶垫容易破坏，引起底阀漏水，须经常检修拆换，因此，给使用带来不便。为了改进这一缺点，多采用新试验成功的水上式底阀，如图3.19所示。由于水上式底阀具有使用效果良好、安装检修方便等特点，因而设计中被采用日益增多。水上式底阀使用的条件之一是吸水管路水平段应有足够的长度，以保证水泵充水启动后，管路中能够产生足够的真空值。

（9）最高进水液位高于离心泵进水管时，应设置手动检修阀门。

（10）离心泵进水管道应符合下列规定：

1）非自灌充水的每台离心泵应分别设置进水管。

2）自灌充水启动或采用叠压增压方式的离心泵时，可采用合并吸水总管，分段数不应少于2个。

3）吸水总管的设计流速宜采用与其相连的最大水泵吸水管设计流速的50%。

4）每条吸水总管应分别从可独立工作的不同吸水井（池）吸水或与上游管道连接；当一条吸水总管发生事故时，其余吸水总管应能通过设计水量。

5）每条吸水总管及相互间的联络管上应设隔离阀。

（11）离心泵出水管应设置工作阀和检修阀。工作阀门的额定工作压力及操作力矩应满足水泵启停的要求。出水管不应采用无缓闭功能的普通逆止阀。

（12）混流泵、轴流泵出水管道隔离设施的设计应符合下列规定：

1）当采用虹吸出水方式时，虹吸出水管驼峰顶部应设置真空破坏阀。

2）当采用自由跌水出水方向时，可不设隔离设施。

3）当采用压力管道出水，管道很短且就近连接开口水池（井）时，应设置拍门或普通逆止阀。

4）当混流泵的设计扬程较高，且直接与压力输水管道系统连接时，出水管道的阀门设置应符合《室外给水设计标准》（GB 50013—2018）第6.3.5条的规定。

（13）水泵进、出水管及阀门应安装伸缩节、安装位置应便于水泵、阀门和管路的安装和拆卸，伸缩接头应采用传力式带限位的形式。

（14）水泵进、出水管道上的阀门、伸缩节、三通、弯头、堵板等处应根据受力条件设置支撑设施。

（15）泵房出水管不宜少于 2 条，每条出水管应能独立工作。

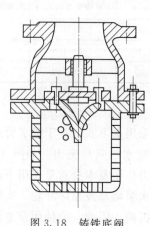

图 3.18　铸铁底阀

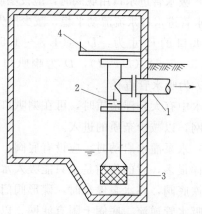

图 3.19　水上式底阀
1—吸水管；2—底阀；3—滤罩；4—工作台

3.4.2　吸水井设计安装要求

1. 垂直安装的喇叭口

（1）淹没深度 $h \geqslant 0.5 \sim 1.0 \mathrm{m}$，否则应设水平隔板，水平隔板边长为 $2D$ 或 $3d$，如图 3.20 所示。

（2）喇叭口与井底的间距要大于 $0.8D$，如图 3.21 所示，使水行进流速小于吸水管进口流速。

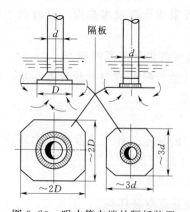

图 3.20　吸水管末端的隔板装置

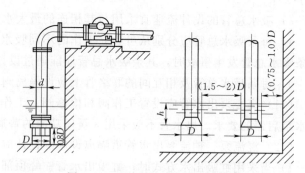

图 3.21　吸水管在吸水井中的位置

（3）喇叭口距吸水井井壁的距离要大于 $(0.75 \sim 1.0)D$。

（4）喇叭口之间的距离要大于 $(1.5 \sim 2.0)D$。

2. 水平安装的喇叭口

（1）淹没深度 $h \geqslant 0.5 \sim 1.5 \mathrm{m}$。

（2）喇叭口与井底间距离大于 $0.33D$，进行流速小于吸水管的进口流速。

（3）喇叭口之间的距离要大于（1.5～2.0）D。

3.4.3 压水管管路设计要求

（1）水泵压水管路要承受高压，所以要求坚固不漏水，有承受高压的能力，通常采用金属管材，多为钢管，采用焊接接口，在必要的地方设法兰接口，以便于拆装和检修。

（2）为了安装方便和减少管路上的温度应力或水锤应力，在必要的地方设柔性接口或伸缩接头。图3.22为可曲挠双球体橡胶接头。

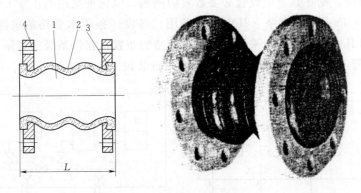

图 3.22 可曲挠双球体橡胶接头
1—主体；2—内衬；3—骨架；4—法兰

（3）为了使承受管路中内应力所产生的内部推力，要在转弯、三通等受内部推力处设支墩或拉杆。

（4）闸阀直径 $D \geqslant 400$mm 时，应使用电动或水力闸阀，因为在高水压下，阀门启动较为困难。

（5）压水管的设计流速一般应为：

$DN < 250$mm 时，$v = 1.5 \sim 2.0$m/s；

$DN \geqslant 250$mm 时，$v = 2.0 \sim 2.5$m/s。

（6）不允许水倒流时，要设置止回阀，在下列情况要设置止回阀：①大泵站，输水管长；②井群给水系统；③多水源，多泵站给水系统；④管网可能产生负压的情况；⑤遥控泵站无法关闸。

3.4.4 泵站中的管路敷设与布置

1. 管路敷设时的要求

（1）管道不能直接埋于土中，要敷设在地沟内、地板上或地下室中。

（2）泵房出户管应敷设在冰冻线以下。

（3）泵房内管路不宜架空，必要时，要不妨碍通行及机组吊装和检修，不能架设在电气设备上方。

管路的布置主要是解决水泵联合和代换工作的问题、阀门和管路的数目问题、局部有损坏和维修时对其他水泵工作的影响问题等。

2. 管路布置的原则要求

（1）输水干管一般为两条，要设检修闸阀。

（2）吸水管应避免设联络管。

（3）保证任意一处干管、闸阀、联络管损坏时，水泵站能将水送往用户。

（4）保证任意一台水泵、闸阀检修时，不影响其他水泵工作。

（5）任意一台水泵都能输水到任意一条输水干管。

（6）在保证上述要求下，管配件、接头以及阀门数目最少。

3. 吸水管路和压水管路的布置

（1）吸水管。泵站内吸水管一般没有联络管，如果因为某种原因，必须减少吸水管的条数而设置联络管时，则在其上应设置必要数量的闸阀，以保证泵站的正常工作。

图 3.23 （a）所示为三台泵（其中一台备用）各设一条吸水管路的情况。图 3.23 （b）所示为三台泵（其中一台备用）采用两条吸水管路的布置，在每条吸水管路上装设一个闸阀 1，在公共吸水管上装设两个闸阀 2，在每台泵附近装设一个闸阀 3。

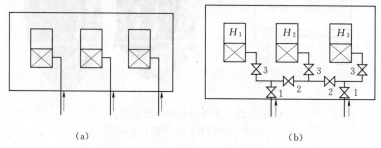

图 3.23　三台水泵时吸水管路的布置

（2）压水管。对供水安全要求较高的泵站，在布置压水管路时必须满足以下条件：

1）能使任何一台水泵及闸阀停用检修而不影响其他水泵的工作。

2）每台水泵能输水至任何一条输水管。

送水泵站通常在站外输水管上设一检修阀，或每台泵均加设一检修闸阀，即每台泵出口设两个闸阀。压水管路及管路上闸阀布置方式与泵站的节能效果及供水安全性均有紧密联系。图 3.24 所示为三台泵（两用一备）、两条输水管的两种不同布置方式，从图中可看出，图 3.24 （a）与图 3.24 （b）的安全性是一致的，但图 3.24 （a）的布置形式更节能。图 3.25 所示是三台泵（两用一备）时压水管路的布置形式。

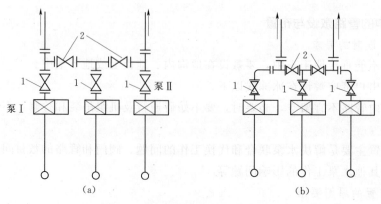

图 3.24　输水管不同布置方式比较

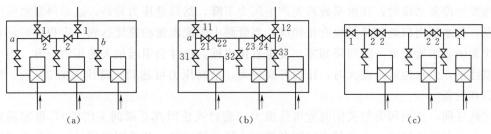

图 3.25 三台水泵时压水管路的布置

检修阀 1 时，两泵一管工作；检修阀 2 时，一泵一管工作；保证两台泵向一条输水管送水

3.5 泵站水锤及防护

3.5.1 水锤概述

水锤也称为水击，是在有压水管路中由于液体流速的突然变化而引起的压力急剧的交替升高和降低的水力冲击现象。

水锤波传播速度一般在 1000m/s，g 为 9.81m/s^2，所以若发生直接水锤，则其压力增值为 $\Delta H \approx 100\, v_0$，若原水流速度 v_0 为 1m/s，则压力增值为 ΔH 为 100m，是相当大的，所以为防止水锤破坏设备，管路水流速度是不能太大的。

3.5.2 停泵水锤

所谓停泵水锤是指水泵机组因突然停电或其他原因，造成开阀停车时，在水泵及管路中水流的速度发生变化而引起的压力递变现象。

发生突然停泵的原因可能有：

（1）由于电力系统或电气设备突然发生故障及人为误操作等致使电力供应突然中断。

（2）雨天雷电引起突然断电。

（3）水泵机组突然发生机械故障，如联轴器断开，水泵密封环被咬住，致使水泵转动发生困难而使电机过载，由于保护装置的作用而将电机切除。

（4）在自动化泵站中由于维护管理不善，也可能导致机组突然停电。

停泵水锤的主要特点是：突然停电（泵）后，水泵工作特性开始进入水力暂态（过渡）过程，其第一阶段为水泵工作阶段，在此阶段中，由于停电主驱动力矩消失，机组失去正常运行时的力矩平衡状态，由于惯性作用仍继续正转，但转速降低（机组惯性大时降得慢，反之降得快）。机组转速的突然降低导致流量减少和压力降低，所以先在水泵处产生压力降低，这点和水力学中叙述的关阀水锤显然不同。此压力降以波（直接波或初生波）的方式由泵站及管路首端向末端的高位水池传播。由此可见，停泵水锤和关闭水锤的主要区别就在于产生水锤的技术（边界）条件不同，而水锤波在管路中的传播、反射与相互作用等，则和关闭水锤中的情况完全相同。

压力管路的水，在突然停电后的最初瞬间，主要靠惯性作用呈逐渐减慢的速度，继续向高水位水池方向流动，然后流速降至零。此后，管道中的水在重力的作用下，又开始向水泵倒流，速度由零逐渐增大，由于水流受到水泵阻挡产生很大压力，此时往往会产生水锤现象。

当发生停泵水锤时，在水泵处首先产生压力下降，然后是压力升高，这是停泵水锤的主要特点。在水泵出口处如果没设有止回阀，当管路中倒流水流的速度达到一定程度时，止回阀很快关闭，水流速度一瞬间降到零，发生直接水锤，这样会引起很大的压力上升。当水泵机组惯性小，供水地形高差大时，压力升高较大，最高压力可达到正常压力的 200%，能击坏管路和设备。

实践证明，止回阀突然关闭时危害性极大（旋启式止回阀是瞬间关闭的），很容易发生水锤。由此开发研制的二次关闭止回阀和缓闭止回阀等设备，其关闭时间长，阀门关闭时间 $T_z > 2L/a$，产生间接水锤，这样危害程度就要小得多。

若水泵压水管路布置起伏较大，还会发生断流水锤，如图 3.26 所示。发生停泵水锤初期，在管路局部最高点 B 点产生负压，有水柱分离现象，当水流倒流时，就在 B 点处产生水流撞击，形成很大的压力升高，称之为断流水锤，因此，要判断水柱分离现象发生的位置，采取防护措施。

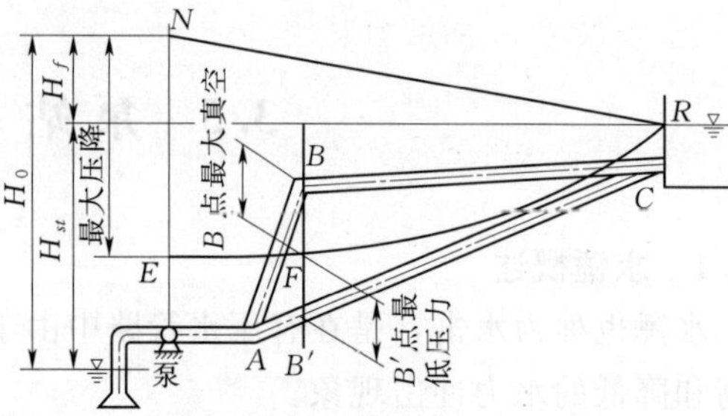

图 3.26　两种布管方式（ABC 及 AB'C）

NR— 正常运行时压力线；EFR— 发生水锤时最低压力线

3.5.3　停泵水锤的危害及防护

1. 停泵水锤的危害

一般停泵水锤事故会造成"跑水"或停水等现象；事故严重时，会造成泵房被淹，甚至使取水囤船沉没；有的还引起次生灾害，如冲坏铁路，中断运输；还有的设备被损坏，伤及操作人员，甚至造成人身死亡的事故。

2. 水锤防护措施

（1）尽可能不设置止回阀。在压水管路较短、水泵倒转无危害的情况下，且突然停电可以及时关闭出水闸阀时就可以不设止回阀，从而可减少停泵水锤发生的可能性。

（2）当管路设有止回阀时，应同时设置防止压力升高的措施，如下开式水锤消除器、自闭式水锤消除器、自动复位式水锤消除器、空气缸、安全阀等。

（3）用缓闭止回阀、自动缓闭水利闸阀、液控止回阀、两阶段自闭阀门等可以减少水锤产生的压力增值。

（4）防止压力下降和水柱分离，在容易发生断流水锤部位的下方管道设置止回阀。

（5）此外，还可考虑采用增加管道直径和壁厚，选择机组的飞轮力矩 GD^2 大的电机，减少管路长度，以及设置爆破膜片等措施。

3.6　泵站的辅助设备

3.6.1　引水设备

水泵的启动有自灌式和吸入式两种方式。在装有大型水泵、自动化程度高、供水安全要求高的泵站中，宜采用自灌式工作。自灌式启动的水泵应低于吸水池内的最低水位。吸入式启动的离心泵在启动前需要向水泵内灌水，水泵灌满水后，才能启动水泵，使之正常工作。水泵引水方式可分为两大类：一是吸水管带有底阀；二是吸水管不带底阀。

1. 吸水管带底阀

（1）人工引水：将水从泵壳顶部的引水灌入泵内，同时打开排气阀。

（2）用压力管的水倒灌引水：当压力管内经常有水，且水压不大而无止回阀时，直接打开压水管上的闸阀，将水倒灌入泵内。如压水管中的水压较大且在泵后装有止回阀时，直接打开送水闸阀就不行了，而需在送水闸阀后装设一条旁通管引入泵壳内，如图 3.27 所示。旁通管上设有闸阀，引水时开启闸阀，水充满泵后，关闭闸阀。此法的设备简单，一般多在中、小型水泵（吸水泵直径在 300mm 以内时）启动时采用。

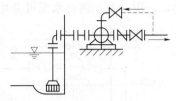

图 3.27　水泵从压水管引水

（3）高架水箱引水：在泵房内设一高位水箱，启动水泵时，可用水箱中自流灌满水泵。上述三种引水方法的共同特点是：底阀水头损失大；底阀须经常清理和检修；装置比较简单。

2. 水管不带底阀

（1）真空泵引水。真空泵引水的特点是水泵启动快、运行可靠、易于实现自动化控制。目前，使用最多的是水环式真空泵，其型号有 SZB 型、SZ 型及 S 型三种。水环式真空泵的构造和工作原理，如图 3.28 所示。

叶轮偏心地装置于泵壳内，将水甩至四周而形成一旋转水环，水环上部的内表面与轮壳相切；沿箭头方向旋转的叶轮，在前半转（图 3.28 中右半部）的过程中，水环的内表面渐渐与轮壳离开，各叶片间形成的空间渐渐增大，压力随之降低，空气就从进气管和进气口吸入。在后半转（图 3.28 中左半部）的过程中，水环的内表面渐渐与泵壳接近，各叶片间的空间渐渐缩小，压力随之升高，空气便从排气口和排气管排出。叶轮不断地旋转，水环式真空泵就不断地抽走气体。

泵站内真空泵的布置，如图 3.29 所示。图中气水分离器的作用是为了避免水泵中的水和杂质进入真空泵内，影响真空泵的正常工作。对于输送清水的泵站也可以不用气水分离器，水环式真空泵在运行时，应有少量的水流不断地循环，以保持一定容积的水环及时带走由于叶轮旋转而产生的热量，避免真空泵因温度升高过大而损坏，为此，在管路上装设了循环水箱。但是，真空泵进行时，吸入的水量不宜过多，否则将影响其容积效率，减少排气量。

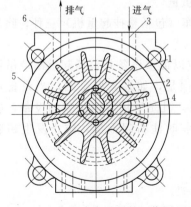

图 3.28　水环式真空泵的工作原理
1—水泵；2—水环式真空泵；3—真空表；4—气水
分离器；5—环水箱；6—玻璃水位计

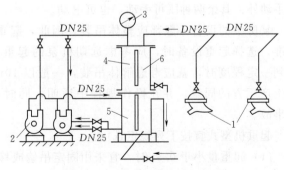

图 3.29　泵站内真空泵管路布置
1—叶轮；2—旋转水环；3—进水；4—进气管；
5—排气口；6—排气管

真空泵平面布置多采用一字形（靠墙布置）和直角形（靠墙角布置），抽气管布置可沿墙架空或沿管沟敷设，抽气管与水泵壳顶排气孔相连，要装指示器和截止阀。

真空管路直径可根据水泵大小，采用直径为 $d = 25 \sim 50mm$。泵站内真空泵通常设置两台，一用一备，两台水泵可共用一个气水分离器。

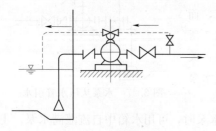

图 3.30　水射器引水

（2）水射器引水。图 3.30 所示为用水射器引水的装置。水射器引水式利用压力水通过水射器喷嘴处产生高速水流，使喉管进口处形成真空的原理，将水泵内的气体抽走。因此，为使水射器工作，必须供给压力水作为动力。水射器应连接于水泵的最高点处，在开动水射器前，要把水泵压水管上的闸阀关闭，水射器开始带出被吸的水时，就可启动水泵。水射器具有结构简单、战地少、安装容易、工作可靠、维护方便等优点，是一种常用的引水设备。缺点是效率低，需供给大量的高压水。

3.6.2　计量设备

为了有效地调度泵站的工作，泵站内必须设置计量设备。目前，水厂泵站中常用的计量设备有电磁流量计、超声波计量计、插入式涡轮流量计、插入式涡街流量计以及均速流量计等。这些流量计的工作原理虽然各不相同，但它们基本上都是由变送器（传感元件）和转换器（放大器）两部分组成。传感元件在管流中所产生的微电信号或非电信号，通过变送、转换放大为电信号在液晶显示仪上显示或记录。一般而言，上述代表现代型的各种流量计，较之过去在水厂中使用的诸如孔板流量计、文氏管流量计等压差式流量仪表，具有水头损失小、节能和易于远传、显示等优点。

3.6.3　起重设备

为了满足方便安装、检修或更换设备的需要，大、中型泵站要设置起重设备，小型泵站可用临时起重设备工作。

1. 起重设备的选择

泵房中必须设置起重设备以满足机泵安装与维修需要。它的服务对象主要为：水泵、电机、阀门及管道。选择什么起重设备取决于这些对象的重量。

常用的起重设备有移动吊架、单轨吊车梁和桥式行车（包括悬挂起重机）三种，除吊架为手动外，其余两种既可手动，也可电动。

泵房中的设备一般都应整体吊装，因此，起重量应以最重设备并包括起重葫芦吊钩为标准。选择起重设备时，应考虑远期机泵的起重量。但是，如果大型泵站，当设备重量大到一定程度时，就应考虑解体吊装，一般以 10t 为限。凡是采用解体吊装的设备，应取得生产厂方的同意，并在操作规程中说明，同时在吊装时注明起重量，防止发生超载吊装事故。

起重机型式宜按下列规定选用：

（1）起重量小于 0.5t 时，宜采用固定吊钩或移动吊架。

（2）起重量在 0.5 ~ 3t 时，宜采用手动或电动起重设备。

（3）起重量在 3t 以上时，宜采用电动起重设备。

（4）起吊高度大，吊运距离长或起吊次数多的泵房，宜采用电动起重设备。

2. 起重设备的布置

起重设备布置主要是研究起重机的设置高度和作业面两个问题。设置高度从泵房天花板至吊车最上部分应不小于 0.1m，从泵房的墙壁至吊车的突出部分应不小于 0.1m。起重设备吊钩在平面上应覆盖所有拟起吊的部件及整个吊运路径，吊运部件在吊运过程中与周边相邻固定物的水平方向净距不应小于 0.4m。

桥式吊车轨道一般安设在壁柱上或钢筋混凝土牛腿上。如果采用手动单轨悬挂式吊车，则无须在机器间内另设壁柱或牛腿，可利用厂房的屋架，在其下面装上两条工字钢，作为轨道既可。

（1）吊车的安装高度应能保证在下列情况下，无阻地进行吊运工作：

1）吊起重物后，能在机器间内的最高机组或设备顶上越过。

2）在地下式泵站中，应能将重物吊至运输口。

3）如果汽车能开入机器间中，则应能将重物吊到汽车上。

泵房的高度大小与泵房内有无起重设备有关。在无吊车设备时，应不小于 3m（指进口处室内地坪或平台至屋顶梁底的距离）。当有起重设备时，其高度应通过计算确定。其他辅助房间的高度可采用 3m。

（2）深井泵房的高度需考虑下列因素：

1）井内扬水管的每节长度。

2）电动机和扬水管的提取高度。

3）不使检修三脚架跨度过大。

4）通风的要求。

深井泵房内的起重设备一般采用可拆卸的屋顶式三脚架，检修时装于屋顶，适用于手拉链式葫芦设备。屋顶设置的检修孔，一般为 1.0m×1.0m。

所谓作业面试指起重吊钩服务的范围。它取决于作用的起重设备。固定吊钩配置葫芦，能垂直起举而无法水平运移，只能为一台机组服务，即作业面为一点。单轨吊车其运动轨迹是一条线，它取决于吊车梁的布置。横向排列的水泵机组，对应于机组轴线的上空设置单轨吊车梁。纵向排列机组，则设于水泵和电机之间。进出设备的大门，一般都按单轨梁剧中设置。若有大门平台，应按吊钩的工作点和设置最大设备的尺寸来计算平台的大小，并且要考虑承受最重设备的荷载。在条件允许的情况下，为了扩大单轨吊车梁的服务范围，恶意采用如图 3.31 所示的 U 形布置方式。轨道转弯半径可按起重量决定，并与电动葫芦型号有关，见表 3.2。

表 3.2　　按起重量定的转弯半径

电动葫芦起重量/t （CD1 型及 MD1 型）	最大半径 R/m
≤ 0.5	1.0
1~2	1.5
3	2.5
5	4.0

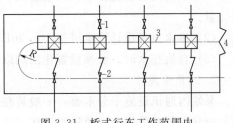

图 3.31　桥式行车工作范围内
1—进水阀门；2—出水阀门；3—吊泵
边缘工作点轨迹；4—死角区

U 形布置具有选择性。因水泵出水阀门在每次启动与停车过程中是必定要操作的，故又称错左阀门，容易损坏，检修机会多。所以一般选择出水阀门为吊运对象，使单轨弯向出水

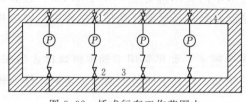

图 3.32　桥式行车工作范围内

1—进水阀门；2—出水阀门；3—吊泵
边缘工作点轨迹；4—死角区

闸阀，因而出水闸阀应布置在一条直线上较好。同时，在吊轨转弯处与墙壁或电气设备之间要注意保持一定的距离，以确保安全。

　　桥式行车具有纵向和横向移动的功能，它的服务范围为一个面。但吊钩落点离泵房墙壁有一定距离，故沿壁四周形成一环状区域（如图 3.32 所示）属于行车工作的死角区。一般在闸阀布置中，吸水闸阀平时极少启闭，不易损坏，可允许放在死角区。当泵房为半地下室时，可以利用死角区域修筑平台或走道，不致影响设备的起吊。对于圆形泵房，死角区的大小通常与桥式行车的布置有关。

3.6.4　通风与采暖

　　泵房内一般采用自然通风。地面式泵房为了改善自然通风条件，往往设有高低窗，并且保证足够的开窗面积。当泵房为地下式或电动机功率较大，自然通风不够时，特别是南方地区，夏季气温较高，为使室内温度不超过 35℃，以保证工人有良好的工作环境，并改善电动机的工作条件，宜采用机械通风。

　　机械通风分为抽风式和排风式。前者是将风机放在泵房上层窗户顶上，通过接到电动机排风口的风道将热风抽出室外，冷空气自然补充；后者是在电动机附近安装风机，将电动机散发的热气通过风道排出室外，冷空气也是自然补进。

　　对于埋入地下很深的泵房，当机组容量大。散热较多时，至采取排出热空气，自然补充冷空气的方法，其运行效果不够理想时，可采用进出两套机械通风系统。

　　泵房通风设计主要是布置风道系统与选择风机。选择风机的依据是风量和风压。

3.6.5　其他设施

　　1. 排水设施

　　泵房内由于水泵填料盒滴水、闸阀和管道接漏水、拆修设备时泄放的存水以及地沟渗水等，因此常须设置排水设备，以及保持泵房环境整洁和安全运行（尤其是电缆沟不允许积水）。地下式或半地下式泵房，一般设置手摇泵、电动排水泵或水射器等排除积水。地面式泵房，积水可以自流入室外下水道。另外，无论是自流或提升排水，在泵房内地面上均需设置地沟集水，排水泵也可以采用液位控制自动启闭。排水设施设计应注意以下几点：

　　（1）泵房内要设置排水沟，坡度大于 0.01，坡向集水坑，且集水坑容积为 5min 的排水泵流量。

　　（2）排水泵的设计流量可选 10~30L/s。

　　（3）自流排水时，必须设置止回阀以防雨水倒灌。

　　2. 通信设施

　　泵站内通讯设施十分重要，一般是在值班室内安装电话机，供生产调度和通讯之用。电话间应具有隔音效果，以免噪声干扰。

　　3. 防火与安全设施

　　泵房中防火主要是防止用电起火以及雷击起火。起火的原因可能是用电设备过负荷超载

运行、导线接头接触不良，电阻发热使导线的绝缘物或沉积在电气设备上的粉尘自燃。短路的电弧能使充油设备爆炸等设在江河边的取水泵房，可能是雷击较多的地区，泵房上如果没有可靠的防雷保护措施，便有可能发生雷击起火。

雷电是一种大气放电现象，在放电过程中会产生强大的电流和电压。电压可达几十万至几百万伏，电流可达几千安。雷电流的电磁作用对电气设备和电力系统的绝缘物质的影响很大，泵站中的防雷保护设施常用的是避雷针、避雷线和避雷器3种。

避雷针是由镀锌铁针、电杆、连接线和接地装置组成，如图3.33所示。落雷时，由于避雷针高于被保护的各种设备，它把雷电流引向自身，承受雷电流的袭击，于是雷电先落在避雷针上，然后通过针上的连接线流入大地，使设备免受雷电流的侵袭，起保护作用。

避雷线作用类同于避雷针，避雷针用以保护各种电气设备，而避雷线则用在35kV以上的高压输电架空电路中，如图3.34所示。

避雷器的作用不同于避雷针（避雷线），它是防止设备受到雷电的电磁作用而产生感应过电压的保护装置。如图3.35所示为阀型避雷器外形，其主要组成有两部分：一是由若干放电间隙串联而成的放电间隙部分，通常叫火花间隙；另一是用特种碳化硅做成的阀电阻元件，外部用陶瓷外壳加以保护。外壳上部有引出的接线端头，用来连接线路。避雷器一般是专为保护变压器和变电所的电气设备而设置的。

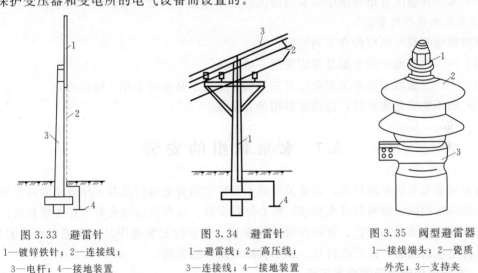

图 3.33　避雷针
1—镀锌铁针；2—连接线；
3—电杆；4—接地装置

图 3.34　避雷针
1—避雷线；2—高压线；
3—连接线；4—接地装置

图 3.35　阀型避雷器
1—接线端头；2—瓷质
外壳；3—支持夹

泵站安全设施中除了防雷保护外，还有接地保护和灭火器材的使用。接地保护是接地线和接地体的总称。当电线设备绝缘破损，外壳接触漏了电，接地线便把电流导入大地，从而消除危险，保证安全，如图3.36所示。

图3.37所示为电器的保护接零。它是指电气设备带有中性零线的装置，把中性零线与设备外壳用金属线与接地体连接起来。它可以防止由于变压器高低压线圈间的绝缘破损而引起高压电加于用电设备，危害人身安全的危险。380V/220V或220V/127V，中性线直接接地的三相四线制系统的设备外壳，均应采用保护接零。三相三线制系统中的电气设备外壳，也均应采用保护接地设施。

泵站中常用的灭火器材有四氯化碳灭火机、二氧化碳灭火机、干式灭火机等。

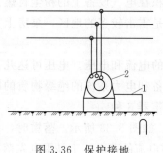

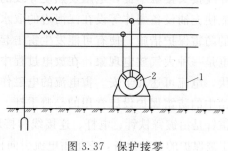

图 3.36　保护接地　　　　　　　　　　　图 3.37　保护接零

1—接地线；2—电动机外壳　　　　　　　　1—零线；2—设备外壳

4. 防洪标准

泵房的防洪标准应符合下列规定：

（1）位于江河、湖泊、水库的江心式或岸边式取水泵房以及岸上取水泵房的开放式前池和吸水池（井）的防洪标准应符合《室外排水设计标准》（GB 50014—2006）第 5.3.7 条的规定。

（2）岸上取水泵房其他建筑的防洪标准不应低于城市防洪标准。

（3）水厂和输配管道系统中的泵房防洪标准不应低于所处区域的城市防洪标准。

5. 用电负荷分级要求

泵房用电负荷分级应符合下列规定：

（1）一、二类城市的主要泵房应采用一级负荷。

（2）一、二类城市的非主要泵房及三类城市的配水泵房可采用二级负荷。

（3）当不能满足要求时，应设置备用动力设施。

3.7　水泵机组的安装

水泵机组安装质量的好坏，直接关系到水泵机组的安全运行及其工作效率的高低和使用寿命，必须按照国家颁布的技术标准，精心进行安装。水泵机组的安装工作主要包括：水泵的安装、配套电动机的安装、管路及附件的安装。通常的安装程序是：先进行水泵的安装，然后进行电机的安装，最后进行吸、压水管路及附件的安装。

3.7.1　水泵机组安装前的准备工作

在水泵机组安装之前要进行详细核实工作，主要包括水泵机组安装平面位置及各部位的竖向标高是否符合设计的要求；核实各进、出水管穿墙位置的预留孔洞平面位置及高程是否符合设计要求；核实水泵机组基础顶面的标高是否符合设计要求。

为确保机组的安装质量，安装前应仔细检查水泵、配套电动机及各种附件的质量情况对水泵、电机及各种附件的设备进行解体检查，清洗干净，重新组装后进行安装。

3.7.2　水泵基础的施工

为保证机组进行稳定的工作，提高水泵的工作效率，水泵机组应牢固地安装在基础上。水泵机组基础应具有足够强度；基础的厚度不小于 0.5m；基础的总重量应大于机组总重量的 3～4 倍。在一般情况下，离心泵采用混凝土基础；立式轴流泵为混凝土梁基础。混凝土的标号通常采用 C15 或 C20。

机组底座的地脚螺栓的固定分一次浇筑法和二次浇筑法。

一次浇筑法就是在浇筑混凝土之前，将地脚螺栓固定在模型架上，在浇筑混凝土时，不需预留螺栓孔一次浇成，并将地脚螺栓浇筑在混凝土基础中。该种方法通常用于带有底座的小型水泵的安装。缺点是若地脚螺栓位置固定不正确或浇筑地脚螺栓移位，将给水泵机组的安装带来困难，如图3.38所示。

二次浇筑法是在浇铸混凝土基础时，先预留地脚螺栓孔，水泵机组就位和上好螺栓后再向预留浇孔内浇筑混凝土。该种方法的缺点是，混凝土分两次浇筑，前后浇筑的混凝土有时结合不好，影响地脚螺栓的稳定性，进而影响水泵机组的工作性能。

在中小型水泵机组的安装中，为避免上述方法的缺点，可采用强度较高的耐火砖垫在底座的四角，然后放置地脚螺栓，支好模板，一次浇筑成混凝土基础。

大型水泵机组通常不带底座，为便于机组的安装与调平找正，常用槽钢制成的整体式底座，在浇筑混凝土基础时采用一次或二次浇筑法将钢制机组底座稳好在设计位置，如图3.39所示。该种施工方法的优点是钢制底座与混凝土的结合比较牢固，整体性较好。

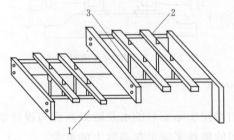

图3.38　一次浇筑地脚螺栓固定法

1—基础横版；2—横木；3—地脚螺栓

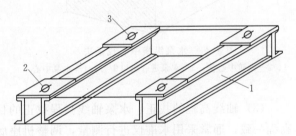

图3.39　钢制整体式底座

1—槽钢制底座架；2—表面光洁垫铁；3—螺栓孔

深井泵基础的施工基本与卧式离心泵的安装方式相同。区别在于深井泵基础中央有一井壁管，在浇筑混凝土基础之前，应在井壁管外壁设隔离层。

深井泵基础的高度应考虑维修工作的方便，通常高出地平面300~500mm。为保证基础能承受较大的荷载，基础形状应是上下大小的四棱台形或圆台形，其基础顶面与井壁管中心应保持垂直。在浇筑混凝土基础时，需要预留水位探测孔及补充滤料投入孔，并加盖保护，防止杂物进入井内。

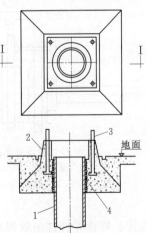

混凝土基础应设在4个地脚螺栓处，用来固定深井泵，也可以在混凝土基础表面上设置20mm厚方形钢板一块，钢板尺寸由深井泵机座的尺寸决定，并由地脚螺栓固定于基础之上。方形钢板上设4个地脚螺栓，用于固定水泵机组，如图3.40所示。

3.7.3　水泵机组的安装

1. 卧式离心泵的安装

基础和底座安装好以后，先将水泵吊放到基础上使水泵机座上的螺栓孔正对着底座的螺栓，调整水泵使其纵横中心线及高程满足设计的要求，具体做法如下：

（1）水泵的找平：水泵安装前，在基础上按照设计的要求，

图3.40　深井水泵基础图

1—井壁管；2—混凝图基础；

3—地脚螺栓；4—草绳

将水泵机组纵横中心线划在基础表面上，从水泵进出口及泵轴中心向下吊垂线，调整水泵使垂线与基础上的标记线重合，如图 3.41 所示。

（2）调平：吊垂线法。水平找正调整水泵，使其成水平状态。常用的方法有吊垂线法或用方水平来找正。

吊垂线法就是在水泵的进出口向下吊垂线或将方水平紧靠进出口的法兰表面，调整机座下的垫铁，使水泵进出口的法兰表面至基础表面的距离相等，或使方水平的气泡居中，如图 3.42 所示。

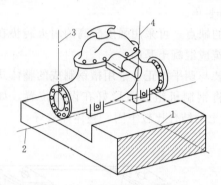

图 3.41　水泵纵横中心找正法

1、2—纵横中心法；3—水泵进、出口中心；4—水泵中心

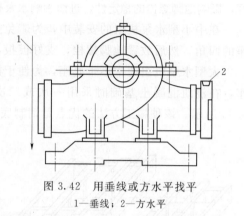

图 3.42　用垂线或方水平找平

1—垂线；2—方水平

（3）轴线高程的找正：水泵轴线高程找正的目的是使实际安装的水泵轴线高程与设计的高程一致，通常采用水准仪进行测量，调整机座底部的垫铁来满足在高程上的要求。

（4）水泵电机的安装：在水泵找正以后，将电动机吊放到基础上同水泵联轴器相连。调整电动机的位置，使水泵与电动机联轴器的径向间隙和轴向间隙相等，达到两个联轴器同心且两端面平行，以达到水泵机组安全运行的目的，如图 3.43 所示。通常在装好的联轴器上，采用百分表测量其安装精度。

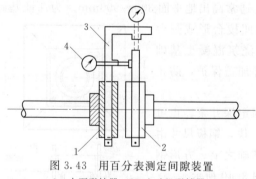

图 3.43　用百分表测定间隙装置

1—水泵联轴器；2—电动机联轴器；
3—支架；4—百分表

轴向间隙的尺寸可参考下列数据进行确定：

1）小型泵站（300mm 以下）机组的轴向间隙为 2～4mm。

2）中型泵站（300～500mm）机组的轴向间隙为 4～6mm。

3）大型泵站（500mm 以上）机组的轴向间隙为 6～8mm。

2. 立式轴流泵的安装

泵体安装前，先将进水喇叭口、叶轮头、导叶吊放到安装位置，再将水泵机座、中间接管、弯管等部件吊放到水泵的基础上，然后进行安装。

（1）导叶和导叶管的安装：将导叶和导叶管组装好，穿入机组与基础螺栓，用方水平在导叶管的法兰表面上测水平，要求误差小于 0.04mm/m。吊放弯管于导叶管的法兰表面上，要求出水弯管的中心线和出水管的中心线一致，最大误差小于 5mm。

（2）立式轴流泵的安装：安装出水弯管时应使弯管轴承（水泵上轴承）与导叶体内轴承（水泵下轴承）垂直且同心。泵体调整找正后，即可浇筑地脚螺栓的混凝土。

（3）水泵体的安装：先将轴承和轴承套装到传动轴上，然后装上弹性联轴器；再将推力轴承装入电动机机座内的轴承体内，把传动轴吊装插入机座孔内，将轴承压入轴承体内，检查传动轴和泵轴的垂直度和同心度，调整电机座，符合允许偏差值。

吊装电机：将电动机吊装到电机座上，装好联轴器，拧紧地脚螺栓，然后待试检验。

3. 深井泵的安装

深井泵的安装可分为井上安装和井下安装两部分。

（1）井下部分安装：安装顺序是滤水管、水泵传动轴、轴承支架、水泵泵体及扬水管。

通常滤水管的安装采用吊装法，即在滤水管顶端装上夹板套上钢丝绳，将滤水管吊起放入井中（若滤水管较短，也可将滤水管直接装在泵体上，与泵体一起安装）。在安装滤水管时，在基础表面上应设置两根方形垫木，使夹板落在垫木上，取掉钢丝绳；用另一夹板卡在水泵的出水一侧，将水泵掉在井口上，使水泵的进水口与滤水管对正后连接。取下滤水管上的夹板，继续将泵体放入井中至另一夹板搁置在垫木上为止。装上一节水泵传动轴和轴承支架，安装水泵体和扬水管，然后一节一节地安装至井口为止，如图3.44所示。联轴器安装完毕后，采用有分表进行检测，井下部分安装完成后，即可进行井上部分的安装。

（2）井上部分安装：安装顺序是深井泵座、联轴器、电机、附件及管路。

将泵座吊起放到扬水管上方穿过泵轴。松动起吊设备使电动机轴穿过泵座填料盒轴孔，下降至扬水管法兰，穿过螺栓对称拧紧螺栓。检查扬水管是否处于井管中心，否则做必要的调整。然后吊起泵座，取掉方木，缓慢下降泵座，使泵座的四角螺栓孔套入水泵机组基础的地脚螺栓，调整泵座使其水平，拧紧四角螺栓。

填料盒中分段填入密封填料，填满后套上压盖并拧紧，待水泵试车时，视漏水情况再做调整。将水泵电动机吊起，对准泵座，使电动机轴穿入电机空心轴，电机落在泵座上，拧紧地脚螺栓。电动机轴安装合格后，加满润滑油，接通电源，进行试车，直至合格。深井泵安装完毕后，立即抹平基础表面，安装出水管附件和管路。

4. 潜水泵的安装

潜水泵是将泵和电机制成一体，其安装方式与其他类型的水泵安装方法类似，通常的做法是：先进行水泵基础施工，待水泵机组基础验收合格后，进行泵体及出水管、附件的安装。潜水泵通常设置在集水井内，安装方法分成固定式安装与移动式安装两种形式。移动式安装较简单，常用于小型泵站的安装，出水管通常采用软管；固定式安装较为复杂，该种安装方式通常用于带有自动耦合装置的较大型潜水泵。其安装顺序是：浇筑混凝土基础、导杆及泵座的安装、泵体的安装、出水管及附件的安装。

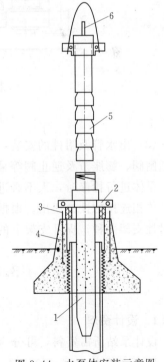

图 3.44 水泵体安装示意图

1—水泵进水滤管；2—夹板；3—垫木；
4—基础；5—水泵；6—泵轴

机组基础通常采用标号为 C15 或 C20 混凝土浇筑，采用一次浇筑法施工。为保证基础承受较大的荷载，通常将基础做成上小下大的棱台形状，或与集水井底浇成一体，基础顶面应水平，并预埋地脚螺栓。

（1）导杆及泵座的安装：吊起泵座，缓慢下降至机组基础上，泵座上的螺栓孔正对基础上预埋的地脚螺栓，泵座采用水平尺找平后，拧紧地脚螺栓。导杆的底部与泵座采用螺纹、螺栓或插入式连接，顶部与支撑架相连接，支撑架与导杆通常用碳钢管、不锈钢管或镀锌钢管制成。

（2）泵体的安装：吊起泵体，将耦合装置（耦合装置、水泵及电机通常制成整体设备）放置到导杆内，使泵体沿着导杆缓慢下降，直到耦合装置与泵座上的出水弯管相连接，水泵出水管与出水弯管进口中心线重合，如图 3.45 所示（图中字母含义为水泵的结构尺寸。不同型号水泵，结构尺寸不同）。

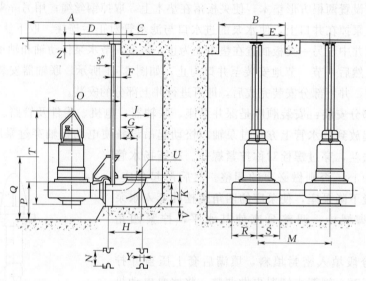

图 3.45　潜水泵基础及安装示意图

（3）出水管及附件的安装：水泵出水管与出水弯管采用法兰连接，出水管上的其他附件包括闸阀、膨胀节及逆止阀等采用法兰连接。

泵体进行检修时，人不必进入集水井内，可采用人工或机械的方法将泵体从集水井中用与泵体相连接的铁链提出。根据泵体重量的大小及实际需求，提升支架可制成永久性支架或临时性支架两种。提升支架上的电动、手动葫芦或滑轮与提升铁链相连接。

3.8　给水泵站的工艺设计

3.8.1　设计资料

设计泵站所需资料，可分为基础资料和参考资料两部分。

1. 基础资料

基础资料对设计起到决定性作用和不同程度的约束性。它往往不能按照设计者的意图与主观愿望任意变动，是设计的主要依据。主管部门对设计工作的主要指示、决议、设计任务书、有关的协议文件，如工程地质、水文与水文地质、气象、地形等，都属于基础资料，资料内容如下：

（1）设计任务书。

（2）规划、人防、卫生、供电、航道、航运等部门同意在一定地点修建泵站的正式许可文件。

（3）地区气象资料：如最低、最高气温，冬季采暖计算温度，冻结平均深度和起止日期，最大冻结层厚。

（4）地区水文与水文地质资料：如水源的高水位、常水位、枯水位资料。河流的含砂量、流速、风浪情况等。地下水流向、流速、水质情况及对建筑材料的腐蚀性等。

（5）泵站所在地附近地区一定比例的地形图。

（6）泵站所在地的工程地质资料、抗震烈度设计资料。

（7）用水量、水压资料（污水泵站还应该有水质分析资料）以及给水排水制度。

（8）泵站的设计使用年限。

（9）电源位置、性质、可靠性程度、电压、单位电价等。

（10）与泵站有关的给水排水构筑物的位置与设计标高。

（11）水泵样本，电动机和电器产品目录。

（12）管材及管配件的产品规格。

（13）设备材料单价表，预算工程单位估价表，地方材料及价格，劳动工资水平等资料。

（14）对于扩建或改建工程，还应有原构筑物的设计资料、调查资料、竣工图或实测图。

2. 参考资料

参考资料仅供参考，不能作为设计的依据，如各种参考书籍、口头调查资料、某些历史性记录及某些尚未生产的产品目录等都属于这一类，计有：

（1）地区内现有水泵站的运行情况调查资料、水泵站形式、建筑规模和年限、结构形式、机组台数和设备性能、历年大修次数、曾经发生的事故及其原因分析和解决办法、冬季采暖、夏季通风情况、电源或其他动力来源等。

（2）地区内现有泵站的设计图、竣工图或实测图。

（3）地区内已有泵站的施工方法和施工经验。

（4）施工中可能利用的机械和劳动力的来源。

（5）其他有关参考资料。

3.8.2 泵站工艺设计步骤和方法

泵站工艺设计步骤和方法分述如下：

（1）确定设计流量和扬程。

（2）初步选泵和电动机或其他原动机，包括选择水泵的型号，工作泵和备用泵的台数。由于初步选泵时，泵站尚未设计好，吸水、压水管路也未进行布置，水流通过管路中的水头损失也是未知的，所以这时水泵的全扬程不能确切知道，只能先假定水泵站内管道中的水头损失为某一个数值。一般在初步选泵时，可假定此数为2m左右。

根据所选泵的轴功率及转数选用电动机。如果机组由水泵厂配套供应，则不必选择。

（3）设计机组的基础。在机组初步选好后，即可查水泵及电动机产品样本，查到机组安装尺寸（或机组底板的尺寸）和总重量，据此可进行基础的平面尺寸和深度的设计。

（4）计算水泵的吸水管和压水管的直径。

（5）布置机组和管道。

（6）复核水泵和电动机。根据地形条件确定水泵的安装高度，计算出吸水管路和泵站范围内压水管路中的水头损失，然后求出泵站的扬程。如果发现初选的水泵不合适，则可以切削叶轮或另行选泵。根据新选的水泵的轴功率，再选用电动机。

（7）选择泵站中的附属设备。

（8）确定泵房建筑高度。泵房的建筑高程取决于水泵的安装高度、泵房内有无起重设备以及起重设备的型号。

（9）确定泵房的平面尺寸，初步规划泵站总平面。机组的平面布置确定以后，泵房（机器间）的最小长度 L 也就确定了。如图 3.46 所示，a 为机组基础的长度；b 为机组基础的间距；c 为机组基础与墙的距离。查有关资料手册，找出相应管道、配件的型号规格、大小尺寸，按一定的比例将水泵机组的基础和吸水、压水管道上的管配件、闸阀、止回阀等画在同一张图上，逐一标出尺寸，依次相加，就可以得出机器间的最小宽度 B，如图 3.47 所示。

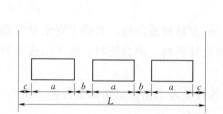

图 3.46　机器间长度 L
a—机组基础的长度；b—机组基础的间距；
c—机组基础与墙的距离

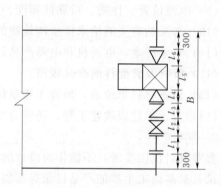

图 3.47　机器间宽度 B
l_1—直短管的长度；l_2—闸阀的长度；l_3—止回阀的长度；l_4—水泵出口短管的长度；l_5—机组基础的宽度；l_6—水泵进口短管的长度

L 和 B 确定后，再考虑到修理场地等因素，便可最后确定泵站机器间的平面尺寸大小。

泵站的总平面布置包括变压器室、配电室、机器间、值班室、修理间等单元。

总平面布置的原则是：运行管理安全可靠，检修及运输方便，经济合理，并且考虑到有发展余地。

变电配电设备一般设在泵站的一端，有时也可将低压配电设备置于泵房内侧。

泵房内装有立式泵或轴流泵时，配电设备一般装设在上层或中层平台上。

控制设备一般设于机组附近，也可以集中装设在附近的配电室内。

配电室内设有各种配电柜，因此应便于电源进线，且应紧靠机组，以节省电线，便于操作。配电室与机器间应能通视，否则，应分别安装仪表及按钮（切断装置），以便当发生故障时，在两个房间内均能及时切断主电路。

变压器若发生故障，易引起火灾或爆炸，故宜将变压器室设置于单独的房间内，且位于泵站的一端。

值班室与机器间及配电室相通，而且一定要靠近机器间，且能很好通视。

修理间的布置应便于重物（如设备）的内部吊运及向外运输。因此，往往在修理间的外墙上开有大门。

进行总平面布置时，尽量不要因为设置配电间而把泵房跨度增大。

（10）向有关工种提出设计任务。

（11）审校，会签。

（12）出图。

（13）编制预算。

思 考 题

1. 给水泵站的组成与分类有哪些？

2. 减少水泵站能量浪费的途径有哪些？

3. 选择水泵时应考虑哪些因素？

4. 水泵机组的布置形式与适用条件是什么？

5. 设计水泵吸压水管路时，有哪些要求？

6. 水锤的危害及防护措施有哪些？

7. 泵站设计的步骤有哪些？

8. 试述给水泵站的构造特点。

第4章 中、小型排水泵站
工艺设计与计算

4.1 概　　述

4.1.1 排水泵站分类

提升污（废）水、污泥的泵站统称为排水泵站，排水泵站通常按以下方法分类。

（1）按在排水性质，排水泵站可分为污水（生活污水、生产污水）泵站、雨水泵站、合流泵站、污泥泵站等。

（2）按在排水系统中的作用，排水泵站可分为中途（区域）泵站、终点（总提升）泵站。

（3）按水泵启动前引水方式，排水泵站可分为自灌式泵站和非自灌式泵站。

（4）按泵房平面形状，排水泵站可分为圆形、矩形、组合形泵站。

（5）按集水池与水泵间的组合情况，排水泵站可分为合建式泵站和分建式泵站。

（6）按水泵与地面相对位置关系，排水泵站可分为地下式泵站和半地下式泵站。

（7）按水泵的操纵方式，排水泵站可分为人工操作泵站、自动控制泵站和遥控泵站。

4.1.2 排水泵站的基本组成

排水泵站的基本组成有事故溢流井、格栅、集水池、机器间、出水井、辅助间和专用变电所等。

1. 事故溢流井

事故溢流井作为应急排水口，当泵站由于水泵或电源发生故障而停止工作时，排水管网中的水继续流向泵站。为了防止污水淹没集水池，在泵站进水管前设一专用闸门井，当发生事故时关闭闸门，将污水从溢流排水管排入自然水体或洼地。溢流管上可据需要设置阀门，通常应关闭。事故排水应取得当地卫生监督部门同意。

2. 格栅

格栅用来拦截雨水、生活污水和工业废水中大块的悬浮物或漂浮物，用以保护水泵叶轮和管道配件，避免堵塞和磨损，保证水泵正常运行。

格栅一般设在泵前的集水池内，安装在集水池前端。有条件时，宜单独设置格栅间，以利于管理和维修。小型格栅拦截的污物可采用人工清除，大型格栅采用机械清除。

3. 集水池

集水池的功能是在一定程度上调节来水量的不均匀，以保证水泵在较均匀的流量下高效工作。集水池的尺寸应满足水泵吸水装置和格栅的安装要求。

4. 水泵间（机器间）

水泵间用来安装水泵机组和有关辅助设备。

5. 辅助间

为满足泵站运行和管理的需要，所设的一些辅助性用房称为辅助间。主要有修理间、储藏室、休息室、卫生间等。

6. 出水井

出水井是一座把水泵压水管和排水明渠相衔接的构筑物，主要起消能稳流的作用，同时还有防止停泵时水倒流至集水池中的作用。压水管路的出口设在出水井中，这样可以省去阀门，降低造价及运行管理费用。

7. 专用变电所

专用变电所的位置应根据泵站电源的具体情况来确定。

4.1.3　排水泵站的基本形式

排水泵站有多种形式，应根据进水管渠的埋设深度、来水流量、水泵机组型号及台数、水文地质条件、施工方法等因素，从泵站造价、布置、施工、运行等各方面综合考虑确定。下面介绍几种排水泵站常见的基本形式。

（1）合建式圆形排水泵站，如图 4.1 所示。采用卧式水泵，自灌式工作，此种形式适用于中、小型排水泵站，水泵台数不宜超过 4 台。

合建式圆形排水泵站的优点是：圆形结构，受力条件好，便于沉井施工；易于水泵的启动，运行可靠性高；根据吸水井水位，易于实现自动控制。其缺点是：机器间内机组和附属设备的布置较困难；站内交通不便；自然通风和采光不好；当泵房较深时，工人上、下不方便，且电机容易受潮。

这种形式的泵站如果将卧式机组改为立式机组，可以减少泵房面积，降低泵房造价。另外，电机安装在上层，使工作环境和条件得以改善。

（2）合建式矩形排水泵站如图 4.2 所示，采用立式水泵，自灌式工作，此种形式适用于大、中型泵站，水泵台数一般超过 4 台。

合建式矩形排水泵站的优点是：采用矩形机器间，管路及机组的布置较为方便；水泵启动操作简便，易于实现自动化；电气设备在上层，电机不易受潮，工人操作管理条件好。其缺点是：建设费用较高，当土质较差、地下水位较高时，不利于施工。

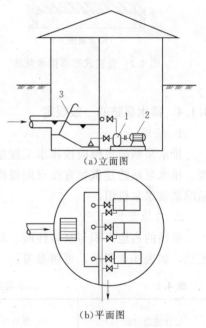

(a)立面图

(b)平面图

图 4.1　合建式圆形排水泵站
1—水泵；2—电动机；3—格栅

（3）分建式矩形排水泵站，如图 4.3 所示。采用卧式水泵，非自灌式工作，集水池与泵站分开建设。当土质差，地下水位高时，为了降低度施工难度及工程造价，采用分建式是合理的。

分建式矩形排水泵站的优点是：结构处理上较简单；充分利用水泵吸水能力，使机器间埋深较浅；机器间无渗污，卫生条件较好。其缺点是：吸水管路较长，压力损失大；需要引水设备，启动操作较麻烦。

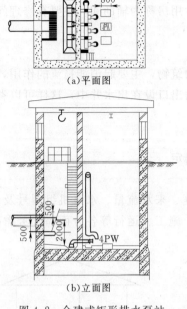

(a)平面图

(b)立面图

图 4.2　合建式矩形排水泵站

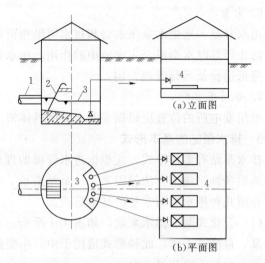

(a)立面图

(b)平面图

图 4.3　分建式矩形排水泵站

1—来水干管；2—格栅；3—集水池；4—水泵间

4.1.4　排水泵站的一般规定

1. 规　模

排水泵站的规模应按排水工程总体规划所划分的远近期规模设计，应满足流量发展的需要。排水泵站的建筑物宜按远期规模设计，水泵机组可按近期水量配置，根据当地的发展，随时增装水泵机组。

2. 占地面积

泵站的占地面积与泵站性质、规模以及所处的位置有关。国内各大城市一些泵站的资料汇总，如表 4.1 所示，可供参考。

表 4.1　　　　　　　　　　　　　　　不同流量情况下各种泵站占地面积

设计流量/(m³/s)	泵站性质	占地面积/m²	
		城、近郊区	远郊区
<1	雨水	400～600	500～700
	污水	900～1200	1000～1500
	合流	700～1000	800～1200
	立交	500～700	600～800
	中途加压	300～500	400～600
1～3	雨水	600～1000	700～1200
	污水	1200～1800	1500～2000
	合流	1000～1300	1200～1500
	中途加压	500～700	600～800

设计流量/(m³/s)	泵站性质	占地面积/m²	
		城、近郊区	远郊区
3~5	雨水	1000~1500	1200~1800
	污水	1800~2500	2000~2700
	合流	1300~2000	1500~2200
5~30	雨水	1500~8000	1800~10000
	污水	2000~8000	2200~10000

注 1. 表中占地面积主要指泵站围墙以内的面积。从进水到出水，包括整个流程中的构筑物和附属构筑物以及生活用地、内部道路及庭院绿化等面积。

2. 表内占地面积系指有集水池的情况，对于中途加压泵站，若吸水管直接与上游出水压力管连接，则占地面积尚可相应减小。

3. 污水处理厂内的泵房占地面积由污水处理厂平面布置决定。

3. 排水泵站单独建设的规定

城市排水泵站一般规模较大，对周围环境影响较大，因此，宜采用单独的建筑物。工业企业及居住小区的排水泵站是否与其他建筑物合建，可视污水性质及泵站规模等因素确定。会产生易燃易爆和有毒有害气体的污水泵站应为单独的建筑物，并应配置相应的检测设备、报警设备和防护措施。

4. 排水泵站的位置

排水泵站的位置应视排水系统上的需要而定，通常建在需要提升的管（渠）段，并设在距排放水体较近的地方。并应尽量避免拆迁，少占耕地。由于排水泵站一般埋深较大，且多建在低洼处，因此，泵站位置要考虑地质条件和水文地质条件，要保证不被洪水淹没，要便于设置事故排放口和减少对周围环境的影响，同时，也要考虑交通、通信、电源等基础条件。

单独设立的泵站，根据废水对大气的污染程度，机组噪声等情况，结合当地环境条件，应与居住房屋和公共建筑保持必要距离，四周应设置围墙，并应绿化。

泵站室外地坪标高应满足防洪要求，并应符合规划部门规定；泵房室内地坪应比室外地坪高 0.2~0.3m；易受洪水淹没地区的泵站和地下式泵站，其入口处地面标高应比设计洪水位高 0.5m 以上；当不能满足上述要求时，应设置防洪措施。

4.2 污 水 泵 站

4.2.1 水泵的选择

污水泵站选泵的方法与给水泵站基本相同。

1. 水泵的设计流量

城市污水的流量时不均匀的，污水量在全天内的变化规律也难以确定。因此，污水泵站的设计流量一般按最高日、最大时污水量计算。

2. 水泵的扬程

泵站的扬程 H 可按下式计算：

$$H = H_{ss} + H_{sd} + \sum h_s + \sum h_d + H_C \tag{4.1}$$

式中 　　H_{ss}——吸水地形高度为集水池最低水位与水泵轴线的高程差，m；

　　　　H_{sd}——压水地形高度为水泵轴线与输水最高点（一般为压水管出口处）的高程差，m；

$\sum h_s$、$\sum h_d$——污水通过吸水管路和压水管路总的压力损失，mH_2O；

　　　　H_C——安全压力，m（一般取 $1{\sim}2mH_2O$）。

3. 水泵型号及台数的选择

应根据污水的性质来确定相应的污水泵或杂质泵等水泵的型号。当排除酸性或腐蚀性废水时，应选用耐腐蚀泵；当排除污泥时，应选择污泥泵。由于污水泵站一般扬程较低，可选择立式离心泵、轴流泵、混流泵或潜水污水泵等。

对于小型泵站，水泵台数可按 2~3 台（2 用 1 备）配置；对于大中型泵站，可按 3~4 台配置。

应尽可能选择同型号水泵，以方便施工与维护，也可以用大、小泵搭配的方式，以适应流量的变化。

应尽可能选择性能好、效率高的水泵，使泵站工作长期处于高效区。

污水泵站一般可设一台备用机组，当水泵台数超过 4 台时，除安装 1 台备用机组外，在仓库还应存放 1 台。

4.2.2 集水池

1. 集水池容积的确定

集水池容积的大小与污水的来水量变化情况、水泵型号和台数、泵站操纵方式、工作制度等因素有关。集水池容积过大，会增加工程造价；如果容积过小，则不能满足其功能要求，同时会使水泵频繁启动。所以，在满足格栅、吸水管安装要求，保证水泵工作的水力条件以及能够将流入的污水及时抽走的前提下，应尽量缩小集水池容积。

污水泵房集水池容积一般可按不少于泵站内最大一台水泵 5min 的出水量来确定。

雨水泵站集水池的容量可按最大一台水泵 30s 的出水量确定。

对于小型泵站，当夜间来水量较小而停止运行时，集水池应能满足储存夜间来水量的要求。

初沉污泥和消化污泥泵站，集水池容积按一次排入的污泥量和污泥泵抽升能力计算；活性污泥泵站，集水池容积按排入的回流污泥量、剩余污泥量和污泥泵抽升能力计算。

对于自动控制的污水泵站，集水池容积可按下式确定。

泵站为一级工作时

$$W = \frac{Q_0}{4n} \tag{4.2}$$

泵站为二级工作时

$$W = \frac{Q_2 - Q_1}{4n} \tag{4.3}$$

式中 　W——集水池容积，m^3；

　　　Q_0——泵站为一级工作时，水泵的出水量，m^3/h；

Q_1、Q_2——泵站分二级工作时,一级与二级工作水泵的出水量,m^3/h;

    n——水泵每小时启动次数,一般取 $n=6$。

集水池的有效水深一般采用 $1.5 \sim 2.0m$。

合流污水泵站集水池的容积不应小于最大一台水泵 30s 的出水量。

2. 污水泵房集水池的辅助设施

污水泵房集水池宜设置冲泥和清泥等设施,以防止池中大量杂物沉积腐化,影响水泵的正常吸水和污染周围环境。集水池池底应设置集水坑,坑深宜为 $500 \sim 700mm$。可在水泵出水压力管上接出一根直径为 $50 \sim 100mm$ 的支管,伸入集水坑中,定期打开支管的阀门进行冲洗池子底部污泥,用水泵抽除;也可在集水池上部设给水栓,作为冲洗水源,然后用泵抽除。含有焦油类的生产污水,当温度低时易黏结在管件和水泵叶轮上,因而宜设加热设施,在低温季节采用。自灌式工作的泵房,为适应水泵开停频繁的特点,要根据集水池水位变化进行自动控制运行;宜设置 UQK 型浮球液位控制器、浮球行程式水位开关、电极液位控制器等。

3. 集水池布置原则

集水池的布置,应考虑改善水泵吸水的水力条件,减少滞流和涡流,以保证水泵正常运行。布置时应注意以下几点。

(1)泵的吸水管或叶轮应有足够的淹水深度,防止空气吸入或形成涡流时吸入空气。

(2)水泵的吸入喇叭口应与池底保持所要求的距离。

(3)水流应均匀顺畅无漩涡地流近水泵吸水管口。每台水泵进水水流条件基本相同,水流不要突然扩大或改变方向。

(4)集水池进口流速和水泵吸水口处的流速尽可能缓慢。

污水泵房的集水池前应设置闸门或闸槽,以在集水池清洗或水泵检修时使用。雨水泵房根据雨季检修的要求,也可设闸槽,但一般雨水泵检修在非雨季进行。

4.2.3 泵房(机器间)的布置

1. 机组布置

水泵台数不应少于 2 台,且不宜大于 8 台。当水量变化很大时,可配置不同规格的水泵,但不宜超过两种,也可采用变频调速装置或采用叶片可调式水泵。

污水泵房和合流污水泵房应设备用泵,当工作泵台数小于或等于 4 台时,应设 1 台备用泵。工作泵台数大于或等于 5 台时,应设 2 台备用泵;潜水泵房备用泵为 2 台时,可现场备用 1 台,库存备用 1 台。雨水泵房可不设备用泵,下穿立交道路的雨水泵房可视泵房重要性设置备用泵。而且不论是立式还是卧式泵,都是从轴向进水,一侧出水,因而常采用水泵轴线平行(并列)的布置形式,如图 4.4 所示。图 4.4(a)和图 4.4(c)适宜采用卧式水泵,图 4.4(b)适宜采用立式水泵。

为了满足安全防护和便于机组检修,泵站内主要机组的布置和通道宽度,应符合下列要求。

(1)相邻两机组间的净距:水泵机组基础间的净距不宜小于 $1.0m$。

(2)无吊车起重设备的泵房,一般在每个机组的一侧应有的比机组宽度宽达 $0.5m$ 的通道,但不得小于第一条规定。

(3)机组突出部分和墙壁的净距不宜小于 $1.2m$,主要通道宽度不宜小于 $1.5m$。

(4)配电箱前面通道的宽度,低压配电时不小于 $1.5m$,高压配电时不小于 $2.0m$;当采用在配电箱后面检修时,后面距墙不宜小于 $1.0m$。

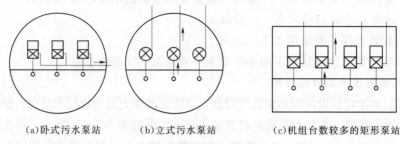

(a)卧式污水泵站   (b)立式污水泵站   (c)机组台数较多的矩形泵站

图 4.4 排水泵站机组布置

（5）在有桥式起重设备的泵房内，应有吊运设备的通道。泵房起重设备应根据需吊运的最重部件确定。起重量不大于 3t 时宜选用手动或用电动葫芦；起重量大于 3t 时应选用电动单梁或双梁起重机。

（6）当需要在泵房内就地检修时，应留有检修设备的位置，其面积应据最大设备（部件）的外形尺寸确定，并在周围设置宽度不小于 0.7m 的通道。

2. 管道布置

（1）吸水管路布置。每台水泵应设置一条单独的吸水管。这样不但可以改善水泵的吸水条件，而且还可以减少管道堵塞的可能性。吸水管的流速一般采用 1.0~1.5m/s，不得低于 0.7m/s。当吸水管较短时，流速可适当提高。吸水管进口端应装设喇叭口，其直径为吸水管直径的 1.3~1.5 倍。吸水管路在集水池中的位置和各部分之间的距离要求，可参照给水泵站中有关规定。

当排水泵房设计成自灌式时，在吸水管上应设有闸阀（轴流泵除外），以方便检修。非自灌式工作的水泵，采用真空泵引水，不允许在吸水管口上装设底阀。因底阀极易被堵塞，影响水泵启动，而且增加吸水管阻力。

（2）压水管路布置。压水管流速一般为 0.8~2.5m/s。当两台或两台以上水泵合用一条压水管时，如果仅一台水泵工作，其流速也不得小于 0.7m/s，以免管内产生沉积。单台水泵的出水管接入压水干管时，不得自干管底部接入，以免停泵时杂质在此处沉积。

当两台及两台以上水泵合用一条出水管时，每台水泵的出水管上应设置闸阀，并且在闸阀与水泵之间设止回阀；如采用单独单独出水管口并且为自由出流时，一般可不设止回阀和闸阀。

3. 管道敷设

泵站内管道一般采用明装，吸水管一般置于地面上。压水管多采用架空安装，沿墙设在托架上。管道不允许在电气设备的上面通过，不得妨碍站内交通、设备吊装和检修，通行处

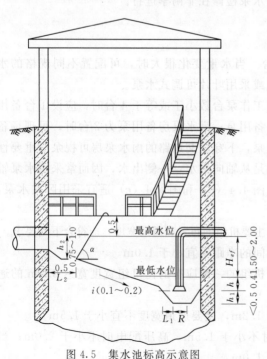

图 4.5 集水池标高示意图

的地面距管底不宜小于 2.0m，管道应稳固。泵房内地面敷设管道时，应根据需要设置跨越设施，例如设置活动踏梯或活动平台。

4. 泵站内部标高的确定

泵房内部标高的确定主要依据进水管（渠）底标高或管内水位标高。合建式的自灌式泵站集水池板与机器间底板标高相同；对于非自灌式泵站，机器间底板较高。

（1）集水池各部标高。集水池最高水位标高，如图 4.5 所示。对于小型泵站为进水管（渠）底标高；对于大中型泵站，为进水管（渠）水位标高。集水池最高水位与最低水位之差称为有效水深，一般有效水深取 1.5～2.0m。集水池最低水位标高为最高水位标高减去有效水深。

集水池池底应有 0.1～0.2 的坡度，坡向吸水坑。吸水坑的尺寸取决于吸水管的布置，并保证水泵有良好的吸水条件。吸水喇叭口朝下安装在吸水坑中。喇叭口下缘距坑底的距离 h_1 要不小于吸水管管径（R）的 0.8 倍，但不得小于 0.5m；边缘距坑壁 L_1 为 $(0.75～1.0)R$；喇叭口在最低水位以下的淹没深度 h 不小于 0.4m；喇叭口之间的净距不小于 1.5 倍的喇叭口直径 D。

格栅安装清理污物的工作平台时，应高出集水池最高水位 0.5m 以上；其宽度视清除方法而定，采用人工格栅不小于 1.2m，采用机械格栅不小于 1.5m。沿工作平台边缘应设高度为 1.0m 的栏杆；安装格栅的下部小平台距进水管底的距离应不小于 0.5m，顺水方向的宽度 L_2 为 0.5m 格栅工作安装倾角 α 为 60°～70°。为了便于检修和清洗，从格栅工作平台至池底应设爬梯。

（2）水泵间各部标高。对于自灌式泵站，水泵轴线标高可据喇叭口下缘标高及吸水管上管配件尺寸推算确定。

对于非自灌式泵站，水泵轴线标高可据水泵允许吸上真空高度和当地条件确定；水泵基础标高可由水泵轴线标高推算，进而确定机器间的地面标高及其他各部标高；机器间上层平台一般应比室外地面高 0.5m。

泵站室外地坪标高应满足防洪要求，并应符合规划部门规定；泵房室内地坪应比室外地坪高 0.2～0.3m；易受洪水淹没地区的泵站和地下式泵站，其入口处地面标高应比设计洪水位高 0.5m 以上；当不能满足上述要求时，应设置防洪措施。

5. 主要辅助设备

（1）格栅。在水泵前必须设置格栅。格栅一般由一组平行的栅条或筛网制成。按栅条间隙的大小可分为粗格栅（50～100mm）、中格栅（10～40mm）和细格栅（3～10mm）三种。栅条间隙可据水泵型号确定，如表 4.2 所示。

栅条断面形状主要有正方形、圆形、矩形、带半圆的矩形等。

为了减轻工人的劳动强度，宜采用机械格栅。机械格栅不宜少于 2 台，如果采用 1 台时，应设人工格栅备用。

污水过栅流速一般采用 0.6～1.0m/s，栅前流速为 0.6～0.8m/s，通过格栅的压力损失一般为 0.08～0.15mH$_2$O。

表 4.2　污水泵前格栅的栅条间隙

水泵型号		栅条间隙/mm
离心泵	$2\frac{1}{2}$PWA	≤20
	4PWA	≤40
	6PWA	≤70
	8PWA	≤90
轴流泵	20ZLB-70	≤60
	28ZLB-70	≤90

（2）仪表及计量设备。排水泵站应设置的仪表主要有：水泵吸水管上应装设真空表；压力管上安装压力表；泵轴为泵液体润滑时设液位指示器，当采用循环润滑时设温度计和压力表，用以测量油的温度；监控水位应设水位计及控制水泵自动运行的水位控制器等。配电设备有电流计、电压计、计量表等。

由于污水中含有较多杂质，在选择计量设备时，应考虑防堵塞问题。污水泵站的计量设备一般设在出水井口的管渠上，可采用巴氏计量槽、计量堰等；也可以采用电磁流量计或超声波流量计等。

（3）引水设备。污水泵站一般采用自灌式工作，不需要设引水设备。当水泵采用非自灌（吸水式）工作时，必须设置引水设备，可采用真空泵、水射器，也可以采用真空泵罐或密闭水箱引水。当采用真空泵引水时，需在真空泵与污水工作泵之间设置隔离罐，隔离罐的大小与气水分离罐相同。

（4）排水设备。为了确保排水泵房的运行安全，应有可靠的排水设施。排水泵工作间内的排水方式与给水泵站基本相同。为了便于排水，水泵间地面宜做成 $0.01 \sim 0.015$ 的坡度，坡向排水沟，排水沟以 0.01 的坡度向集水坑。排水沟断面可采用 $100mm \times 100mm$，集水坑采用 $600mm \times 600mm \times 800mm$。对于非自灌式泵站，集水坑内的水可以自流排入集水池，在集水坑与集水池之间设一连接管道，管道上设阀门，可根据集水坑水位和集水池水位情况开阀排放。当水泵吸水管能产生真空时，可在水泵吸水管上接出一根水管伸入集水坑，在管上设阀门；当需要抽升时，开启管上阀门，靠水泵吸水管中的负压，将集水坑中的水抽走，这种方法省去引水设备，简单易行。

当水泵间污水不能自流排除，又不能利用水泵吸水管中负压抽升时，应设专门的排水泵，将集水坑中的水排入集水池。

（5）反冲设备。由于污水中含有大量杂质，会在集水坑内产生沉积，所以应设置压力冲洗管。一般从水泵压水管上接出一根 $DN50 \sim 100$ 的支管伸入集水坑，定期进行冲洗，以冲散集水坑中的沉渣。

（6）采暖通风及防潮设备。由于集水池较深，污水中的热量不易散失（污水温度一般为 $10 \sim 12℃$），所以一般不需采暖设备，水泵间如果需要采暖，可采用火炉、暖气，也可采用电辐射板等采暖设施。

排水泵站的集水池通常利用通风管自然通风，通风管的一端伸入清理工作平台以下，另一端伸出屋面并设通风帽。水泵间一般采用自然通风，当自然通风满足不了要求时，应采用机械通风，保证水泵间夏季温度不超过 35℃。

当水泵间相对湿度高于 75% 时，使电机绝缘强度降低，因而应采取防潮措施，一般采用电加热器或吸湿剂防潮。

（7）起重设备。起重设备的选择方法与给水泵站相同。

（8）事故溢流井和出水井。事故溢流井的作用在 4.1 小节中已阐述。在小型泵站中可以采用单道闸门溢流井，在大、中型泵站中宜采用双道闸门溢流井，如图 4.6 所示。

出水井的类型如图 4.7 所示。一般可分为淹没式、自由式和虹吸式三种出流方式。图 4.7（a）为淹没式出水井，水泵压水管出口淹没在出水井水面以下，为防止停泵时干渠中的水倒流，在出口处要设拍门或设挡水溢流堰；图 4.7（b）为自由式出流，即压水管出口位于出水井水面之上，这种形式虽然浪费了部分能量，但可以防止停泵时出水井中水倒流，省

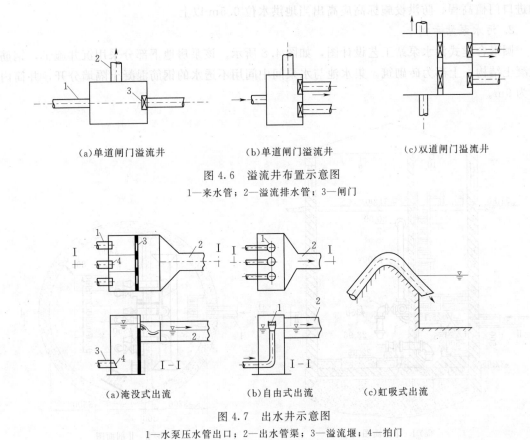

(a)单道闸门溢流井　　　　(b)单道闸门溢流井　　　　(c)双道闸门溢流井

图 4.6　溢流井布置示意图

1—来水管；2—溢流排水管；3—闸门

(a)淹没式出流　　　　　(b)自由式出流　　　　　(c)虹吸式出流

图 4.7　出水井示意图

1—水泵压水管出口；2—出水管渠；3—溢流堰；4—拍门

去管道出口拍门或溢流堰；图 4.7（c）为虹吸式出流，它具有以上两种出流形式的优点，即充分利用了水头，又能防止倒流，但需要在虹吸管顶部设真空破坏装置，以便在停泵时破坏虹吸，截断水流。

在排水泵站中还应设有照明、消防、防噪声等设备（施），以及通风设施和工作人员生活设施等。

4.2.4　污水泵站的构造特点及示例

1. 污水泵站的主要构造特点

由于污水管渠埋深较大，且污水泵多采用自灌式工作，因而泵站常建成地下式或半地下式，又因为泵站多建于地势低洼处，所以泵站地下部分常位于地下水位以下，在结构上应考虑防渗、防漏、抗浮、抗裂等因素。污水泵站地下部分一般采用钢筋混凝土结构，泵房地面以上部分一般为砖混结构。

为了改善吸水条件，应尽量缩短吸水管长度，因而常采用集水池与水泵间合建，只有当合建不经济或施工困难时才考虑分建。当采用合建时，可将集水池与水泵间用无门窗的不透水隔墙分开，以防集水池中臭气进入水泵间。此外，集水池与水泵间应单独设门。

在地下式泵站中，扶梯通常沿泵房周边布置，如果地下部分超过 3m 时，扶梯中间应设平台，其尺寸可采用 1m×1m。扶梯宽度一般为 0.8m，坡度可采用 1：0.75，最陡不得超过 1：1。

当泵站有被洪水淹没可能时，应有防洪设施，如采用围堤将泵站围起来，或提高水泵间的进口门槛高程。防洪设施标高应高出当地洪水位 0.5m 以上。

2. 污水泵站示例

圆形合建式污水泵站工艺设计图，如图 4.8 所示。该泵房地下部分采用沉井施工，钢筋混凝土结构；上部为砖砌筑。集水池与水泵间中间用不透水的钢筋混凝土隔墙分开，井筒内径为 9m。

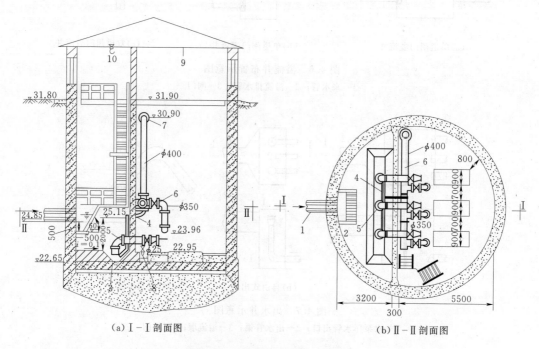

（a）Ⅰ-Ⅰ剖面图　　　　　　　　（b）Ⅱ-Ⅱ剖面图

图 4.8　圆形合建式污水泵站

1—来水干管；2—格栅；3—吸水坑；4—冲洗水管；5—吸水管；6—压水管；
7—弯头水表；8—ϕ25 吸水管；9—单梁吊车；10—吊钩

泵站设计流量为 200L/s，扬程为 230kPa。采用三台 6PWA 型卧式污水泵（其中两台工作，一台备用）。每台水泵设计流量为 100L/s，扬程 230kPa。每台水泵设有单独的吸水管，管径为 350mm，因采用自灌式工作，所以每台水泵吸水管上均设有闸门；每台水泵采用 DN350 的压水管，管上装有闸门，三台水泵共用一条压水干管，管径为 400mm。

集水池容积按一台泵 5min 的出水量计算，其平面面积为 16.5m²，有效水深为 2m，容积为 33m³。集水间内设人工格栅一个，宽为 1.5m，长为 1.8m，倾角为 60°。采用人工清除污物。工作平台高出最高水位 0.5m。

在压水干管的弯头部位安装有弯头流量计。水泵间内采用集水坑集水，在水泵吸水管上接出一根 ϕ32 的支管伸入集水坑中，进行积水排除。在水泵出水干管上接出 ϕ50 冲洗水管，通入集水池的吸水坑中，进行反冲洗。

水泵间起重设备采用单轨吊车，在集水间设固定吊钩。

设三台立式水泵的圆形合建式泵站示意图，如图 4.9 所示。机器间设有三台 PWL 型污水泵，每台水泵设有单独的吸、压水管，并且在吸、压水管上均设有阀门，水泵的压水干管设在泵房外。起重设备采用单梁手动吊车。

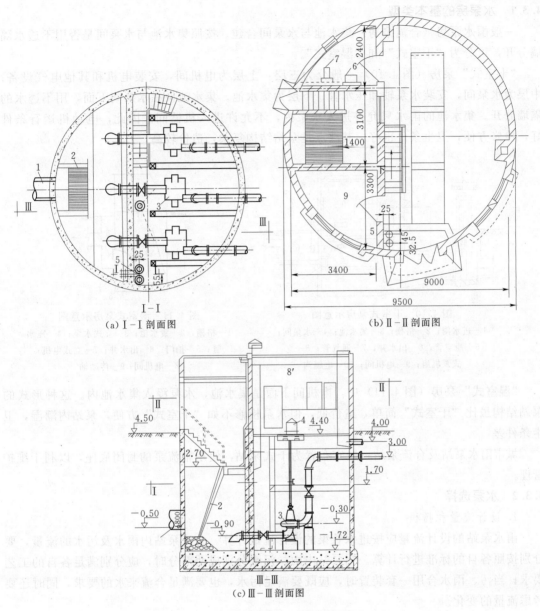

(a) I-I 剖面图

(b) II-II 剖面图

(c) III-III 剖面图

图 4.9 立式水泵的圆形污水泵站

1—来水干管；2—格栅；3—水泵；4—电动机；5—浮筒开关装置；

6—洗面盆；7—大便器；8—单梁手动吊车；9—休息室

4.3 雨水泵站及合流泵站

雨水泵站的基本特点是流量大，扬程小，因此，多采用轴流式水泵，有时采用混流泵。雨水泵站一般工艺流程为：进水管→进水闸井→沉砂池→格栅间→前池→集水池→水泵间→出水井→出水管→出水闸井→出水口。对于合流泵站，集水池一般污、雨水合用，水泵可以分设，也可以共用。

4.3.1　水泵房的基本类型

一般雨水泵房（合流泵房）集水池与水泵间合建。按照集水池与水泵间是否用不透水隔墙分开，可分为"干室式"和"湿室式"。

"干室式"泵房（图 4.10）一般分为三层：上层为电机间，安装电机和其他电气设备；中层为水泵间，安装水泵轴和压水管；下层为集水池。集水池设在水泵间下面，用不透水的隔墙分开。集水池的雨水只允许进入水泵内，不允许进入机器间。因此，电动机运行条件好，检修方便，卫生条件也好。其缺点是泵站结构复杂，造价较高。

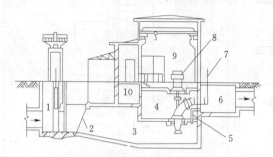

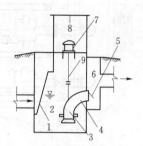

图 4.10　干室式泵房示意图

1—进水闸；2—格栅；3—集水池；4—水泵间；
5—泄空管；6—出水井；7—通气管；8—立
式泵机组；9—电机间；10—电缆沟

图 4.11　湿室式泵房示意图

1—格栅；2—集水池；3—立式水泵；4—压水
管；5—拍门；6—出水井；7—立式电机；
8—电机间；9—传动轴

"湿室式"泵房（图 4.11）中，电机间下面是集水池，水泵浸入集水池内。这种形式的泵站结构虽比"干室式"简单，造价低，但水泵检修不如"干室式"方便，泵站内潮湿，卫生条件差。

城市雨水泵站及合流泵站一般宜布置为干式泵站，使用轴流泵的封闭底座，以利于维护管理。

4.3.2　水泵选择

1. 设计流量和扬程

雨水泵站的设计流量应按进水管渠的设计流量计算。合流泵站内雨水及污水的流量，要分别按照各自的标准进行计算。当泵站内雨、污水分别成两部分时，应分别满足各自的工艺要求；当污、雨水合用一套装置时，应既要满足污水，也要满足合流来水的要求，同时还要考虑流量的变化。

泵站的扬程应满足从集水池平均水位到出水池最高水位所需扬程的要求。对于出水口水位变动较大的雨水泵站，要同时满足在最高扬程条件下出水量的需要。

2. 水泵的选择

水泵的型号不宜太多，最好选择同一型号水泵。如果必须大小搭配时，其型号也不宜超过两种。

大型雨水泵站可选用 ZLB、ZL、ZLQ 型水泵，合流泵站的污水部分除可选用污水泵外，也可选用小型立式轴流泵或丰产型混流泵。

雨水泵站的水泵台数不少于 2 台，最多不宜超过 8 台。如果考虑适应流量变化，采用一大一小两台水泵时，小泵的出水量不宜小于大泵出水量的 1/2。如果采用 3 台水泵（一大两小）时，小泵的出水量不应小于大泵出水量的 1/3。

雨水泵站可以不设置备用水泵，因为可以在旱季进行水泵的检修和更换。

合流泵站的污水泵要考虑设备用泵。

4.3.3 集水池

雨水泵站集水池一般不考虑调节作用。集水池容积一般按站内最大一台水泵 30s 的出水量确定。

合流泵站集水池容积的确定分两种情况，当雨水与污水分开时，应根据雨水、污水使用的水泵分别按雨水、污水泵站的集水池容积计算标准确定；当集水池为污、雨水共用时，要同时满足雨水、污水的容积要求。

集水池有效水深是指最高水位与最低水位之间的距离。集水池最高水位可以采用进水管渠的管顶高程，最低水位可采用相当于最小一台水泵流量的进水管水位高程，也可以采用略低于进水管底部的高程。

城市雨水泵站集水池的作用，常常包含了沉砂池、格栅井、前池和集水池（吸水井）的功能，因此还要考虑清池挖泥。如果格栅安装在集水池内，还应满足格栅安装要求、满足水泵吸水喇叭口安装要求，从而保证良好的吸水条件。

雨水集水池在旱季进行清池挖泥，除了用污泥泵排泥外，还要为人工挖泥提供方便。对敞开式集水池，要设置通到池底的出泥楼梯，对封闭集水池，要设排气孔及人行通道。

雨水泵站大多采用轴流泵和混流泵。轴流泵无吸水管段，只有一个流线型的喇叭口，集水池的水流状态对水泵叶轮进口的水流条件产生直接影响，从而影响水泵性能，如果布置不当，池内因流态紊乱，就会产生漩涡而卷入空气，空气进入水泵后，会使水泵的出水量不足、效率下降、电机过载等现象发生；也会产生气蚀现象，产生噪声和振动，使水泵运行不稳定，导致轴承磨损和叶轮腐蚀等。所以，要求集水池内的水流必须平稳、均匀地流向各水泵吸水喇叭口，避免因条件原因产生的漩流。集水池在设计时，应注意以下事项：

（1）集水池的水流要均匀地流向各台水泵。要求水流的流线不要突然扩大会突然改变方向，可在设计中控制水流的边界条件，如控制扩散角、设置导流墙等，见表 4.3 中 Ⅰ、Ⅲ、Ⅳ。

（2）水泵的布置、吸水口位置和集水池形状的设计，不致引起漩涡，见表 4.3 中 Ⅰ、Ⅲ、Ⅳ、Ⅴ。

（3）集水池中水流速度尽可能缓慢。过栅流速一般采用 0.8～1.0m/s；栅后至集水池的流速最好不超过 0.7m/s；水泵入口的行进流速不应超过 0.3m/s。

（4）在水泵与集水池壁之间，不应再有过多的空隙，以免产生漩涡，见表 4.3 中 Ⅱ。

（5）在一台水泵的上游应避免设置其他水泵，见表 4.3 中 Ⅳ。

（6）水泵喇叭口应在水下具有一定的淹没深度，以防止空气被吸入水泵。

（7）集水池进水管要做成淹没出流，使水流平稳入池，避免带入空气，见表 4.3 中 Ⅵ、Ⅸ。

（8）在封闭的集水池中应设透气管，用以排除积存的空气，见表 4.3 中 Ⅶ、Ⅸ。

（9）进水明渠应布置成不发生水跃的形式，见表 4.3 中 Ⅷ。

（10）为防止形成漩涡，必要时应设置适当的涡流防止壁与隔壁，见表 4.3 中 Ⅴ 及表 4.4。

表 4.3　　　　　　　　　　　　　　　集水池的好例与坏例

序号	坏例	注意事项	好例
I		(1) (1) (1)	
II		(4) (4), (10)	
III		(1), (2), (10)	
IV		(1), (5) (1), (2) (1), (2)	
V		(2), (10)	
VI		(7) (7)	

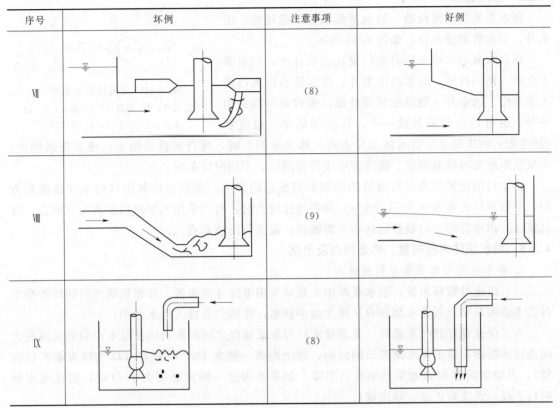

序号	坏例	注意事项	好例
Ⅶ		(8)	
Ⅷ		(9)	
Ⅸ		(8)	

表 4.4　　　　涡流防止壁的形式、特征和用途

序号	形式	特征	用途
1		当吸水管与侧壁之间的空隙大时，可防止吸水管下水流的旋流；并防止随旋流而产生的涡流。但是，如设计涡流防止壁中的侧壁距离过大时，会产生空气吸入涡	防止吸水管下水流的旋流与涡流
2	多孔板	防止因旋流淹没水深不足，所产生的吸水管下的空气吸入涡，但是不能防止旋流	防止吸水管下产生空气吸水涡
3	多孔板	预计到因各种条件在水面有涡流产生时，用多孔板防止涡流	防止水面空气吸入涡流

4.3.4　出流设施

雨水泵站的出流设施一般包括溢流井、超越管、出
水井、出水管和排水口，如图 4.12 所示。

各台水泵出水管末端的拍门设在出水井中，当水泵
工作时，拍门打开，雨水经出水井、出水管和排水口排
入水体中。出水井一般设在泵房外面，多台泵可以共用
一个，也可以每台泵各设一个，以共用居多。溢流管
（超越管）的作用是：当水体水位不高、排水量不大时，可自流排出雨水；或者突然停电、
水泵发生故障时排泄雨水。溢流井中应设置闸门，不用时应关闭。

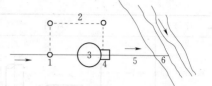

图 4.12　出流设施示意图

1—溢流井；2—超越管；3—泵站；4—出
水井；5—出水管；6—排水口

排水口的设置应考虑对河道的冲刷和对航运的影响，所以应控制出口的水流速度和方
向，一般出口流速为 0.6～1.0m/s，如果流速较大时，可以采用八字墙以扩大出口断面，降
低流速。出水管的方向最好向河道下游倾斜，避免与河道垂直。

4.3.5　雨水泵站内部布置、构造特点及示例

1. 雨水泵站内部布置与构造特点

（1）机组及管路布置。雨水泵站中水泵多采用单排并列布置。相邻机组之间的间距要求
可参考给水泵站。每台水泵各自从集水池中抽水，并独立地排入出水井中。

为了保证良好的吸水条件，要求吸水口与集水池底之间的距离应使吸水口和集水池底之
间的过水断面积等于吸水喇叭口的面积，这个距离一般为 $D/2$ 时最好（D 为吸水喇叭口直
径），当增加到 D 时，水泵效率反而下降。如果要求这一距离必须大于 D 时，需在吸水喇
叭口下设一涡流防止壁（导流锥）。

吸水喇叭口下边缘距池底的高度称为悬高。对于中小型立式轴流泵悬高可取（0.3～
0.5）D，但不宜小于 0.5m；对卧式水泵取（0.6～0.8）D，但最小不得小于 0.3m。

喇叭口要有足够的淹没深度，一般取 0.5～1.0m。当进水管立装时不小于 0.5m；进水
管平安装时，则管口上缘淹没深度不小于 0.4m。淹没深度还要用水泵气蚀余量或水泵样本
要求的淹没深度进行校核。

喇叭口侧边缘距池侧壁的净距称为边距。当池中只有一台水泵时，要求边距等于喇叭口直
径 D；当池中有多台水泵，且 $D<1.0$m 时，边距等于 D；当 $D>1.0$m 时，边距为（0.5～
1.0）D。各台水泵吸水喇叭口中心距离大于等于 2D。

由于轴流泵的扬程较低，所以压水管路要尽量短，以减少能量损失。轴流泵吸、压水管
上不得设闸门，只设拍门，拍门前要设通气管，以便排除空气及防止管内产生负压。

水泵泵体与出水管之间用活接头连接，以便在检修水泵时不必拆除出水管，并且可以调
整组装时的偏差。

水泵的传动轴要尽量缩短，最好不设中间轴承，以免出现泵轴不同心的现象。当立式泵
当传动轴超过 1.8m 长时，必须设置中间轴承及固定支架。

（2）雨水泵站中的辅助设施：

1）格栅。在集水池前应设置格栅。格栅可以单独设置在格栅井中，也可以设在集水
池进水口处。单独设置的格栅井通常建成露天式，四周设围栏，也可以在井上设置盖板。
雨水泵站及合流泵站最好采用机械清污装置。格栅的工作平台应高出集水池最高水位
0.5m 以上，平台的宽度应按清污方式确定（同污水泵站）。平台上应做渗水孔，并装自

来水龙头以便冲洗。格栅宽度不得小于进水管渠宽度的两倍。格栅栅条间隙可以采用 50～100mm。

2）起重设备。设立式轴流泵的雨水泵站，电机间一般设在水泵间的上层，应在电机间设起重设备。当泵房跨度不大时，可以采用单梁吊车；当泵房跨度较大或起重量较大时，应设桥式吊车。在电机间的地板上要设水泵吊装孔，且在孔上设盖板。电机间应有足够的净空高度，当电机功率小于 55kW 时，应不小于 3.5m，当电机功率大于 100kW 时，应不小于 5.0m。

3）集水池清池与排泥设施。为便于排泥，在集水池内设集泥坑，集水池以不小于 0.01 的坡度坡向集泥坑。并应设置污泥泵或污水泵进行清池排泥。

雨水泵房中的排水设施、采暖与通风设施、防潮等设施与污水泵站相同。

（3）雨水泵站建造特点。雨水泵站一般采用集水池、水泵间、电机间合建的方式。集水池和机器间的布置形状可以采用矩形、方形或圆形和下圆上方的结构形式。一般情况下，机器间宜布置成矩形，以便于水泵安装及维护管理。采用沉井法施工时，地下部分多采用圆形结构，泵房筒体及底板采用钢筋混凝土连续整体浇筑，如图 4.13～图 4.16 所示。

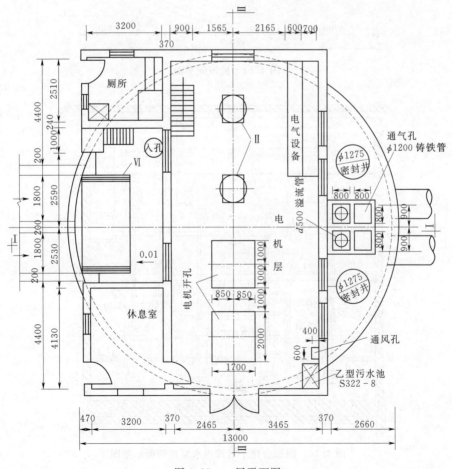

图 4.13 一层平面图

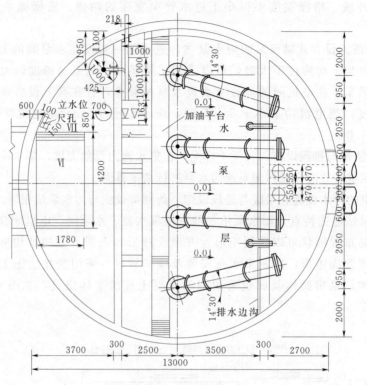

图 4.14　机械间平面

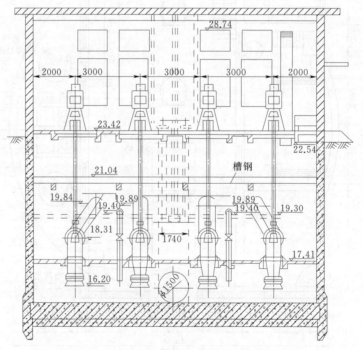

图 4.15　圆形合建干室式雨水泵站剖面示意图

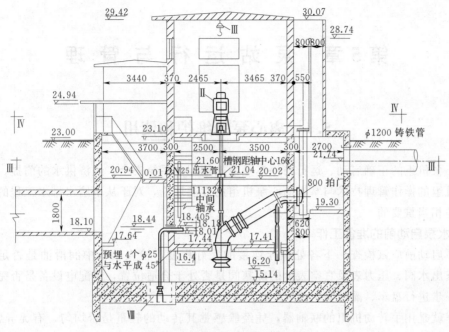

图 4.16　雨水泵站Ⅳ-Ⅳ剖面图

思 考 题

1. 污水泵站主要由哪几部分组成？各部分的作用是什么？
2. 如何确定污水泵站、雨水泵站、合流泵站中集水池的容积？
3. 污水泵站结构上有哪些特点？
4. 污水泵站内有哪些辅助设备？
5. 污水泵房内高程如何确定？
6. 污水泵房水泵吸、压水管路布置要求是什么？
7. 雨水泵站集水池形状尺寸设计及吸水口布置有哪些要求？
8. 雨水泵站组成部分有哪些？
9. 雨水泵站的结构特点有哪些？
10. 如何进行污、雨水泵站工艺设计？

第5章 泵站运行与管理

5.1 离心泵的维护和使用

离心泵机组的正确启动、运行与停车是泵站输配水系统安全、经济供水的前提。学会对离心泵机组的操作管理技术与掌握离心泵机组的性能理论，对于从事给水排水工程的技术人员而言是相当重要的。

5.1.1 水泵启动前的准备工作

水泵启动前应该检查一下各处螺栓连接的完好程度，检查轴承中润滑油是否足够、干净，检查出水阀、压力表及真空表上的旋塞阀是否处于合适位置，供配电设备是否完好。然后，进一步进行盘车、灌泵等工作。

盘车就是用手转动机组的联轴器，凭经验感觉其转动的轻重是否均匀，有无异常声响。目的是为了检查水泵及电动机内有无不正常的现象，例如，是否有转动零件松脱后卡住、杂物堵塞、泵内冻结、填料过紧或过松、轴承缺油及轴弯曲变形等问题。

灌泵就是水泵启动前，向水泵及吸水管中充水，以便启动后即能在水泵入口处造成抽吸液体所必需的真空值。从理论力学可知液体离心力为

$$J = \rho W \omega^2 r \tag{5.1}$$

式中 J——转动叶轮中单位体积液体之离心力，kg；

$\quad\quad W$——液体体积（当 J 为单位体积液体之离心力时，$W=1$），m^3；

$\quad\quad \omega$——角速度，$1/\mathrm{s}$；

$\quad\quad r$——叶轮半径，m；

$\quad\quad \rho$——液体密度，$\mathrm{kg/m}^3$。

从式（5.1）可知，同一台水泵，当转速一定时，液体的密度越大，由于惯性而表现出来的离心力也越大。空气的密度约为水的 $1/800$，灌泵后，叶轮旋转时在吸入口处能产生的真空值一般为 $0.8\mathrm{mH_2O}$ 左右；而如果不灌泵，叶轮在空气中转动，水泵吸入口处只能产生 $0.001\mathrm{mH_2O}$ 的真空值，这样低的真空值，当然是不足以把水抽上来。

对于新安装的水泵或检修后首次启动的水泵有必要进行转向检查。检查时，可将两个靠背轮脱开，开动电动机，检查其转向是否与水泵厂规定的转向一致，如果不一致，可以改接电源的相线，即将 3 根进线中的任意两根对换，然后接上再试。

准备工作就绪后，即可启动水泵。启动时，工作人员与机组不要靠得太近，待水泵转速稳定后，即应打开真空表与压力表上的阀，此时，压力表上读数应上升至零流量时的空转扬程，表示水泵已经上压，可逐渐打开压力闸阀，此时，真空表读数逐渐增加，压力表读数应逐渐下降，配电屏上电流表读数应逐渐增大。启动工作待闸阀全开时，即告完成。

水泵在闭闸情况下，运行时间一般不应超过 $2\sim3\mathrm{min}$，如果时间太长，则泵内液体发热，可能会造成事故，应及时停车。

5.1.2 运行中应注意问题

（1）检查各个仪表工作是否正常、稳定。电流表上的读数是否超过电动机的额定电流，电流过大或过小，都应及时停车检查。电流过大，一般是由叶轮被杂物卡住、轴承损坏、密封环互磨、泵轴向力平衡失效、电网中电压低等原因引起的。电流过小的原因有：吸水底阀或出水闸阀打不开或开不足、水泵气蚀等。

（2）检查流量计上指示数是否正常，也可根据出水管水流情况来估计流量。

（3）检查填料盒处是否发热，滴水是否正常。滴水应呈滴状连续渗出，才算符合正常要求。滴水情况一般是反映填料的压紧适当程度，运行中可调节压盖螺栓来控制滴水量。

（4）检查泵与电动机的轴承和机壳温升情况。轴承温升，一般不得超过周围温度，一般为35℃，最高不超过75℃。在无温度计时，也可凭经验判断，用手摸时如感到烫手，应停车检查。

（5）注意油环，要让它自由地随同泵轴做不同步的转动。随时听机组声响是否正常。

（6）定期记录水泵的流量、扬程、电流、电压以及功率等有关技术数据，严格执行岗位责任制和安全技术操作规程。

5.1.3 水泵的停车

停车前先关闭出水闸阀，实行闭闸停车。然后，关闭真空表及压力表上阀，把泵和电动机表面的水和油擦净。在无采暖设备的房屋中，冬季停车后，要考虑水泵不致冻裂。

5.1.4 水泵的故障和排除

离心泵常见的故障及其排除见表5.1。

表5.1 离心泵常见故障及排除

故障	产生原因	排除方法
启动后水泵不出水或出水不足	泵壳内有空气，灌泵工作没做好	继续灌水或抽气
	吸水管路及填料有漏气	堵塞漏气，适当压紧填料
	水泵转向不对	对换一对接线，改变转向
	水泵转速太低	检查电路，电压是否太低
	叶轮进水口及流道堵塞	揭开泵盖，清除杂物
	底阀堵塞或漏水	清除杂物或修理
	吸水井水位下降，水泵安装高度太大	核算吸水高度，必要时降低安装高度
	减漏环及叶轮磨损	更换磨损零件
	水面产生漩涡，空气带入泵内	加大吸水口淹没深度或采取防止措施
	水封管堵塞	拆下清通
水泵开启不动或启动后轴功率过大	填料压得太死，泵轴弯曲，轴承磨损	松一点压盖，矫直泵轴，更换轴承
	多级泵中平衡孔堵塞或回水管堵塞	清除杂物，疏通回水管路
	靠背轮间隙太小，运行中二轴相顶	调整靠背轮间隙
	电压太低	检查电路，向电力部门反映情况
	实际液体的密度远大于设计液体的密度	更换电动机，提高功率
	流量太大，超过使用范围很多	关小出水闸阀

故障	产生原因	排除方法
水泵机组振动和噪声	地脚螺栓松动或没有填实	拧紧并填实地脚螺栓
	安装不良，联轴器不同心或泵轴弯曲	找正联轴器不同心度，矫直或换油
	水泵产生气蚀	降低吸水高度，减少水头损失
	轴承损坏或磨损	更换轴承
	基础松软	加固基础
	泵内有严重摩擦	检查咬住部位
	出水管存留空气	在存留空气处，安装排气阀
轴承发热	轴承损坏	更换轴承
	轴承缺油或油太多（使用黄油时）	按规定油面加油，去掉多余黄油
	油质不良，不干净	更换合格润滑油
	轴弯曲或联轴器没找正	矫直或更换泵油，找正联轴器
	滑动轴承的甩油环不起作用	放正油环位置或更换油环
	叶轮平衡堵塞，使泵轴向力不能平衡	清除平衡孔上堵塞的杂物
	多级泵平衡轴向力装置失去作用	检查回水管是否堵塞，联轴器是否相碰，平衡盘是否损坏
电动机过载	转速高于额定转速	检查电路及电动机
	水泵流量过大，扬程低	关小闸阀
	电动机或水泵发生机械损坏	检查电动机及水泵
填料处发热、漏渗水过少或没有	填料压得太紧	调整松紧度，使滴水呈滴状连续渗出
	填料环装的位置不对	调整填料环位置，使它正好对准水封管管口
	水封管堵塞	疏通水封管
	填料盒与轴不同心	检修，改正不同心地方

5.2 机 组 的 运 行

机组试运行以后，并经工程验收委员会验收合格，交付管理单位。管理单位接管后，应组织管理人员熟悉安装单位移交的文件、图纸、安装记录、技术资料，学习操作规程，然后进行分工，按专业对设备进行全面检查，电气做模拟试验。

在泵站的水工建筑物和主要机电设备安装、试验、验收完成之后，正式投入运行之前，都必须按照《泵站安装及验收规范》（SL 317—2004）的要求进行机组的试运行。一切正常后方可投入运行、管理、维护工作。

5.2.1 试运行的目的和内容

1. 试运行的目的

（1）参照设计、施工、安装及验收等有关规程、规范及其技术文件的规定，结合泵站的具体情况，对整个泵站的土建工程机、电设备及金属结构的安装进行全面系统的质量检查和鉴定，以作为评定工程质量的依据。

（2）通过试运安装工程质量符合规程、规范要求，便可进行全面交接验收工作，施工、安装单位将泵站移交给生产管理单位正式投入运行。

2. 运行条件

水泵的运行，应满足以下条件：

（1）对新安装或长期停用的水泵，在投入供排水作业前，一般应进行试运行，以便全面检查泵站土建工程和机电设备，并及早发现遗漏的工作或工程和机电设备存在的缺陷，以便及早处理，避免发生事故，保证建筑物和机电设备及结构能够安全可靠地投入运行。

（2）通过试运行以考核主辅机械协联动作的正确性，掌握机电设备的技术性能，制定一些运行中必要的技术数据，得到一些设备的特性曲线，为泵站正式投入运行作技术准备。

（3）在一些大中型泵站或有条件的泵站试运行，还可结合试运行进行一些现场测试、以便对运行进行经济分析，满足机组运行安全、低耗、高效的要求。

（4）通过试运行，确认泵站土建和金属结构的制造、安装或检修质量。

（5）运行中不能有损坏或堵塞叶片的杂物进入水泵内，不允许出现严重的气蚀和振动。

（6）轴承、轴封的温度正常，润滑用的油质、油位、油温、水质、水压、水温符合要求。水泵填料的压紧程度，以有水 $30\sim60$ 滴/min 滴出为宜。

（7）进出水管道要求严格的密封，不允许有进气和漏水现象。

（8）泵房内外各种监测仪表和阀件处于正常状态。为了保证安全生产，仪表都应定期检验或标定。

（9）水泵运行时，其断流设施的技术状态良好。当发生事故停泵时，其飞逸转速不应超过额定转速的 1.2 倍，其持续时间不得超过 2min。

（10）多泥沙水源的泵站，在提水作业期间的含沙率一般应小于 7%，否则不仅加速水泵和管道的磨损，且影响泵站效率和提水流量，还可能引起水泵过流部件的气蚀和磨蚀。

3. 试运行的内容

机组试运行工作范围很广，包括检验、试验和监视运行，它们相互联系密切。由于水泵机组为首次启动，而又以试验为主，对运行性能均不了解，所以必须通过一系列的试验才能掌握，主要包括以下几个方面：

（1）机组充水试验。

（2）机组空载试运行。

（3）机组负载试运行。

（4）机组自动开停机试验。

试运行过程中、必须按规定进行全面详细的记录，要整理成技术资料，在试运行结束后，交鉴定、验收、交接的相关组织，进行正确评估并建立档案保存。

5.2.2 试运行的程序

为保证机组试运行的安全、可靠，并得到完善可靠的技术资料，启动调整必须逐步深入，稳步进行。

1. 试运行前的准备工作

试运行前要成立试运行小组，拟定试运行程序及注意事项，组织运行操作人员和值班人员学习操作规程、安全知识，然后由试运行人员进行全面认真的检查。

试运行现场必须进行彻底清扫，使运行现场有条不紊，并适当悬挂一些标牌、图表，为机组试运行提供良好的环境和气氛。

（1）流道部分的检查：

1）封闭进人孔和密封门。

2）在静水压力下，检查调整检修闸门的启闭；对快速闸门、工作闸门、阀门的手动、自动作启闭试验，检查其密封性和可靠性。

3）大型轴流泵应着重流道的密封性检查，其次是流道表面的光滑性。清除流道内模板和钢筋头，必要时可作表面铲刮处理，以求平滑。流道充水，检查进人孔、阀门、混凝土结合面和转轮外壳有无渗漏。

4）离心泵抽真空检查真空破坏阀、水封等处的密封性。

（2）水泵部分的检查：

1）检查转轮间隙，并做好记录。转轮间隙力求相等，否则易造成机组径向振动和气蚀。

2）叶片轴处渗漏检查。

3）全调节水泵要做叶片角度调节试验。

4）技术供水充水试验，检查水封渗漏是否符合规定或橡胶轴承通水冷却或润滑情况。

5）检查轴承转动油盆油位及轴承的密封性。

（3）电动机部分的检合：

1）检查电动机空气间隙，用白布条或薄竹片拉扫，防止杂物掉入气隙内，造成卡阻或电动机短路。

2）检查电动机线槽有无杂物，特别是金属导电物，防止电动机短路。

3）检查转动部分螺母是否紧固，以防运行时受振松动，造成事故。

4）检查制动系统手动、自动的灵活性及可靠性；复归是否符合要求；视不同机组而定顶起转子 0.003～0.005m，机组转动部分与固定部分不相接触。

5）检查转子上、下风扇角度，以保证电动机本身提供最大冷却风量。

6）检查推力轴承及导轴承润滑油位是否符合规定。

7）通冷却水，检查冷却器的密封件和示流信号器动作的可靠性。

8）检查轴承和电动机定子温度是否均为室温，否则应予以调整；同时检查温度信号计整定位是否符合设计要求。

9）检查核对电气接线，吹扫灰尘，对一次和二次回路作模拟操作，并整定好各项参数。

10）检查电动机的相序。

11）检查电动机一次设备的绝缘电阻，做好记录，并记下测量时的环境温度。

12）同步电机检查碳刷与刷环接触的紧密性、刷环的清洁程度及碳刷在刷盒内动作的灵活性。

（4）辅助设备的检查与单机试运行：

1）检查油压槽、回油箱及贮油槽的油位，同时试验液位计动作的正确性。

2）检查和调整油、气、水系统的信号元件及执行元件动作的可靠性。

3）检查所有压力表计、真空表计、液位计、温度计等反应的正确性。

4）逐一对辅助设备进行单机运行操作，再进行联合运行操作，检查全系统的协联关系和各自的运行特点。

2．机组空载试运行

（1）机组的第一次启动。经上述准备和检查合格后，即可进行第一次启动。第一次启动应用手动方式进行。一般都是空载启动，这样既符合试运行程序，也符合安全要求。空载启动是检查转动部件与固定部件是否有碰磨，轴承温度是否稳定，摆度、振动是否合格，各种表计是否正常，油、气、水管路及接头、阀门等处是否渗漏，测定电动机启动特性等有关参数，对运行中发现的问题要及时处理。

（2）机组停机试验。机组运行 4～6h 后，上述各项测试工作均已完成，即可停机。机组停机仍采用手动方式，停机时主要记录从停机开始到机组完全停止转动的时间。

（3）机组自动开、停机试验。开机前将机组的自动控制、保护、励磁回路等调试合格，并模拟操作准确，即可在操作盘上发出开机脉冲，机组即自动启动。停机也以自动方式进行。

3. 机组负荷试运行

机组负载试运行的前提条件是空载试运行合格，油、气、水系统工作正常，叶片角度调节灵活（指全调节水泵），各处温升符合规定。振动、摆度在允许范围内，无异常响声和碰擦声，经试运行小组同意，即可进行带负荷运行。

（1）负荷试运行前的检查：

1）检查上、下游渠道内及拦污栅前后有无漂浮，并应妥善处理。

2）打开平衡闸，平衡闸门前后的静水压力。

3）吊起进出水侧工作闸门。

4）关闭检修闸阀。

5）油、气、水系统投入运行。

6）操作试验真空破坏阀，要求动作准确，密封严密。

7）将叶片调至开机角度。

8）人员就位，抄表。

（2）负载启动。上述工作结束即可负载启动。负载启动用手动或自动均可，由试运行小组视具体情况而定。负载启动时的检查、监视工作，仍按空载启动各项内容进行。如无抽水必要，运行 6～8h 后，若一切运行正常，可按正常情况停机，停机前抄表一次。

4. 机组连续试运行

在条件许可的情况下，经试运行小组同意，可进行机组连续试运行。其要求是：

（1）单台机组运行一般应在 7d 时累计运行 72h 或连续运行 24h（均含全站机组联合运行小时数）。

（2）连续试运行期间，开机、停机不少于 3 次。

（3）全站机组联合运行的时间不少于 6h。

机组试运行以后，并经工程验收委员会验收合格，交付管理单位。管理单位接管后，应组织管理人员熟悉安装单位移交的文件、图纸、安装记录、技术资料，学习操作规程，然后进行分工，按专业对设备进行全面检查，电气做模拟试验。一切正常即可投入运行、管理、维护工作。

5.2.3 运行方式

水泵机组的运行方式是决定水系统管理方式的重要因素。而水系统的总体管理方式反过来又对水泵的运行方式给予一定的制约。在任何情况下，决定运行操作方式以及操作方法，都必须根据水泵机组的规模、使用目的、使用条件及使用的频繁程度等确定，并使水泵机组安全可靠而又经济地运行。

一般条件下，水泵运行过程中从开始启动到停机操作完毕，主水泵及辅助设备的操作都是这样进行的，但也有采取各机组单台联动操作或多台联动操作的，必要时由计量测试装置发出相应的指令进行自动开停机操作。究竟采用何种操作方式，必须从水系总体的管理方式出发，视其重要性、设施的规模、作用、管理体制等确定。运行方式有一般手动操作（单独、联动操作）和自动操作两大类。

1. 开机

对于离心泵为关阀启动。启动前，水泵和吸入管路必须充满水并排尽空气。当机组达到额定转速，压力超过额定压力后，打开闸阀，使机组投入正常运行。

对于轴流泵为开阀启动。启动前，应向填料面上的接管引注清水，润滑橡胶轴承。待动力机转速达到额定值后，停止充水，完成启动任务。

2. 运行

对于季节性运行的排灌泵站，投入运行时，应做好以下工作：

（1）在机组投入正常的排灌作业前，要进行试运行，并应检查前池的淤积、管路支承、管体的完整以及各仪表和安全保护设施等情况。

（2）开启进水闸门，使前池水位达设计水位，开启吸水管路上的闸阀（负值吸水时），或抽真空进行充水；启动补偿器或其他启动设备启动机组，当机组达到额定转速，压力超过额定压力后（指离心泵机组），逐渐开启出水管路上的闸阀，使机组投入正常运行。

（3）观察机组运行时的响声是否正常。如发现过大的振动或机械撞击声，应立即停机进行检修。

（4）经常观察前池的水位情况，清理拦污栅上堵塞的枯枝、杂草、冰屑等，并观测水流的含沙量与水泵性能参数的关系。

（5）检查水泵轴封装置的水封情况。正常运行的水泵，从轴封装置中渗漏的水量以每分钟 30～60 滴为宜。滴水过多说明填料压地过松，起不到水封的作用，空气可能由此进入叶轮（指双吸式离心泵）破坏真空，并影响水泵的流量或效率。相反，滴水过少或不滴水，说明填料压地太紧，润滑冷却条件差，填料易磨损发热变质而损坏，同时泵轴被咬紧，增大水泵的机械损失、使机组运行时的功率增加。

（6）检查轴承的温度情况。经常触摸轴承外壳是否烫手，如手不能触摸，说明轴承温度过高。这样将可能使润滑油质分解，摩擦面油膜被破坏，润滑失效，并使轴承温度更加升高，引起烧瓦或滚珠破裂，造成轴被咬死的事故。轴承的温升、一般不得超过周围环境温度 35℃，轴承的温度最高不得超过 75℃。运行中应对冷却水系统的水量、水压、水质经常观察。对润滑油的油量、油质、油管是否堵塞以及油环是否转动灵活，也应经常观察。

（7）注意真空表和压力表的读数是否正常。正常情况下，开机后真空表和压力表的指针偏转一定数值后就不再移动，说明水泵运行已经稳定。如真空表读数下降，一定是吸水管路或泵盖结合面漏气。如指针摆动，很可能是前池水位过低或者吸水管进口堵塞。压力表指针如摆动很大或显著下降，很可能是转速降低或泵内吸入空气。

（8）机组运行时还应注意各辅助设备的运行情况，遇到问题应及时处理。

3. 运行中的维护及故障处理

机组运行中可能会发生故障，但是一种故障的发生和发展往往是多种因素综合作用的结果。因此，在分析和判断一种故障时，不能孤立地、静止地就事论事，而要全面地、综合地分析，找出发生故障的原因，及时而准确地排除故障。水泵运行中，值班人员应定时巡回检查，通过监测设备和仪表，测量水泵的流量、扬程、压力、真空度、温度等技术参数，认真填写运行记录，并定期进行分析，为泵站管理和技术经济指标的考核，提供科学依据。

水泵运行发生故障时，应查明原因及时排除。泵故障及其故障原因繁多，处理方法各不相同。

4 停机

停机前先关闭出水闸门，然后关闭进水管路上的闸阀（对离心泵而言）。对卧式轴流泵停机前应将通气管闸阀打开，再切断电源，并关掉压力表和真空表以及水封管路上的小闸阀，使机组停止运行。轴流泵关闭压力表后，即可停机。

思 考 题

1. 离心泵常见的故障有哪些？如何排除？
2. 水泵机组试运行的程序是怎样的？
3. 水泵机组试运行的目的和内容有哪些？

第6章 泵站工艺设计实例

6.1 送水泵站工艺设计实例

6.1.1 已知资料（设计依据）

某城市送水泵站：日最大设计水量 $Q_d = 1.0 \times 10^5 \text{m}^3/\text{d}$，泵站分二级工作；泵站第一级工作从 3 时至 23 时，每小时水量占全天用水量的 5.22%。泵站第二级工作从 23 时至次日 3 时，每小时水量占全天用水量的 3.00%。

该城市最不利点建筑层数 6 层，自由水压 $H_0 = 28\text{m}$，输水管和给水管网总水头损失 $\sum h = 10.41\text{m}$，泵站地面标高为 133.50m，泵站地面至设计最不利点地面高差 $Z_1 = 19.50\text{m}$，吸水井最低水位在地面以下 $Z_2 = 4.00\text{m}$，清水池最高水位与泵站地面标高相等，清水池有效水深为 3.80m。

消防水量 $Q_X = 144\text{m}^3/\text{h}$，消防时，输水管和给水管网总水头损失 $\sum h_X = 20.5\text{m}$。

6.1.2 水泵机组的选择

1. 泵站设计参数的确定

泵站一级工作时的设计工作流量：

$$Q_I = 100000.0 \times 5.22\% = 5220 \ (\text{m}^3/\text{h}) \ (1450.0 \text{L/s})$$

泵站二级工作时的设计工作流量：

$$Q_{II} = 100000.0 \times 3.00\% = 3000 \ (\text{m}^3/\text{h}) \ (833.3 \text{L/s})$$

水泵站的设计扬程与用户的位置与高度、管路布置及给水系统的工作方式等有关系。泵站一级工作时的设计扬程：

$$\begin{aligned} H_I &= Z_c + H_0 + \sum h + \sum h_{泵站内} + H_{安全} \\ &= 19.50 + 4.00 + 28.00 + 10.41 + 1.50 + 2.00 = 65.41 \ (\text{m}) \end{aligned}$$

式中　H_I——水泵的设计扬程；

　　　Z_c——地形高差；且 $Z_c = Z_1 + Z_2$；

　　　H_0——自由水压；

　　　$\sum h$——总水头损失；

　　$\sum h_{泵站内}$——泵站内水头损失（初估 1.5m）；

　　$H_{安全}$——为保证水泵长期良好稳定工作而取的安全水头，m（一般采用 1~2m）。

2. 选择水泵

可用管路特性曲线和型谱图进行选泵。管路特性曲线和水泵特性曲线交点为水泵工况点。求管路特性曲线就是求管路特性曲线方程中的参数 H_{ST} 和 S。因为：

$$H_{ST} = 4.00 + 19.50 + 28.0 + 0.50 = 52.0 \ (\text{m})$$

所以　　　　　　$S = (\sum h + \sum h_{泵站内})/Q^2 = (19.50 + 2.00)/5220^2 = 8 \times 10^{-7}$

因此　　　　　　　　　　　$H = 52.00 + 8 \times 10^{-7} Q^2$

根据上述公式列表 6.1，并根据表 6.1 在 Q-H 坐标系中做出管路特性曲线（Q-H^{GL}），见图 6.1，参照管路特性曲线和水泵型谱图，或者根据水泵样本选定水泵。

表 6.1   管路特性曲线（Q-H）关系表

Q/(m³/h)	0.0	1000.0	2000.0	3000.0	4000.0	5000.0	5800.0
$\sum h$/m	0.00	0.70	2.80	6.30	11.20	17.50	23.55
H/m	52.00	52.70	54.80	58.30	63.20	69.50	75.55

经反复比较推敲选定两个方案：

方案一：4 台 S250-470（Ⅰ）型工作水泵，其工况点如图 6.1 所示。

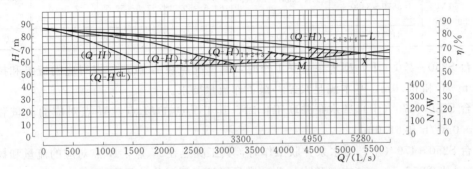

图 6.1 方案一的水泵特性曲线、管路特性曲线和水泵工况点
4 台 S250-470（Ⅰ）型水泵

方案二：2 台 S300-550A＋一台 300-550 型工作，其工况点如图 6.2 所示。

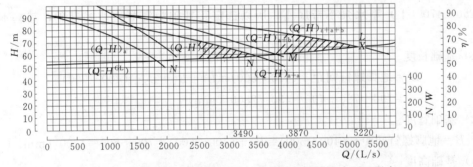

图 6.2 方案二的水泵特性曲线、管路特性曲线和水泵工况点
2 台 S300-550A 型水泵，1 台 S300-550 型水泵，下标 a 代表
S300-550A 型水泵，下标 b 代表 S300-550 型水泵。

选泵时，首先要确定水泵类型如 S 型、Sh 型、IS 型、JQ 型、ZL 型等，再确定的类型水泵中选定水泵型号如 S250-470（Ⅰ）型水泵。

对上述两个方案进行比较，主要在水泵台数、效率及其扬程浪费几个方面进行比较，比较结果见表 6.2（表中最小工作流量以 2500m³/h 计）。从表 6.2 中可以看出在扬程利用和水泵效率方面方案一均好于方案二，只是水泵台数比方案二多一台，增加了基建投资，但是，设计计算证明由于方案一能耗小于方案二，运行费用的节省在几年内就可以抵消增加的基建投资。所以，选定工作泵为 4 台 S250-470（Ⅰ）型工作水泵。其性能参数为：Q＝420～1068m³/h；H＝82.8～50.0m；η＝87%；n＝1480r/min；电机功率 N＝280kW；H_{sv}＝3.5m；质量 W＝830kg。

表 6.2　　　　　　　　　　　　　　方 案 比 较 表

方案编号	水量变化范围 / (m³/h)	运行水泵型号及台数	水泵扬程/m	管路所需扬程/m	扬程浪费/m	水泵效率/%
方案一 4 台 S250-470（Ⅰ）	5280～4950	4 台 S250-470（Ⅰ）	69.0～65.0	61.0～65.0	8.0～0	84.0～83.5
	4950～3300	3 台 S250-470（Ⅰ）	70.5～61.0	57.5～61.0	3.0～0	83.5～84.0
	3300～2500	2 台 S250-470（Ⅰ）	65.5～57.5	56.0～57.5	9.5～0	84.0～83.5
方案二 2 台 S300-550A, 1 台 S300-550	5220～3870	2 台 S300-550A, 1 台 S300-550	77.0～64.0	59.5～64.0	17.5～0	83.0～74.0 80.0～82.0
	3870～3490	1 台 S300-550A, 1 台 S300-550	64.5～59.5	57.5～59.5	7.0～0	73.5～83.0 81.5～80.0
	3490～2500	2 台 S300-550A	71.5～57.5	56.0～57.5	15.5～0	83.0～81.0

4 台 S250-470（Ⅰ）型水泵并联工作时，其工况点在 L 点，L 点对应的流量和扬程为 5280.0m³/h 和 65.0m，基本满足泵站一级工作流量要求。

3 台 S250-470（Ⅰ）型水泵并联工作时，其工况点在 M 点，M 点对应的流量和扬程为 4950.0m³/h 和 61.0m。

2 台 S250-470（Ⅰ）型水泵并联工作时，其工况点在 N 点，N 点对应的流量和扬程为 3300.0m³/h 和 57.5m，基本（稍大一些）满足泵站二级工作流量要求。

再选一台同型号 S250-470（Ⅰ）型水泵备用，泵站共设 5 台 S250-470（Ⅰ）型水泵，即 4 用 1 备。

6.1.3　水泵机组基础设计

S250-470（Ⅰ）型水泵不带底座，所以选定其基础为混凝土块式基础，其基本计算如下。

（1）基础长度。

$$L = 地脚螺钉间距 + (400～500) = L_0 + L_1 + L_2 + (400～500)$$
$$= 790 + 790 + 790 + 430 = 2800 （mm）$$

（2）基础宽度。

$$B = 地脚螺钉间距 + (400～500) = B_0 + (400～500) = 700 + 500 = 1200 （mm）$$

（3）基础高度。

$$H = [(2.5-4.0) \times (W_{水泵} + W_{电机})]/(L \times B \times \rho) （m）$$

式中　$W_{水泵}$——水泵质量，kg；

　　　$W_{电机}$——电机质量，kg；

　　　L——基础长度，m；

　　　B——基础宽度，m；

　　　ρ——基础密度，kg/m³（混凝土密度 $\rho = 2400$kg/m³）。

那么水泵基础高度为：

$$H = [3.0 + (830 + 2160)]/(1.200 \times 2.800 \times 2400) = 1.10（m）$$

因为设计取 1.20m，那么，混凝土块式基础的尺寸为 $L \times B \times H = 2.8 \times 1.2 \times 1.2$（m）。

6.1.4　吸水管路和压力管路设计计算

由图 6.1 知 1 台 S250-470（Ⅰ）型水泵的最大工作流量为 1650m³/h（458.3L/s），为

水泵吸水管和压水管所通过的最大流量，初步选定吸水管管径 $DN＝600$mm，压水管管径 $DN＝500$mm。

当吸水管 $DN＝600$mm 时，流速 $v＝1.62$m/s（一般在 1.2～1.6m/s 范围内）。

压水管 $DN＝500$mm 时，流速 $v＝2.34$m/s（一般在 2.0～2.5m/s 范围内）。

6.1.5 吸水井设计计算

吸水井尺寸应满足安装水泵吸水管进口喇叭口的要求。

吸水井最低水位＝泵站所在位置地面标高－清水池有效水深－清水池至吸水井管路水头损失＝133.50－3.80－0.20＝129.50（m）

吸水井最高水位＝清水池最高水位＝泵站所在位置地面标高＝133.50（m）

水泵吸水管进口喇叭口大头直径 $DN≥(1.3～1.5)d＝1.33×600＝800$（mm）

水泵吸水管进口喇叭口长度 $L≥(3.0～7.0)×(D-d)＝4.0×(800-600)＝800$（mm）

喇叭口距吸水井井壁距离 $≥(0.75～1.0)D＝1.0×800＝800$（mm）

喇叭口之间距离 $≥(0.5～2.0)D＝2.0×800＝1600$（mm）

喇叭口距吸水井井底距离 $≥0.8D＝1.0×800＝800$（mm）

喇叭口淹没水深 $≥(0.5～1.0)D＝1.2$（mm）

所以，吸水井长度＝1200（mm）（注：最后还要参考水泵机组之间的距离调整确定），吸水井宽度＝2400（mm），吸水井高度＝6300（mm）（包括超高 300）。

6.1.6 各工艺标高的设计计算

泵轴安装高度：

$$H_{ss}＝H_s-\frac{v^2}{2g}-\sum h_s$$

式中　H_{ss}——泵轴的安装高度，m；

　　　H_s——水泵吸上高度，m；

　　　g——重力加速，m/s²；

　　　$\sum h_s$——水泵吸水管路水头损失，m。

查得水泵吸水管路阻力系数 $\xi'＝0.10$（喇叭口局部阻力系数），$\xi_2＝0.60$（90 弯头局部阻力系数），$\xi_3＝0.01$（阀门局部阻力系数），$\xi_4＝0.18$（偏心减缩管局部阻力系数）。

$$H_{ss}＝3.30-1.62^2/(2×9.81)-1.00＝2.17(m)$$

泵轴标高＝吸水井最低水位＋H_{ss}＝129.50＋2.17＝131.67(m)

基础顶面标高＝泵轴标高－泵轴至基础顶面高度 H_1＝131.67－0.80＝130.87(m)

泵房地面标高＝基础顶面标高－0.20＝130.87－0.20＝130.67(m)

6.1.7 复核水泵机组

根据已经确定的机组布置和管路情况重新计算泵房内的管路水头损失，复核所需扬程，然后校核水泵机组。

泵房内管路水头损失：

$$\sum h_{泵站内}＝\sum h_s+\sum h_d＝1.00＋0.44＝1.44（m）$$

所以，水泵扬程：

$$H_1＝Z_c+Z_d+H_0+\sum h+\sum h_{泵站内}（m）$$

与估计扬程基本相同，选定的水泵合适。

6.1.8 消防校核

用于消防时，二级泵站的供水量

$$Q_火 = Q_d + Q_x = 5220 + 144 = 5364 \ (\mathrm{m^3/h}) \ (1490\mathrm{L/s})$$

二级泵站扬程为

$$H_火 = Z_c + H_{0火} + \sum h + \sum h_{泵站内} = 23.50 + 10.0 + 20.5 + 1.44 = 55.44 \ (\mathrm{m})$$

式中　Z_c——地形高差；

　　$H_{0火}$——自由水压，$H_{0火} = 10.0\mathrm{m}$（室外消火栓出口压力不小于 0.1MPa，从室外地面算起）；

　　$\sum h$——总水头损失；

　$\sum h_{泵站内}$——泵站内水头损失。

根据 $Q_火$ 和 $H_火$，在图 6.1 上绘制泵站在消防时需要的水泵工况点，并见该图中的 X 点，X 点在 4 台水泵并联特性曲线的下方，所以，2 台水泵并联工作就能满足消防时的水量和水压要求，说明所选水泵机组能够适应城市消防灭火的要求。

6.1.9 泵房形式的选择及机械间布置

根据清水池最低水位标高（137.30m）和水泵 H_s（3.3m）的条件，确定泵房为矩形半地下式，如图 6.3 所示。

水泵机组采用单排顺列式布置。

每台水泵都单独设有吸水管，并设有手动常开检修阀门，型号为 D371J‑10，$DN = 600\mathrm{mm}$，$L = 154\mathrm{mm}$，$W = 380\mathrm{kg}$。

压水管设有液压缓闭止回蝶阀，型号为 HD74X‑10 液控止回阀，$DN = 500\mathrm{mm}$，$L = 350\mathrm{mm}$，$W = 1358\mathrm{kg}$；电动控制阀，型号为 D941X‑10 电动蝶阀，$DN = 500\mathrm{mm}$，$L = 350\mathrm{mm}$，$W = 600\mathrm{kg}$。

当设有联络管（$DN = 600\mathrm{mm}$）联络后，联络管上设有手动常开检修阀门，型号为 D371J‑10，$DN = 600\mathrm{mm}$，$L = 154\mathrm{mm}$，$W = 380\mathrm{kg}$。

泵房内管路采用直进直出布置，直接敷设在室内地板上。

选用各种弯头，三通和变径管等配件，计算确定机械间长度（m）和宽度（m）。

6.1.10 泵站的辅助设施计算

1. 引水设备

启动引水设备选用水环式真空泵，真空泵的最大排气量为：

$$Q_v = k \times [(W_p + W_s) \times H_a] / [T \times (H_a - H_{ss})]$$
$$= 1.10 \times [(0.25 + 8.33) \times 10.33] / [300 \times (10.33 - 2.40)] = 0.04 (\mathrm{m^3/s})$$

式中　Q_v——真空泵的最大排气量，$\mathrm{m^3/h}$；

　　k——漏气系数，1.05～1.10；

　　W_p——最大一台水泵泵壳内空气容积，$\mathrm{m^3}$；

　　W_s——吸水管中空气容积，$\mathrm{m^3}$；

　　H_a——$10^5\mathrm{Pa}$ 下的水柱高度，一般采用 10.33m；

　　T——水泵引水时间，s，一般采用 5min，消防水泵取 3min；

　　H_{ss}——离心泵的安装高度，m。

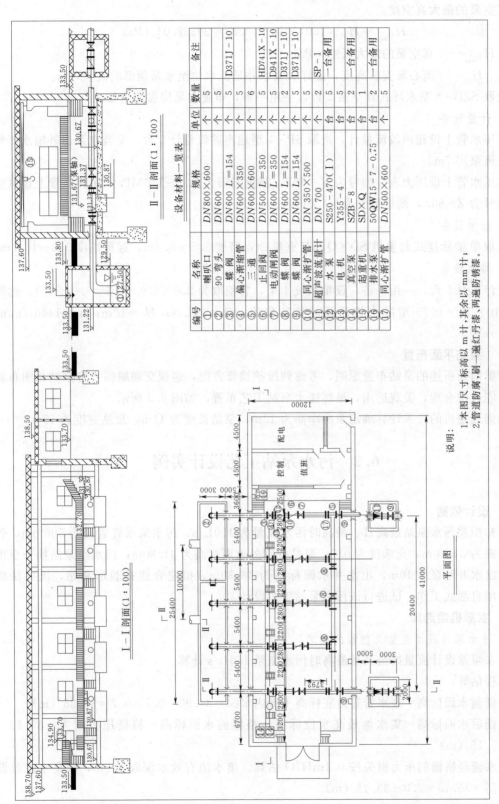

编号	名称	规格	单位	数量	备注
①	喇叭口	DN 800×600	个	5	
②	90 弯头	DN 600	个	5	
③	蝶阀	DN 600 L=154	个	5	D371J-10
④	偏心渐缩管	DN 600×350	个	5	
⑤	三通	DN 600×600	个	6	
⑥	止回阀	DN 500 L=350	个	5	HD741X-10
⑦	电动闸阀	DN 600 L=350	个	5	D941X-10
⑧	蝶阀	DN 600 L=154	个	2	D371J-10
⑨	蝶阀	DN 600 L=154	个	5	D371J-10
⑩	同心渐扩管	DN 350×500	个	5	
⑪	超声波流量计	DN 700	个	2	SP-1
⑫	水泵	S250-470（Ⅰ）	台	5	一台备用
⑬	电机	Y355-4	台	5	一台备用
⑭	真空泵	SZB-8	台	5	
⑮	起重机	SD×Q	台	1	
⑯	排油泵	50QW15-7-0.75	台	2	一台备用
⑰	同心渐扩管	DN 500×600	个	5	

设备材料一览表

说明：
1. 本图尺寸标高以 m 计，其余以 mm 计；
2. 管道刷防腐，刷一遍红丹漆，两遍防锈漆。

图 6.3 城市给水泵站工艺图

真空泵的最大真空度：

$$H_{V_{max}} = H_{ss} \times 1.01 \times 10^5 / 10.33 = 29332.04 \text{（Pa）}$$

式中　$H_{V_{max}}$——真空泵的最大真空，Pa；

H_{ss}——离心泵安装高度，最好取吸水井最低水位至水泵顶部的高差，m。

选取 SZB-8 型水环式真空泵 2 台，一用一备，布置在泵房靠墙边处。

2. 计量设备

在压水管上设超声波流量计，选取 SP-1 型超声波流量计 2 台，安装在泵房外输水干管上，距离泵房 7m。

在压水管上设压力表，型号为 Y-60Z，测量范围为 0.0～1.0MPa。在吸水管上设真空表，型号为 Z-60Z，测量范围为 $-1.01 \times 10^5 \sim 0$Pa。

3. 起重设备

选取单梁悬挂式起重机 SD×Q，起重量 2t，跨度 5.5～8.0m，起重高度 3.0～10.0m。

4. 排水设备

设污水泵 2 台，一用一备，设集水坑 1 个，容积取为 $2.0 \times 1.0 \times 1.5 = 3.0$（m³）。选取 50WQ10-10-0.75 型潜水排污泵，其参数为：$Q = 10$L/s；$H = 10$m；$n = 1440$r/min；$N = 4.0$kW。

6.1.11　泵站平面布置

根据前面所述的泵站布置原则，考虑到维护检修方便，巡视交通顺畅，将泵站总图布置得尽可能经济合理，美观适用，最终送水泵站工艺布置，如图 6.3 所示。

根据起重机的要求计算确定泵房净高为 12m，泵站长度为 41m，泵站宽度为 12m。

6.2　污水泵站工艺设计实例

6.2.1　设计依据

已知拟建污水泵站最高日、最高时污水流量为 150L/s，污水来水管管径为 500mm，管内底标高为 34.90m，充满度为 0.7；泵站处室外地面标高为 41.80m；污水经泵站抽升至出水井，出水井距泵站 10m，出水井水面标高为 46.80m，拟建合建式圆形泵站，沉井法施工，采用自灌式工作，试进行该污水泵站工艺设计。

6.2.2　水泵机组选择

1. 污水泵站设计流量及扬程的确定

污水泵站设计流量按最高日最高时污水流量 150L/s 计算。

扬程估算：

格栅前水面标高＝来水管管内底标高＋管内水深＝34.90＋0.5×0.7＝35.25（m）

格栅后水面标高＝集水池最高水位标高＝格栅前水面标高－格栅压力损失＝35.25－0.1＝35.15（m）

污水流经格栅的压力损失按 0.1mH_2O 估算。集水池有效水深取 2.0m，取集水池最低水位标高＝35.15－2.0＝33.15（m）

水泵净扬程＝出水井水面标高－集水池最低水位标高＝46.80－33.15＝13.65（m）

水泵吸压水管管路（含至出水井管路）的总压力损失估算为 $1.0\mathrm{mH_2O}$。

因此，水泵扬程 $H=13.65+1.0=14.65$（m）

2. 水泵机组的选择

考虑来水的不均匀性，宜选择两台及两台以上的机组工作，以适应流量的变化。

查水泵样本，选用 6PWL 立式污水泵 3 台，其中 2 台工作，1 台备用。单泵的工作参数为 $H=14.65\mathrm{mH_2O}$ 时，流量 $Q=75\mathrm{L/s}$，转速为 $n=980\mathrm{r/min}$，电机功率 $N=30\mathrm{kW}$，水泵效率 $\eta=69\%$；配套电机选用 JQ281-6（L3）型。

6.2.3 集水池容积及其布置

集水池容积按一台泵 5min 的出水量计算，即：

$$V'=\frac{75\times5\times60}{1000}=22.5 \text{（m}^3\text{）}$$

集水池面积 A：

$$A'=\frac{V'}{h}=\frac{22.5}{2.0}=11.25 \text{（m}^2\text{）}$$

根据集水池面积和水泵间的平面的平面布置要求确定泵站井筒内径为 8.0m。集水池隔墙距泵站中心为 1.0m，如图 6.4 所示。

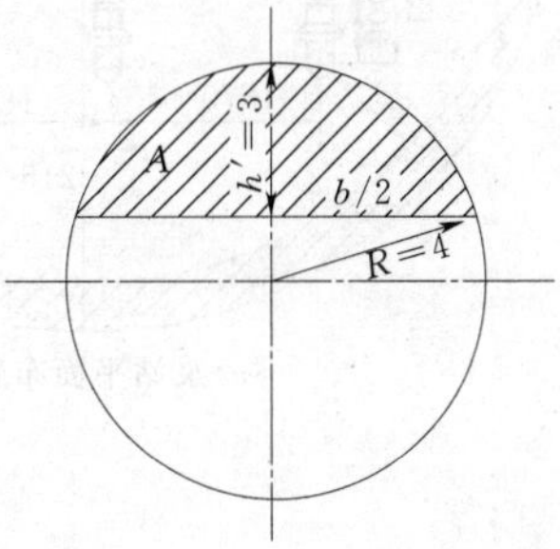

则集水池隔墙长 b 为：

$$b=2\sqrt{k^2-1^2}=2\times\sqrt{4^2-1^2}=7.7 \text{（m）}$$

集水池实际面积 A 为：

$$A'=\frac{2}{3}bh'=\frac{2}{3}\times7.7\times(3-0.3)=14>11.25 \text{（m}^2\text{）}$$

满足要求。

图 6.4　集水池面积计算图

集水池内设有人工清除污物格栅一座，格栅间隙为 30mm，安装角度为 70°，格栅宽为 1.6m，长为 1.8m。

集水间布置及各部标高见图 6.6。

6.2.4 水泵机组布置

由水泵样本查得，6PWL 型水泵机座平面尺寸为 470mm ×670mm，混凝土基础平面尺寸比机座平台尺寸各边加大 200mm，即为 670mm×870mm，如图 6.5 所示。

6.2.5 吸压水管路的布置

1. 吸水管路的布置

为了保证良好的吸水条件，每台水泵设单独的吸水管，每条吸水管的设计流量均为 75L/s，采用 $DN250$ 钢管，流速 $v=1.4\mathrm{m/s}$；在吸水管起端设一进水喇叭口，吸水管路上设 $DN250$ 手动闸阀一个，90°变径弯头一个，柔性接口一个。吸水管路在水泵间地面上敷设。

2. 压水管路布置

由于出水井距泵房距离较小，每台水泵的压水管路直接

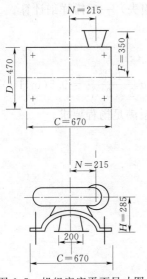

图 6.5　机组底座平面尺寸图

接入出水井，这样可以节省压水管上的阀门。压水管管材与吸水管管径相同（$DN250$），在压水管上设 1 个 $DN150 \times 250$ 渐扩管、柔性接口 1 个，和 90° 弯头 2 个。管路采用架空敷设。

机组布置及吸、压水管路布置如图 6.6（a）、图 6.6（b）所示。

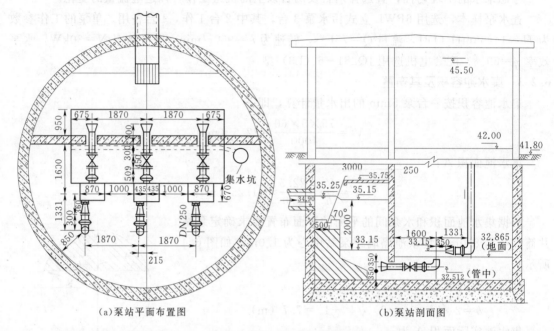

（a）泵站平面布置图　　　　　　　　　　（b）泵站剖面图

图 6.6　机组布置及吸压水管路布置图

6.2.6　泵站扬程的校核

在水泵机组选择之前，估算泵站扬程 H 为 14.65mH$_2$O，其中水泵静扬程为 13.65mH$_2$O，动扬程暂按 1.0mH$_2$O 估算。机组和管路布置完成后，需要进行校核，看所选水泵在设计工下能否满足扬程要求。

在水泵总扬程中静扬程一项无变化，动扬程（管路总压力损失）一项需详细计算。

管路总压力损失 $\sum h = h_f + h_j$，则：

$$h_f = iL = 0.0127 \times 21 = 0.267(\text{mH}_2\text{O})$$

$$h_j = (\xi_1 + \xi_2 + \xi_3 + \xi_4)\frac{v^2}{2g} = (2.0 + 3 \times 0.87 + 0.08 + 0.3)\frac{1.4^2}{2 \times 9.81} = 0.5(\text{mH}_2\text{O})$$

所以，$\sum h = 0.267 + 0.5 = 0.767 < 1.0$（估算值），所选水泵满足扬程要求。

式中　h_f——吸压水管路沿程压力损失，mH$_2$O；

　　　h_j——吸压水管路局部压力损失，mH$_2$O；

　　　L——吸、压水管路总长度，m；

　　　i——单位长度管道沿程压力损失，mH$_2$O/m；

　　　ξ_1——进水喇叭口局部阻力系数；

　　　ξ_2——90° 弯头局部阻力系数；

　　　ξ_3——闸阀局部阻力系数；

　　　ξ_4——渐扩管局部阻力系数。

6.2.7 泵站辅助设备

（1）排水设备。水泵间内集水由集水沟汇至集水坑，用一台立式农用排污泵排除。集水沟断面尺寸为 100mm×100mm，集水坑尺寸为 600mm×600mm×800mm。

（2）冲洗设备。在水泵压水管上接出一根 $DN50$ 的支管伸入集水池吸水坑中，进行定期冲洗。

（3）起重设备。根据水泵和电机重量及起吊高度，选用一台 TV‐212 型电动葫芦，起重量为 2t，起升高度为 12m，工字钢梁为 28 型，电动葫芦紧缩最小长度为 1198mm。

附录 A 清水泵性能参数

附 A.1 IS 型单级单吸离心泵

IS 型泵系单级单吸轴向吸入离心泵，适用于工业和城市给水、排水，适于输运清水或物理化学性质类似清水的其他液体，温度不高于 80℃。

（1）型号说明。

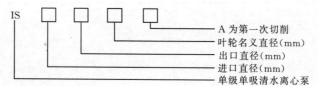

（2）规格及主要技术参数。

IS 型单级单吸轴向吸入离心泵的规格和性能如图 A.1～图 A.50 和表 A.1 所示。

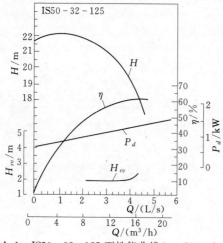

图 A.1 IS50-32-125 型性能曲线（$n=2900$r/min）

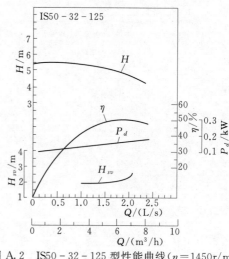

图 A.2 IS50-32-125 型性能曲线（$n=1450$r/min）

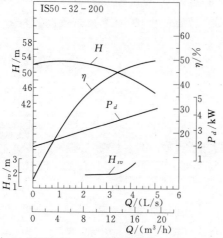

图 A.3 IS50-32-200 型性能曲线（$n=2900$r/min）

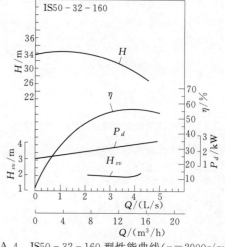

图 A.4 IS50-32-160 型性能曲线（$n=2900$r/min）

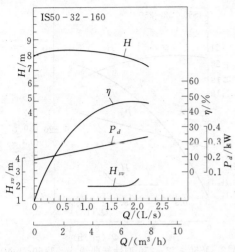

图 A.5　IS50 - 32 - 160 型性能曲线（$n=1450$r/min）

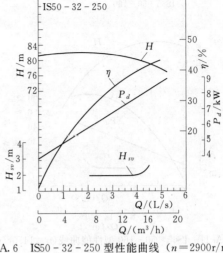

图 A.6　IS50 - 32 - 250 型性能曲线（$n=2900$r/min）

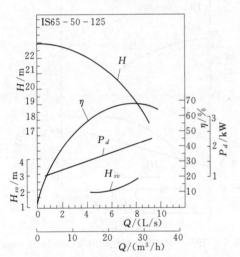

图 A.7　IS65 - 50 - 125 型性能曲线（$n=2900$r/min）

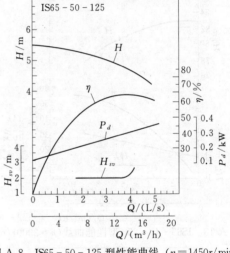

图 A.8　IS65 - 50 - 125 型性能曲线（$n=1450$r/min）

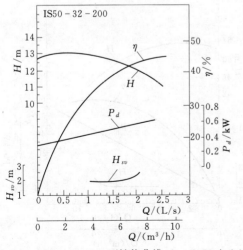

图 A.9　IS50 - 32 - 200 型性能曲线（$n=1450$r/min）

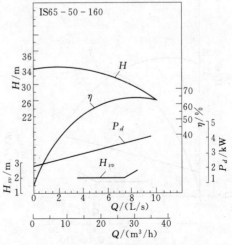

图 A.10　IS65 - 50 - 160 型性能曲线（$n=2900$r/min）

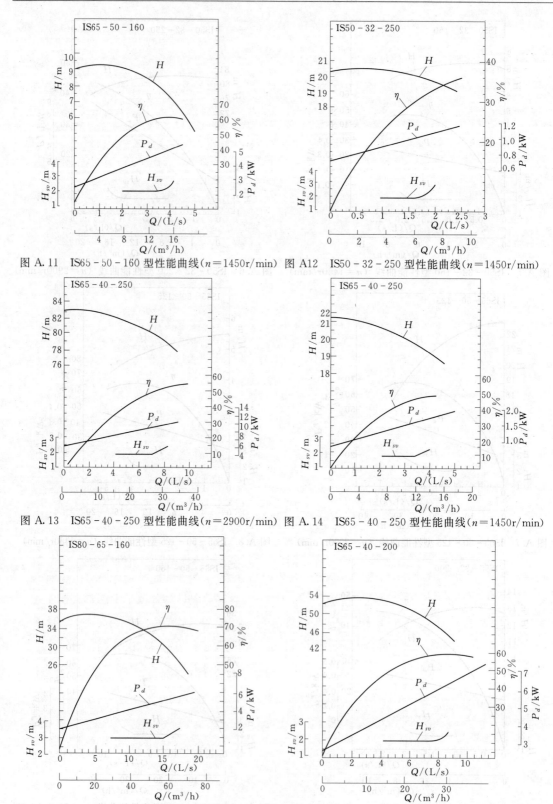

图 A. 11　IS65 - 50 - 160 型性能曲线（$n=1450$r/min）　图 A12　IS50 - 32 - 250 型性能曲线（$n=1450$r/min）

图 A. 13　IS65 - 40 - 250 型性能曲线（$n=2900$r/min）　图 A. 14　IS65 - 40 - 250 型性能曲线（$n=1450$r/min）

图 A. 15　IS80 - 65 - 160 型性能曲线（$n=2900$r/min）　图 A. 16　IS65 - 40 - 200 型性能曲线（$n=2900$r/min）

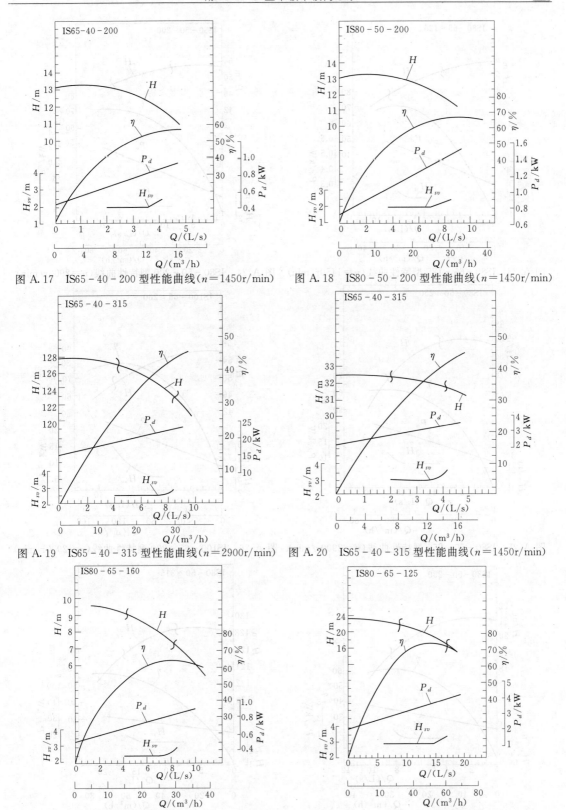

图 A.17　IS65-40-200 型性能曲线(n＝1450r/min)

图 A.18　IS80-50-200 型性能曲线(n＝1450r/min)

图 A.19　IS65-40-315 型性能曲线(n＝2900r/min)

图 A.20　IS65-40-315 型性能曲线(n＝1450r/min)

图 A.21　IS80-65-160 型特性曲线(n＝1450r/min)

图 A.22　IS80-65-125 型特性曲线(n＝2900r/min)

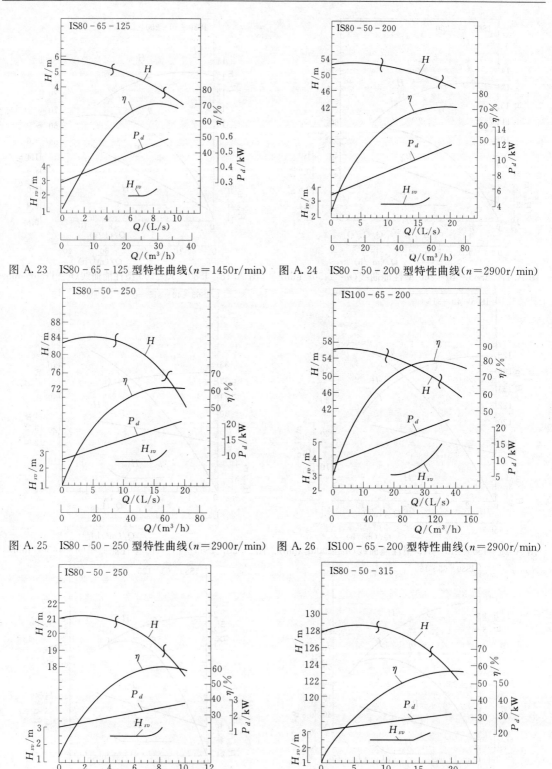

图 A.23　IS80-65-125 型特性曲线($n=1450$r/min)

图 A.24　IS80-50-200 型特性曲线($n=2900$r/min)

图 A.25　IS80-50-250 型特性曲线($n=2900$r/min)

图 A.26　IS100-65-200 型特性曲线($n=2900$r/min)

图 A.27　IS80-50-250 型特性曲线($n=1450$r/min)

图 A.28　IS80-50-315 型特性曲线($n=2900$r/min)

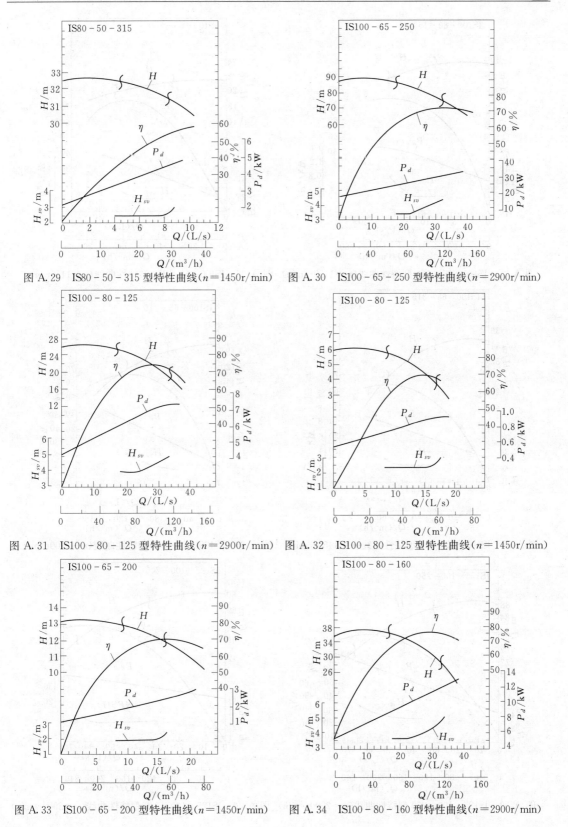

图 A.29 IS80-50-315 型特性曲线($n=1450\mathrm{r/min}$)

图 A.30 IS100-65-250 型特性曲线($n=2900\mathrm{r/min}$)

图 A.31 IS100-80-125 型特性曲线($n=2900\mathrm{r/min}$)

图 A.32 IS100-80-125 型特性曲线($n=1450\mathrm{r/min}$)

图 A.33 IS100-65-200 型特性曲线($n=1450\mathrm{r/min}$)

图 A.34 IS100-80-160 型特性曲线($n=2900\mathrm{r/min}$)

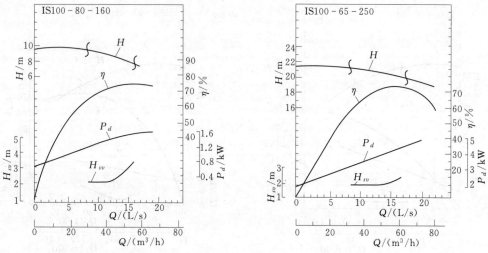

图 A.35　IS100 - 80 - 160 型特性曲线($n=1450\text{r/min}$)　图 A.36　IS100 - 65 - 250 型特性曲线($n=1450\text{r/min}$)

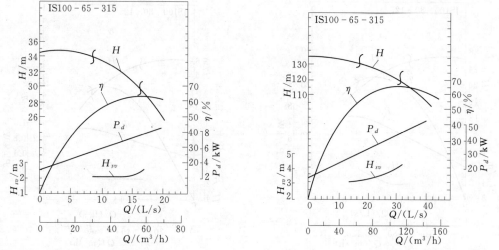

图 A.37　IS100 - 65 - 315 型特性曲线($n=1450\text{r/min}$)　图 A.38　IS100 - 65 - 315 型特性曲线($n=2900\text{r/min}$)

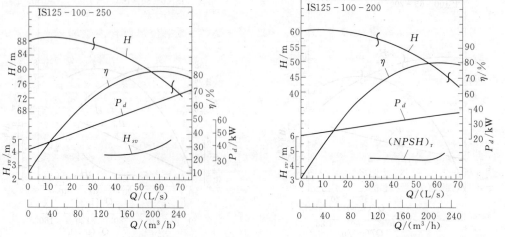

图 A.39　IS125 - 100 - 250 型特性曲线($n=2900\text{r/min}$)　图 A.40　IS125 - 100 - 200 型特性曲线($n=2900\text{r/min}$)

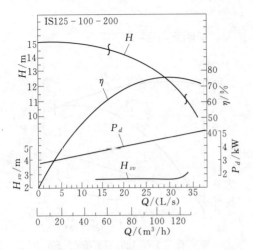

图 A.41　IS125-100-200 型特性曲线($n=1450$r/min)

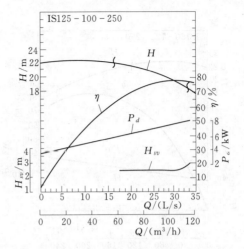

图 A.42　IS125-100-250 型特性曲线($n=1450$r/min)

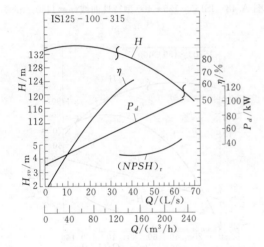

图 A.43　IS125-100-315 型特性曲线($n=2900$r/min)

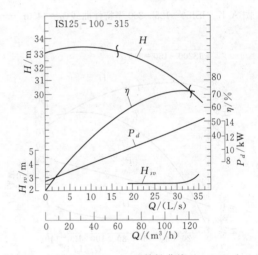

图 A.44　IS125-100-315 型特性曲线($n=1450$r/min)

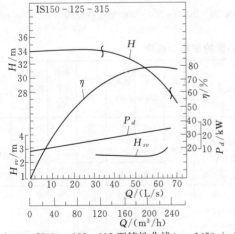

图 A.45　IS150-125-315 型特性曲线($n=1450$r/min)

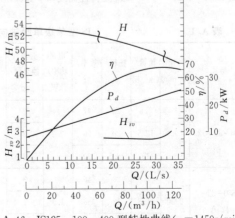

图 A.46　IS125-100-400 型特性曲线($n=1450$r/min)

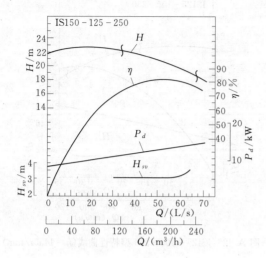

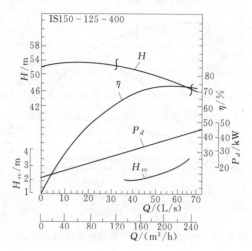

图 A.47 IS150－125－250 型特性曲线(n＝1450r/min)　图 A.48 IS150－125－400 型特性曲线(n＝1450r/min)

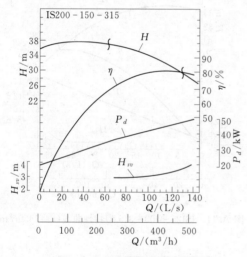

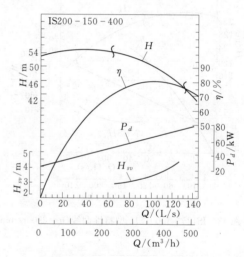

图 A.49 IS200－150－315 型特性曲线(n＝1450r/min)　图 A.50 IS200－150－400 型特性曲线(n＝1450r/min)

表 A.1　　　　　　　　　IS 型单级单吸轴向吸入离心泵的规格和性能

型号	转速/(r/min)	流量/(m³/h)	扬程/m	效率/%	电机功率/kW	必需气蚀余量/m	质量/kg	型号	转速/(r/min)	流量/(m³/h)	扬程/m	效率/%	电机功率/kW	必需气蚀余量/m	质量/kg
IS50－32－125	2900	7.5	22	47	2.2	2	32	IS50－32－250A	1450	3.4	17	21	1.1	2	72
		12.5	20	60		2				5.6	16.5	30		2	
		15	18.5	60		2				6.8	16	33		2.5	
IS50－32－125A	2900	7	20	46	1.5	2	32	IS50－32－250B	2900	6.4	59	25	5.5	2	72
		11.8	18	58		2				10.5	58	34		2	
		14	16.5	58		2.5				12.4	54	37		2.5	

续表

型号	转速/(r/min)	流量/(m³/h)	扬程/m	效率/%	电机功率/kW	必需气蚀余量/m	质量/kg	型号	转速/(r/min)	流量/(m³/h)	扬程/m	效率/%	电机功率/kW	必需气蚀余量/m	质量/kg
IS50-32-125B	2900	6.5	17	44	1.1	2	32	IS65-50-125	2900	15	21.8	58	3	2	34
		11	15.5	56		2				25	20	69		2.5	
		13	14.5	56		2.5				30	18.5	68		3	
IS50-32-160	2900	7.5	34.3	44	3	2	37		1450	7.5	5.35	53	0.55	2	
		12.5	32	54		2				12.5	5	64		2.5	
		15	29.6	56		2.5				15	4.7	65		3	
	1450	3.75	8.5	35	0.55	2		IS65-50-125A	2900	13.8	18.5	56	2.2	2	34
		6.3	8	48		2				23	17	67		2.5	
		7.5	7.5	49		2.5				27.5	15.7	66		3	
IS50-32-160A	2900	7.1	31	44	2.2	2	37	IS50-50-125B	2900	12.7	15.6	54	1.5	2	34
		12	28.5	53		2				21	14.3	65		2.5	
		14.2	27	56		2.5				25.4	13	64		3	
IS50-32-160B	2900	6.3	23	42	1.5	2	37	IS65-50-160	2900	15	35	54	5.5	2	40
		10.5	22	51		2				25	32	65		2	
		12.5	20	54		2.5				30	30	66		2.5	
IS50-32-200	2900	7.5	52.5	38	5.5	2	41		1450	7.5	8.8	50	0.75	2	
		12.5	50	48		2				12.5	8	60		2	
		15	48	51		2.5				15	7.2	60		2.5	
	1450	3.75	13.1	33	0.75	2		IS65-50-160A	2900	14	30	52	4	2	40
		6.3	12.5	42		2				23	27	63		2	
		7.2	12	44		2.5				28	25	64		2.5	
IS50-32-200A	2900	7	45.5	36	4	2	41	IS65-50-160B	2900	13	27.5	50	3	2	40
		11.5	43.5	46		2				22	25	61		2	
		14	41.5	49		2.5				26	23	62		2.5	
	1450	3.4	11	31	0.55	2		IS65-40-200	2900	15	53	49	7.5	2	43
		5.8	10.5	40		2				25	50	60		2	
		6.9	10	42		2.5				30	47	61		2.5	
IS50-32-200B	2900	6.3	39	34	3	2	41		1450	7.5	13.2	43	1.1	2	
		10.5	37	44		2				12.5	12.5	55		2	
		12	36	41		2.5				15	11.8	57		2.5	
IS50-32-250	2900	75	82	28.5	11	2	72	IS50-32-200A	2900	13.7	44	47	5.5	2	43
		12.5	80	38		2				22.8	42	58		2	
		15	78.5	41		2.5				27.4	39	59		2.5	
	1450	3.75	20.5	23	1.5	2			1450	6.9	11.3	41	0.75	2	
		6.3	20	32		2				11.5	10.5	53		2	
		7.5	19.5	35		2.5				13.3	9.3	55		2.5	
IS50-32-250A	2900	6.8	68	27	7.5	2	72	IS65-40-200B	2900	12	35	45	4	2	43
		11.5	67	36		2				20	33	56		2	
		13.6	65	39		2.5				24	31	57		2.5	

续表

型号	转速/(r/min)	流量/(m³/h)	扬程/m	效率/%	电机功率/kW	必需气蚀余量/m	质量/kg	型号	转速/(r/min)	流量/(m³/h)	扬程/m	效率/%	电机功率/kW	必需气蚀余量/m	质量/kg
IS65-40-250	2900	15	82	37	15	2	74	IS80-65-160A	1450	14	8	53	1.1	2.5	42
		25	80	50		2				23.4	7	67		2.5	
		30	78	53		2.5				28	6	66		3	
	1450	7.5	21	35	2.2	2		IS80-65-160B	2900	25	26	57	4	2	42
		12.5	20	46		2				42	23	69		2	
		15	19.4	48		2.5				50	20	68		3	
IS65-40-250A	2900	13.8	70	35	11	2	74	IS80-50-200	2900	30	53	55	15	2.5	45
		23.2	69	48		2				50	50	69		2.5	
		27.5	65.5	51		2.5				60	47	71		3	
IS65-40-250B	2900	12	54.5	33	7.5	2	74		1450	15	13.2	51	2.2	2.5	
		20.4	53	46		2				25	12.5	65		2.5	
		24.5	51.5	49		2.5				30	11.8	67		3	
IS65-40-315	2900	15	127	28	30	2.5	82	IS80-50-200A	2900	28	47.5	53	1.1	2.5	45
		25	125	40		2.5				47	44.5	67		2.5	
		30	123	44		3				56	42	69		3	
	1450	7.5	32.3	25	4	2.5			1450	14	11.5	49	1.5	2.5	
		12.5	32	37		2.5				23.4	11	63		2.5	
		15	31.7	41		3				28.5	10.5	65		3	
IS65-40-315A	2900	14	113.5	26	122	2.5	82	IS80-50-200B	2900	25.5	38	51	7.5	2.5	45
		23.7	112	38		2.5				42.4	36	65		2.5	
		28.4	110	42		3				50	33	67		3	
IS65-40-315B	2900	13	97.5	24	18.5	2.5	82		1450	12.5	9.5	47	1.1	2.5	
		22	96	36		2.5				21.2	9	61		2.5	
		26	94	40		3				25.5	8.5	63		3	
IS80-65-125	2900	30	22.5	64	5.5	3	36	IS80-50-250	2900	30	84	52	22	2.5	78
		50	20	75		3				50	80	63		2.5	
		60	18	74		3.5				60	75	64		3	
	1450	15	5.6	55	0.75	2.5			1450	15	21	49	3	2.5	
		25	5	71		2.5				25	20	60		2.5	
		30	4.5	72		3				30	18.8	61		3	
IS80-65-125A	2900	28.5	20	62	4	3	36	IS80-50-250A	2900	28	75	50	18.5	2.5	78
		47.4	18	73		3				47.4	72	61		2.5	
		57	16	72		3.5				56.5	67	62		3	
IS80-65-125B	2900	26	17	60	3	3	36	IS80-50-250B	2900	26	65	48	15	2.5	78
		43.3	15	71		3				44	62	59		2.5	
		51	13	70		3.5				52	57	60		3	

续表

型号	转速/(r/min)	流量/(m³/h)	扬程/m	效率/%	电机功率/kW	必需气蚀余量/m	质量/kg	型号	转速/(r/min)	流量/(m³/h)	扬程/m	效率/%	电机功率/kW	必需气蚀余量/m	质量/kg
IS80-65-160	2900	30	36	61	7.5	2.5	42	IS80-50-315	2900	30	128	41	37	2.5	87
		50	32	73		2.5				50	125	54		2.5	
		60	29	72		3				60	123	57		3	
	1450	15	9	55	1.5	2.5			1450	15	32.5	39	5.5	2.5	
		25	8	69		2.5				25	32	52		2.5	
		30	7.2	68		3				30	31.5	56		3	
IS80-65-160A	2900	28	32	59	5.5	2	42	IS80-50-315A	2900	27.5	110	39	30	2.5	87
		47	28	71		2				46	107	52		2.5	
		56	25	70		3				55.5	106	55		3	
IS80-50-315B	2900	25	89	37	22	2.5	87	IS100-65-200B	2900	52	41	61	15	3	71
		41.5	87	50		2.5				86.6	38	72		3.6	
		50	85	53		3				104	35.5	73		4.8	
IS100-80-125	2900	60	24	67	11	4	42		1450	26	10	56	2.2	2	
		100	20	78		4.5				43.3	9.5	69		2	
		120	16.5	74		5				52	9	70		2.5	
	1450	30	6	64	1.5	2.5		IS100-65-250	2900	60	87	61	3.7	3.5	84
		50	5	74		2.5				100	80	72		3.8	
		60	4	71		3				120	74.5	73		4.8	
IS100-80-125A	2900	57	21.5	65	7.5	4	42		1450	30	21.3	55	5.5	2	
		95	18	76		4.5				50	20	68		2	
		114	14.5	72		3				60	19	70		2.5	
IS100-80-125B	2900	51.5	17.5	63	5.5	4	42	IS100-65-250A	2900	56	76	59	30	3.5	84
		86.6	15	74		4.5				93.5	70	70		3.5	
		103	12	70		5				112	65	71		4.8	
IS100-80-160	2900	60	36	70	15	3.5	60	IS100-65-250B	2900	51	64	57	22	3.5	84
		100	32	70		4				86	59	68		3.8	
		120	28	75		5				102	54	69		4.8	
	1450	30	9.2	67	2.2	2		IS100-65-315	2900	60	133	55	75	3	100
		50	8	75		2.5				100	125	66		3.6	
		60	6.8	71		3.5				120	118	67		4.2	
IS100-80-160A	2900	56	31	67	11	3.4	60		1450	30	34	51	11	2	
		93	27	74		3.6				50	32	63		2	
		112	24	72		4.5				60	30	64		2.5	
	1450	27.5	8	65	1.5	2		IS100-65-315A	2900	56	115	63	55	2.8	100
		45	6.5	73		2.5				93	109	64		3.2	
		55.5	5.8	69		3.5				112	102	65		3.8	

型号	转速/(r/min)	流量/(m³/h)	扬程/m	效率/%	电机功率/kW	必需气蚀余量/m	质量/kg	型号	转速/(r/min)	流量/(m³/h)	扬程/m	效率/%	电机功率/kW	必需气蚀余量/m	质量/kg
IS100-80-160B	2900	49	24	65	7.5	3.4	60	IS100-65-315B	2900	52.6	103	51	45	2.8	100
		82	21	72		3.6				88	97	62		3.2	
		98	18.5	70		4.5				105	91	63		3.8	
	1450	24.5	6	63	1.1	2		IS125-100-200	2900	120	57.5	67	45	4.5	
		41	5	71		2.5				200	50	81		4.5	
		49	4.5	67		3.6				240	44.5	80		5	
IS100-65-200	2900	60	54	65	22	3	71		1450	60	14.5	62	7.5	2.5	
		100	50	76		3.6				100	12.5	76		2.5	
		120	47	77		4.8				120	11	75		3	
	1450	30	13.5	60	4	2		IS125-100-200A	2900	111	50	65	37	4.5	
		50	12.5	73		2				186	43	79		4.5	
		60	11.8	74		2.5				223	38	78		5	
IS100-65-200A	2900	56.5	48	63	18.5	3	71		1450	55.5	12.5	60	5.5	2.5	
		94.6	44.7	74		3.6				93.5	11	74		2.5	
		113	42	75		4.8				111	9.5	73		3	
	1450	28	12	58	3	2		IS125-100-200B	2900	104	43.5	63	30	4.5	
		47.0	11	71		2				174	38	77		4.5	
		56.5	10.5	72		2.5				209	33.5	76		5	
IS125-100-200B	1450	52	11	58	4	2.5		IS150-125-250	1450	120	22.5	71	18.5	3	120
		86.5	9.5	72		2.5				200	20	81		3	
		104	8	71		3				240	17.5	78		3.5	
IS125-100-250	2900	120	87	66	75	3.8		IS150-125-250A	1450	112	19.5	69	15	3	120
		200	80	78		4.2				187	17.5	79		3	
		240	72	75		5				224	115	76		3.5	
	1450	60	21.5	63	11	2.5		IS150-125-250B	2900	100	15.5	67	11	3	120
		100	20	76		2.5				167	14	77		3	
		120	18.5	77		3				200	12	74		3.5	
IS125-100-250A	2900	112	75	64	55	3.2		IS150-125-315	1450	120	34	70	30	2.5	140
		186	69	76		3.7				200	32	79		2.5	
		223	62	73		4.5				240	29	80		3	
IS125-100-250B	2900	104	65	62	45	3		IS150-125-315A	1450	112	29	68	22	2.5	140
		173	60	74		3.5				187	28	77		2.5	
		208	54	71		4.2				224	25	78		3	
IS125-100-315	2900	120	132.5	60	110	4		IS150-125-315B	1450	104	25	66	18.5	2.5	140
		200	125	75		4.5				173	24	75		2.5	
		240	120	77		5.0				208	21.5	76		3	
	1450	60	33.5	58	15	2.5		IS150-125-400	1450	120	53	62	45	2	160
		100	32	73		2.5				200	50	75		2.8	
		120	30.5	74		3				240	46	74		3.5	

续表

型号	转速/(r/min)	流量/(m³/h)	扬程/m	效率/%	电机功率/kW	必需气蚀余量/m	质量/kg	型号	转速/(r/min)	流量/(m³/h)	扬程/m	效率/%	电机功率/kW	必需气蚀余量/m	质量/kg
IS125-100-315A	2900	111	115	58		4		IS200-150-250	1450	240	23	76		3	
		186	108	73	90	4.5				400	20	82	37	3.7	160
		223	104	75		5.0				460	15.5	79		4.2	
IS125-100-315B	2900	104	100	56		4		IS200-150-250A	1450	225	20	74		3	
		174	95	71	75	4.5				374	17.5	80	30	3.6	160
		209	91	73		5				448	14	77		4.0	
IS125-100-315C	2900					4		IS200-150-250B	1450	207	17	72		3	
		160	80	69	55	4.5				346	15	78	22	3.5	160
						5				400	11.5	75		4.0	
IS125-100-400	1450	60	52	53		2.5		IS200-150-315	1450	240	37	70		3	
		100	50	65	30	2.5				400	32	83	55	3.5	190
		120	48.5	67		3				460	28.5	80		4	
IS200-150-315A	1450	224	32.5	68		3		IS200-150-400A	1450	226	48.5	72		3.2	
		374	28	81	45	3.5	190			376	44	79	75	4	215
		430	25	78		4				433	40	74		4.5	
IS200-150-315B	1450	208	27.5	66		3		IS200-150-400B	1450	209	42	70		3.5	
		346	24	79	37	3.5	190			349	38	77	55	4	215
		400	21.5	76		4				400	34	72		4.5	
IS200-150-400	1450	240	55	74		3									
		400	50	81	90	3.8	215								
		460	45	76		4.5									

（3）外形和安装尺寸。

IS型水泵外形尺寸如图 A.51 和表 A.2 所示；安装尺寸如图 A.52 和表 A.3 所示。

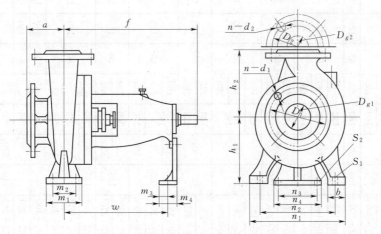

图 A.51 IS型泵外形图尺寸图

表 A.2　IS 型泵外形尺寸表

泵型号	a	f	h_1	h_2	b	m_1	m_2	m_3	m_4	n_1	n_2	n_3	n_4	w	S_1	S_2	d	l	D_{g1}	D_1	$n-d_1$	D_{g2}	D_2	$n-d_2$
IS50-32-125	80	385	112	140	50	100	70	22	60	190	140	110	145	285	M12	M12	24	50	50	125	4-17.5	32	100	4-17.5
IS50-32-160	80	385	132	160	50	100	70	22	60	240	190	110	145	285	M12	M12	24	50	50	125	4-17.5	32	100	4-17.5
IS50-32-200	80	385	160	180	50	100	70	22	60	320	250	110	145	285	M12	M12	24	50	50	125	4-17.5	32	100	4-17.5
IS50-32-250	100	500	180	225	65	125	95	23	65	320	250	110	145	370	M12	M12	32	80	50	125	4-17.5	32	100	4-17.5
IS65-50-125	80	385	112	140	50	100	70	22	60	210	160	110	145	285	M12	M12	24	50	65	145	4-17.5	50	125	4-17.5
IS65-50-160	80	385	132	160	50	100	70	22	60	240	190	110	145	285	M12	M12	24	50	65	145	4-17.5	50	125	4-17.5
IS65-40-200	100	500	160	180	65	125	95	23	65	265	212	110	145	370	M12	M12	32	80	65	145	4-17.5	40	110	4-17.5
IS65-40-250	100	500	180	225	65	125	95	23	65	320	250	110	145	370	M12	M12	32	80	65	145	4-17.5	40	110	4-17.5
IS65-40-315	125	500	200	250	65	125	95	23	65	345	280	110	145	370	M12	M12	32	80	65	145	4-17.5	40	110	4-17.5
IS80-65-125	100	385	132	160	65	125	70	22	60	240	190	110	145	285	M12	M12	24	50	80	160	8-17.5	65	145	4-17.5
IS80-65-160	100	385	160	180	65	125	70	22	60	265	212	110	145	285	M12	M12	24	50	80	160	8-17.5	65	145	4-17.5
IS80-50-200	125	500	180	200	65	125	95	23	65	320	250	110	145	370	M12	M12	32	80	80	160	8-17.5	50	125	4-17.5
IS80-50-250	125	500	225	225	65	125	95	23	65	345	280	110	145	370	M12	M12	32	80	80	160	8-17.5	50	125	4-17.5
IS80-50-315	125	500	250	280	65	125	95	23	65	345	315	110	145	370	M12	M12	32	80	80	160	8-17.5	50	125	4-17.5
IS100-80-125	100	385	160	180	65	160	95	23	65	280	280	110	145	285	M16	M12	24	50	100	180	8-17.5	80	160	8-17.5
IS100-80-160	100	385	180	200	65	160	95	23	65	320	315	110	145	285	M16	M12	24	50	100	180	8-17.5	80	160	8-17.5
IS100-65-200	125	500	200	225	80	160	120	25	65	360	315	110	145	370	M16	M12	32	80	100	180	8-17.5	65	145	8-17.5
IS100-65-250	125	500	225	250	80	160	120	25	65	400	400	110	145	370	M16	M12	32	80	100	180	8-17.5	65	145	8-17.5
IS100-65-315	125	500	200	280	80	160	120	25	65	400	400	110	145	370	M16	M12	42	110	100	180	8-17.5	65	145	8-17.5
IS125-100-200	125	500	225	280	80	200	120	25	65	360	315	110	145	370	M16	M12	32	80	125	210	8-17.5	100	180	8-17.5
IS125-100-250	140	530	250	315	80	200	120	25	65	400	400	110	145	370	M16	M12	42	110	125	210	8-17.5	100	180	8-17.5
IS125-100-315	140	530	280	355	100	200	120	25	65	500	400	110	145	370	M20	M12	42	110	125	210	8-17.5	100	180	8-17.5
IS125-100-400	140	530	280	355	100	200	120	25	65	500	450	110	145	370	M20	M12	42	110	125	210	8-17.5	100	180	8-17.5
IS150-125-250	140	530	250	355	100	200	150	25	65	400	400	110	145	370	M20	M12	42	110	150	240	8-22	125	210	8-17.5
IS150-125-315	140	530	280	400	100	200	150	25	65	500	400	110	145	370	M20	M12	42	110	150	240	8-22	125	210	8-17.5
IS150-125-400	140	530	315	450	100	200	150	25	65	500	450	110	145	370	M20	M12	42	110	150	240	8-22	125	210	8-17.5
IS200-150-250	160	360	280	375	100	200	150	36	80	500	400	140	200	500	M20	M16	48	110	200	295	12-22	150	240	8-17.5
IS200-150-315	160	360	315	400	100	200	150	36	80	550	450	140	200	500	M20	M16	48	110	200	295	12-22	150	240	8-17.5
IS200-150-400	160	360	315	450	100	200	150	36	80	550	450	140	200	500	M20	M16	48	110	200	295	12-22	150	240	8-22

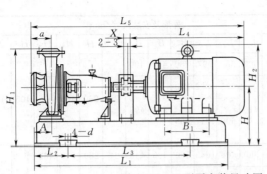
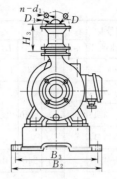

图 A.52　IS 型泵安装尺寸图

表 A.3　IS 型泵外形及安装尺寸表

泵型号	电机型号及功率/kW	外形及安装尺寸/mm																		
		a	A	L_1	L_2	L_3	L_4	L_5	B_1	B_2	B_3	$4-d$	H	H_1	H_2	H_3	X	D	D_1	$n-d_1$
IS50-32-125	Y80₂-2/1.1	80	80	760	150	420	285	766	150	360	320	18.5	172	312	252	100	16	50	125	4-17.5
	Y90S-2/1.5						310	791												
	Y90L-2/2.2				170	450	335	816	155	390	350				272					
IS50-32-160	Y80₁-4/0.55	80	80	720	150	420	285	766	150	360	320	18.5	192	352	282	100	16	50	125	4-17.5
	Y90S-2/1.5						310	791	155											
	Y90L-2/2.2			800	170	450	335	816		390	350	18.5			292					
	Y100L-2/3						380	861	180						337					
IS50-32-200	Y80₁-4/0.55	80	80	720	150	420	285	766	150	360	320	18.5	220	400	310	100	17	50	125	4-17.5
	Y80₁-4/0.75																			
	Y100L-2/3			800	170	450	380	861	180	390	350				365					
	Y112M-2/4		107	870	190	500	400	881	190	450	400	24	240	420	393					
	Y132S1-2/5.5		90				475	956	210						323					
IS50-32-250	Y90S-4/1.1	100	95	900	190	500	335	952	155	450	400	24	260	485	360	100	16	50	125	4-17.5
	Y90L-4/1.5														360					
	Y132S1-2/5.5			1120	210	750	475	1092	210	490	440				443					
	Y132S2-2/7.5														443					
	Y160M1-2/11				225	710	600	1217	255	540	490				485					
IS65-50-125	Y80₁-4/0.55	80	80	720	150	420	285	766	150	360	320	18.5	172	312	262	105	16	65	145	4-17.5
	Y90S-2/1.5						310	791	155						297					
	Y90L-2/2.2			800	170	450	335	816		390	350	18.5								
	Y100L-2/3						380	861	180						317					
IS65-50-160	Y80₂-4/0.75	80	80	720	150	420	285	766	150	360	320	18.5	192	352	282	105	16	65	145	4-17.5
	Y100-L-2/3		80	800	170	450	380	861	180	390	350				337					
	Y112M-2/4		107	870	190	500	400	881	190	450	400	24	212	372	365					
	Y132S1-2/5.5		90				475	956	210						395					
IS65-40-200	Y80₂-4/0.75	100	95	780	170	450	285	786	150	390	350	18.5	220	400	310	105	17	65	145	4-17.5
	Y90S-4/1.1						310	811	155						320					
	Y112M-2/4		107				400	901	190				240	420	393					
	Y132S1-2/5.5		90	870	190	500	475	976	210	450	400	24			423					
	Y132S2-2/7.5																			

续表

泵型号	电机型号及功率/kW	外形及安装尺寸/mm																		
		a	A	L_1	L_2	L_3	L_4	L_5	B_1	B_2	B_3	$4-d$	H	H_1	H_2	H_3	X	D	D_1	$n-d_1$
IS65-40-250	Y100L1-4/2.2	100	95	930	190	500	380	997	180	450	400	24	260	485	405	105	17	65	145	4-17.5
	Y132S2-2/7.5		100				475	1092	210						443					
	Y160M1-2/11		95	1120	225	710	600	1217	255	540	490				485					
	Y160M2-2/15														485					
IS65-40-315	Y112M-4/4	125	95	940	210	550	400	1045	190	490	440	24	280	530	433	105	20	65	145	4-17.5
	Y160L-2/18.5		125				645	1290	255						525					
	Y180M-2/22		120	1255	250	760	670	1315	285	610	550	28	300	550	550					
	Y200L1-2/30		110				775	1420	310						575					
IS80-65-125	Y80₂-4/0.75	100	80	720	150	420	285	766	150	360	320	18.5	192	352	282	110	16	80	16	8-17.5
	Y100L-2/3		107				380	881	180						357						
	Y112M-2/4	100		870	190	500	400	901	190	450	400	24	212	372	365	110	16	80	160	8-17.5
	Y132S1-2/5.5		90				475	976	210						395					
IS80-65-160	Y90S-4/1.1	100	95	780	170	450	310	811	155	390	350	18.5	220	400	320	110	16	80	160	8-17.5
	Y90L-4/1.5						335	836												
	Y112M-2/4						400	901	190						393					
	Y132S1-2/5.5		90	870	190	500	475	976	210	450	400	24	240	420						
	Y132S2-2/7.5														423					
IS80-50-200	Y90S-4/1.1	100	80	800	170	450	310	811	155	390	350	18.5	220	420	320	120	16	80	160	8-17.5
	Y90L-4/1.5						335	836												
	Y100L1-4/2.2						380	881	180						465					
	Y132S2-2/7.5		105				475	977	210						423		17			
	Y160M1-2/11		95	990	210	550	600	1102	255	490	440	24	240	440	465					
	Y160M2-2/15																			
IS80-50-250	Y100L2-4/3	125	95	930	190	500	380	1022	180	450	400	24	260	485	405	120	17	80	160	8-17.5
	Y160M2-2/15						600	1245	255	540	490				465					
	Y160L-2/18.5			1160	225	710	645	1290									20			
	Y180M-2/22						670	1315	285						510					
IS80-50-315	Y132S-4/5.5	125	95	970	210	550	475	1117	210	490	440	24	305	585	488	120	17	80	160	8-17.5
	Y180M-2/22						670	1317	285						575					
	Y200L1-2/30			1240	250	760	775	1422	310	610	550	28	220	605			22			
	Y200L2-2/37														600					
IS100-80-125	Y90L-4/1.5	100	95	780	170	450	335	836	155	390	350	18.5	220	400	320	120	16	100	180	8-17.5
	Y132S1-2/5.5			990	190	500	475	977	210		400				423		17			
	Y132S2-2/7.5									490	420	24	240							
	Y160M1-2/11				210	550	600	1102	255		440				465					

续表

泵型号	电机型号及功率/kW	外形及安装尺寸/mm																	
		a	A	L_1	L_2	L_3	L_4	L_5	B_1	B_2	B_3	$4-d$	H	H_1	H_2	H_3	X	D	D_1	$n-d_1$
IS100-80-160	Y90S-4/1.1	100	95	930	190	500	310	927	155	450	400	24	240	440	340	120	17	100	180	8-17.5
	Y90L-4/1.5						335	952												
	Y100L1-4/2.2						380	997	180						385					
	Y132S2-2/7.5			210	550	475	1092	210	490	440				423					
	Y160M1-2/11			1160	225	710	600	1217	255	540	490				465					
	Y160M2-2/15																			
IS100-65-200	Y100L1-4/2.2	100	95	94-0	210	550	380	997	180	490	440	24	260	485	405	115	17	100	180	8-17.5
	Y100L2-4/3																			
	Y112M-4/4						400	1017	190						413					
	Y160M2-2/15			1160	225	710	600	1217	255	540	490				485		20			
	Y160L-2/18.5						645	1262												
	Y180M-2/22						670	1287	285						510					
IS100-65-250	Y132S-4/5.5	125	100	1040	210	550	475	1117	210	490	440	24	280	530	463	115	17	100	180	8-17.5
	Y180M-2/22	125	110	1255	250	760	670	1317	285	610	550	28	330	550	550	115	22	100	180	8-17.5
	Y200L1-2/30						775	1422	310						570					
	Y200L2-3/37																			
IS100-65-315	Y160M-4/11	125	110	1160	225	710	600	1277	255	540	490	24	305	585	530	115	22	100	180	8-17.5
	Y225M-2/45			1480	270	800	815	1501	345	660	600				690					
	Y250M-2/55				320	900	930	1616	385	730	470	28	385	665	710		31			
	Y280S-2/75						1000	1686	410						745					
IS125-100-200	Y112M-4/4	125	110	1040	210	550	400	1042	190	490	440	24	280	560	433	150	17	125	210	8-17.5
	Y132S-4/7.5						475	1117	210						463					
	Y132M-4/7.5						515	1157												
	Y200L1-2/30			1280	250	760	775	1422	310	610	550	28	300	580	575		22			
	Y200L2-2/37																			
	Y225M-2/45						815	1462	345						605					
IS125-100-250	Y160M-4/11	140	110	1160	225	710	600	1277	255	540	490	24	305	585	530	150	22	125	210	8-17.5
	Y225M-2/45			1480	320	900	815	1516	345	730	670	28	385	665	690		31			
	Y250M-2/55						930	1613	385						710					
	Y280S-2/75						1000	1701	410						745					
IS125-100-315	Y160L-4/15	140	110	1205	250	760	645	1335	255	610	550		350	665	575	150	20	125	210	8-17.5
	Y250M-2/55						930	1631	385						735					
	Y280S-2/75			1565	320	900	1000	1701	410	800	740	28	410	725	770		31			
	Y280M-2/90						1050	1751												
	Y315S-2/110						1200	1901	530						855					
IS125-100-400	Y200L-4/30	140	130	1300	270	800	775	1467	310	660	600	28	380	735	655	150	22	125	210	8-17.5

续表

泵型号	电机型号及功率/kW	外形及安装尺寸/mm																		
		a	A	L_1	L_2	L_3	L_4	L_5	B_1	B_2	B_3	$4-d$	H	H_1	H_2	H_3	X	D	D_1	$n-d_1$
IS150-125-250	Y160M-4/11						600	1292	255						570					
	Y160L-4/15	140	110	1205	250	760	645	1337		610	550	28	350	705		150	22	150	240	8-22
	Y180M-4/18.5						670	1362	285						600					
IS150-125-315	Y180M-4/18.5						670	1362	285						635					
	Y180L-4/22	140	130	1300	270	800	710	1402		660	600	28	380	735		150	22	150	240	8-22
	Y200L-4/30						775	1467	310						655					
IS150-125-400	Y225M-4/45	140	130	1370	270	800	845	1546	345	660	600	28	415	815	725	150	31	150	240	8-22
IS200-150-250	Y180L-4/22						710	1431	285						630					
	Y200L-4/30	160	130	1350	270	800	775	1496	310	660	600	28	380	755	655	150	31	150	240	8-22
	Y225S-4/37						820	1541	345						685					
IS200-150-315	Y225S-4/37						820	1684	345						720					
	Y225M-4/45	160	130	1580	320	90	845	1709		730	670	28	415	815		180	34	200	295	12-22
	Y250L-4/55						930	1794	385						740					
IS200-150-400	Y250M-4/55						930	1794	385						740					
	Y280S-4/75	160	130	1700	320	900	1000	1864		730	670	28	415	865		180	34	200	295	12-22
	Y280M-4/90						1059	1914	410						775					

附 A.2 S 型 双 吸 离 心 泵

S 型泵是单级双吸、卧式中开离心泵，供输送清水及物理化学性质类似于水的液体，液体最高温度不超过 80℃，从联轴器向泵的方向看，水泵为顺时针方向旋转。

（1）型号说明。

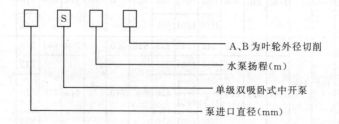

A、B 为叶轮外径切削

水泵扬程（m）

单级双吸卧式中开泵

泵进口直径（mm）

（2）规格及主要技术参数。

S 型双吸离心型规格及主要技术参数如图 A.53～图 A.70 和表 A.4 所示。

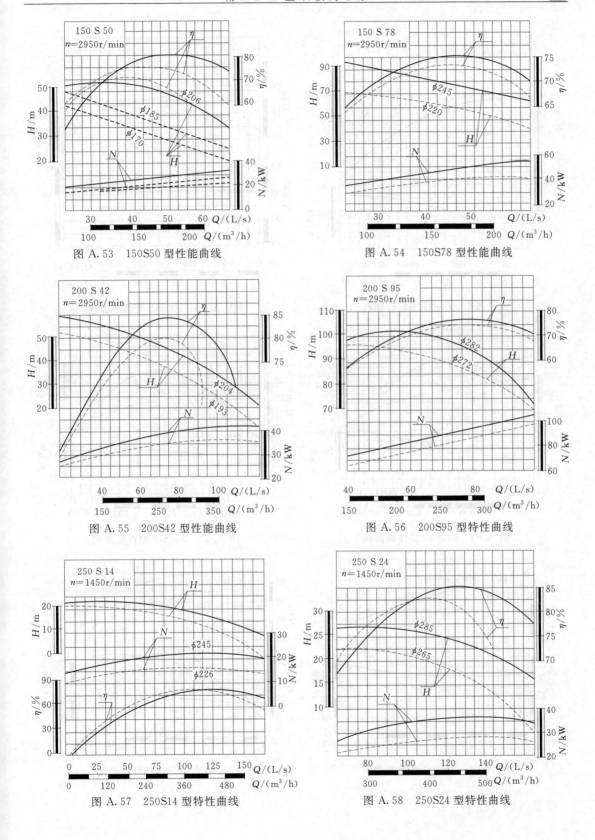

图 A.53　150S50 型性能曲线

图 A.54　150S78 型性能曲线

图 A.55　200S42 型性能曲线

图 A.56　200S95 型特性曲线

图 A.57　250S14 型特性曲线

图 A.58　250S24 型特性曲线

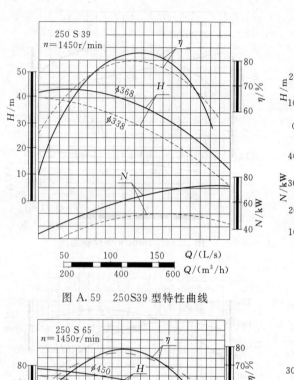

图 A.59　250S39 型特性曲线

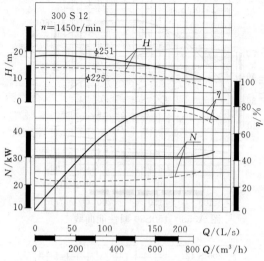

图 A.60　300S12 型性能曲线

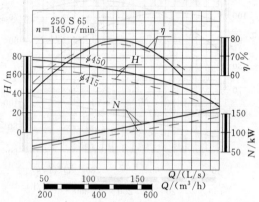

图 A.61　250S65 型性能曲线

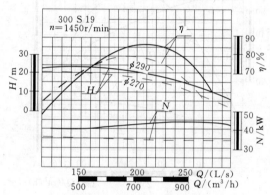

图 A.62　300S19 型性能曲线

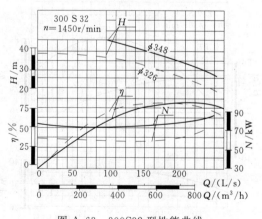

图 A.63　300S32 型性能曲线

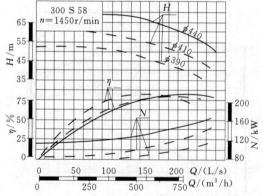

图 A.64　300S58 型性能曲线

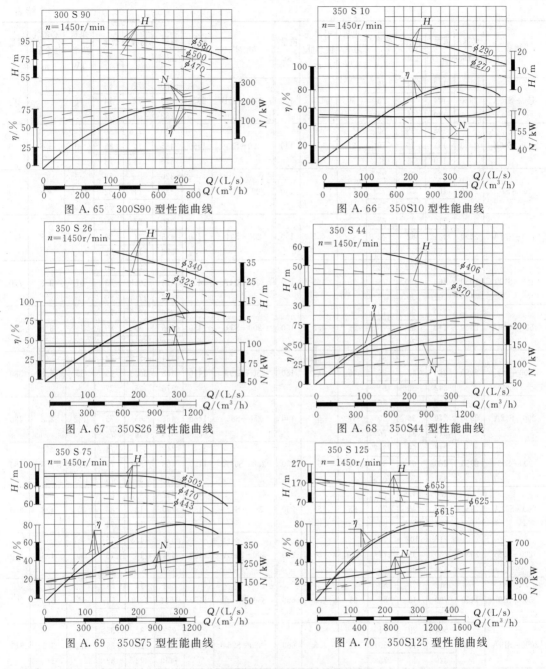

图 A.65　300S90 型性能曲线

图 A.66　350S10 型性能曲线

图 A.67　350S26 型性能曲线

图 A.68　350S44 型性能曲线

图 A.69　350S75 型性能曲线

图 A.70　350S125 型性能曲线

表 A.4　　　　　　　　　　　　　S 型双吸离心泵规格和性能

型号	转速/ (r/min)	流量/ (m³/h)	扬程/ m	效率/ %	电机 功率/ kW	必需气 蚀余量/ m	质量/ kg	型号	转速/ (r/min)	流量/ (m³/h)	扬程/ m	效率/ %	电机 功率/ kW	必需气 蚀余量/ m	质量/ kg
150－S50	2950	130	52	73	37	4.5	130	200－S95A	2950	198	94	68	110	5	260
		160	50	79						270	87	75			
		220	40	77						310	89	74			

型号	转速/(r/min)	流量/(m³/h)	扬程/m	效率/%	电机功率/kW	必需气蚀余量/m	质量/kg	型号	转速/(r/min)	流量/(m³/h)	扬程/m	效率/%	电机功率/kW	必需气蚀余量/m	质量/kg
150-S50A	2950	112	44	72	30	4.5	130	200-S95B	2950	180	77	66	75	5	260
		144	40	75						245	72	74			
		180	35	74						282	66	72			
150-S50B	2950	108	38	65	22	5	130	250-S14	1450	360	17.5	80	30	3.8	320
		133	36	70						485	14	85			
		160	32	68						576	11	78			
150-S78	2950	126	84	72	55	4.5	150	200-S14A	1450	320	3.7	78	18.5	3.8	320
		160	78	75						430	11	82			
		198	70	74						504	8.6	75			
150-S78A	2950	112	67	68	45	4.5	150	200-S24	1450	360	27	80	45	3.8	370
		144	62	72						485	24	86			
		180	55	70						576	19	82			
150-S100	2950	126	102	72	75	4.5	160	200-S24A	1450	342	22.2	80	37	3.8	370
		160	100	78						414	20.3	83			
		202	90	79						482	17.4	80			
150-S100A	2950	110	90	70	55	4.5	160	200-S39	1450	360	42.5	76	75	3.8	380
		140	88	76						485	39	83			
		177	79	77						612	32.5	79			
200-S42	2950	216	48	81	45	5	180	250-S39A	1450	324	35.5	74	55	3.8	380
		280	42	85						468	30.5	79			
		342	35	81						576	25	77			
200-S42A	2950	198	43	76	37	5	180	250-S65	1450	360	71	75	132	3.8	480
		270	36	80						485	65	79			
		310	31	76						612	56	72			
200-S63	2950	216	69	73.7	75	5	230	250-S65A	1450	342	61	74	110	3.8	480
		280	63	81						468	54	77			
		351	50	70.5						542	50	75			
200-S63A	2950	180	54.5	65	55	5	230	300-S12	1450	612	14.5	80	37	4.8	660
		270	46	70						790	12	83			
		324	37.5	65						900	10	74			
200-S95	2950	216	102	70	110	5	260	300-S12A	1450	522	11.8	75	30	4.8	660
		280	95	77						634	10	78			
		324	85	75						792	8.7	77			
300-S19	1450	612	22	80	55	4.8	660	350-S16A	1450	864	16	74	55	5.5	760
		790	19	87						1044	13.4	78			
		935	14	75						1260	10	70			
3000-S19A	1450	504	20	71	45	4.8	660	350-S26	1450	972	32	85	132	5.5	875
		720	16	80						1260	26	88			
		829	13	75						1440	22	82			
300-S32	1450	612	38	83	110	4.8	709	350-S26A	1450	864	26	80	110	5.5	875
		790	32	87						116	21.5	83			
		900	28	80						1296	16.5	73			
300-S32A	1450	551	31	80	75	4.8	709	350-S44	1450	972	50	81	220	5.5	1105
		720	26	84						1260	44	87			
		810	24	78						1476	37	79			
300-S58	1450	576	65	75	185	4.8	809	350-S44A	1450	864	41	80	160	5.5	1105
		790	58	84						1116	36	84			
		972	50	80						1332	30	80			

续表

型号	转速/(r/min)	流量/(m³/h)	扬程/m	效率/%	电机功率/kW	必需气蚀余量/m	质量/kg	型号	转速/(r/min)	流量/(m³/h)	扬程/m	效率/%	电机功率/kW	必需气蚀余量/m	质量/kg
300-S58A	1450	529	55	80	160	4.8	809	350-S75	1450	972	80	78	360	5.5	1200
		720	49	81						1260	75	85			
		893	42	78						1440	65	80			
300-S58B	1450	504	47.2	73	132	4.8	809	350-S75A	1450	900	70	78	280	5.5	1200
		684	43	80						1170	65	84			
		835	37	78						1332	56	79			
300-S90	1450	590	93	74	315	4.8	840	350-S75B	1450	828	59	75	220	5.5	1200
		790	90	80						1080	55	82			
		936	82	75						1224	47.5	77			
300-S90A	1450	576	86	71	280	4.8	840	350-S125	1450	850	140	70	680	5.5	1580
		756	78	74						1260	125	71			
		918	70	71						1660	100	72.5			
300-S90B	1450	540	72	70	220	4.8	840	350-S125A	1450	803	125	70	570	5.5	1580
		720	67	73						1181	112	78			
		900	57	70						1570	90	70			
350-S16	1450	972	20	83	75	5.5	760	350-S125B	1450	745	108	70	500	5.5	1580
		1260	16	86						1098	96	77			
		1440	13.4	74						1458	77	72.5			

（3）外形与安装尺寸。

配带底座的 S 型双吸离心泵外形尺寸及安装尺寸如图 A.71、图 A.72 和表 A.5、表 A.6 所示。

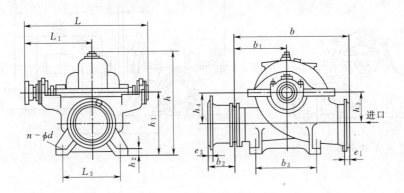

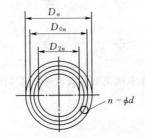

图 A.71　S 型双吸离心泵外形尺寸

不带底座的 S 型双吸离心泵外形尺寸及安装尺寸如图 A.71、图 A.73 和表 A.7 所示。

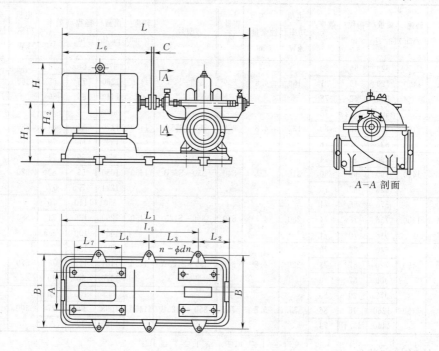

图 A.72　S 型双吸离心泵安装外形尺寸图（带底座）

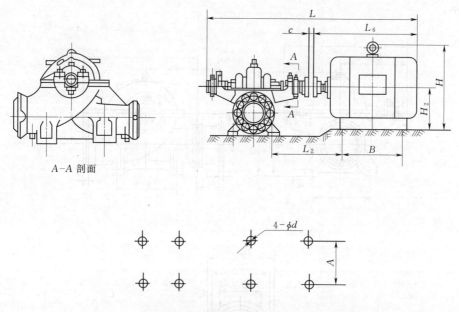

图 A.73　S 型双吸离心泵安装外形尺寸图（不带底座）

表 A.5

S 型双吸离心泵外形尺寸表

型号	泵外形尺寸/mm													进口法兰尺寸/mm					出口法兰尺寸/mm				吐出锥管法兰尺寸/mm				
	L	L_1	L_3	b	b_1	b_2	b_3	h	h_1	h_2	h_3	h_4	$n-\phi d$	D_1	D_{01}	D_{g1}	e_1	$n-\phi d_1$	D_2	D_{02}	D_{g2}	$n-\phi d_2$	D_3	D_{03}	D_{g3}	e_3	$n-\phi d_3$
150-S50	713.5	397	280	530	230	220	280	455	285	25	140	140	$4-\phi18$	285	240	150	26	$8-\phi22$	220	180	100	$8-\phi17.5$	285	240	150	26	$8-\phi22$
150-S78	713.5	397	280	550	250	220	280	472.5	285	25	140	155	$4-\phi18$	285	240	150	26	$8-\phi22$	220	180	100	$8-\phi17.5$	285	240	150	26	$8-\phi22$
150-S100	716.1	393	270	550	250	220	240	485.6	290	25	130	172	$4-\phi24$	285	240	150	26	$8-\phi22$	220	180	100	$8-\phi17.5$	285	240	150	26	$8-\phi22$
200-S42	754	408	300	550	300	350	300	540	350	26	160	165	$4-\phi23$	340	295	200	26	$8-\phi22$	258	210	125	$8-\phi17.5$	340	295	200	28	$8-\phi22$
200-S63	761	414	300	650	300	220	300	545	350	26	175	175	$4-\phi22$	340	295	200	26	$8-\phi22$	285	240	150	$8-\phi22$	340	295	200	28	$8-\phi22$
200-S95	861.5	485	250	680	330	350	250	555	355	25	170	170	$4-\phi17.5$	340	295	200	28	$8-\phi22$	258	210	125	$8-\phi17.5$	340	295	200	28	$8-\phi22$
250-S14	887.5	475	350	245	330	300	400	709	450	30	210	215	$4-\phi28$	395	350	250	28	$12-\phi22$	340	295	200	$8-\phi22$	395	350	250	28	$12-\phi22$
250-S24	923.5	502	350	850	400	300	400	738	450	30	230	230	$4-\phi28$	395	350	250	28	$8-\phi22$	340	295	200	$8-\phi22$	395	350	250	28	$12-\phi22$
250-S39	943.5	512	350	890	440	300	400	745	450	30	200	260	$4-\phi27$	395	350	250	28	$12-\phi22$	340	295	200	$8-\phi22$	395	350	250	28	$12-\phi22$
250-S65	1046.5	581	350	880	400	500	400	796	450	30	240	300	$4-\phi28$	395	350	250	28	$12-\phi22$	285	240	150	$8-\phi22$	395	350	250	28	$12-\phi22$
300-S12	1006	541	300	1000	500		540	830	520	36	265	265	$4-\phi25$	445	400	300	28	$12-\phi22$	445	400	300	$12-\phi22$		400	300	28	$12-\phi22$
300-S19	958.5	517	450	900	400	300	450	803	510	40	250	260	$4-\phi28$	445	400	300	28	$12-\phi22$	395	350	250	$12-\phi22$	445	400	300	28	$12-\phi22$
300-S32	1062.5	574	450	880	410	300	450	824	510	40	260	270	$4-\phi28$	445	400	300	28	$12-\phi22$	395	350	250	$12-\phi22$	445	400	300	28	$12-\phi22$
300-S8	1108.5	615	450	1070	530	300	450	830	510	40	250	310	$4-\phi26$	445	400	300	28	$12-\phi22$	395	350	250	$12-\phi22$	445	400	300	28	$12-\phi22$
300-S90	1168.5	644	450	1046	470	500	450	898	510	40	268	325	$4-\phi27$	445	400	300	28	$12-\phi22$	305	295	250	$8-\phi22$	445	400	300	28	$12-\phi22$
350-S16	1090.5	584	500	1168	584		500	970	620	50	310	310	$4-\phi34$	505	460	350	30	$16-\phi22$	505	460	350	$16-\phi22$	505	460	350	30	$16-\phi22$
350-S26	1161.5	633	500	1040	460	300	500	963	620	50	290	300	$4-\phi34$	505	460	350	30	$16-\phi22$	445	400	300	$12-\phi22$	505	460	350	30	$16-\phi22$
350-S44	1232.5	675	500	1080	510	300	500	984	620	50	300	300	$4-\phi34$	505	460	350	30	$16-\phi22$	445	400	300	$12-\phi22$	505	460	350	30	$16-\phi22$
350-S75	1263	702	500	1250	600	500	500	1017	620	50	274	356	$4-\phi34$	505	460	350	30	$16-\phi22$	395	350	250	$12-\phi22$	505	460	350	30	$16-\phi22$
350-S125						700								520	470	350	30	$16-\phi22$	340	295	200	$8-\phi22$	505	460	350	28	$16-\phi22$
200-S63 (Ⅱ)	741.5	408	300	650	300	220	300	545	350	26	175	175	$4-\phi23$	340	295	200	26	$8-\phi22$	280	240	150	$8-\phi22$	340	295	200	28	$8-\phi22$

表 A.6

S 型双吸离心泵安装外形尺寸表

泵型号	电机型号	电机功率/kW	C/mm	L/mm	L₁	L₂	L₃	L₄	L₅	n-φd A	L₆	L₇	B	B₁	H	H₁	H₂	A
150－S50	Y200L₂－2	37	3	1512.5	1275.5	215			842	4－φ25	775	305	462	550	475	385	200	318
150－S50A	Y200L₁－2	30	3	1512.5	1275.5	215			842	4－φ25	775	305	462	550	475	385	200	318
150－S78	Y250M－2	55	3	1665.5	1412	221			929	4－φ25	930	349	465	635	575	385	250	406
150－S78A	Y225M－2	45	3	1556.5	1302	211			850	4－φ25	815	311	462	564	530	385	225	356
150－S100	Y280S－2	75	3	1716.1	1412	221			929	4－φ25	1000	368	465	635	640	415	280	475
150－S100A	Y250M－2	55	3	1646.1	1412	221			929	4－φ25	930	349	465	635	575	415	250	406
200－S42	Y225M－2	45	3	1600	1319	216			853.5	4－φ24	815	311	471	567	530	450	225	356
200－S42A	Y200L₂－2	37	3	1552	1260	215			830	4－φ25	775	305	460	520	475	450	200	318
200－S63	Y280S－2	75	3	1778	1448	191			945	4－φ25	1000	368	482	674	640	450	280	475
200－S63A	Y250M－2	55	3	1708	1392	196			913.5	4－φ25	930	349	482	624	575	450	250	406
200－S95	Y315S－2	110	4	2083	1860	300			1076	4－φ25	1200	406	482	760	760	600	315	508
200－S95A	Y315S－2	110	4	2083	1860	300			1076	4－φ25	1200	406	482	760	760	600	315	508
200－S95B	Y280S－2	75	4	1883	1650	250			1060	4－φ25	1000	368	660	740	460	550	280	457
250－S14	Y200L－4	30	4	1679.5	1393	242			895	4－φ22	775	305	625	560	475	570	200	318
250－S14A	Y180M－4	18.5	4	1574.5	1318	242			851	4－φ22	670	241	625	523	430	570	180	279
250－S24	Y225M－4	45	4	1800.5	1475	236			1017	4－φ25	845	311	632	632	530	550	225	356
250－S24A	Y225S－4	37	4	1775.5	1447	236			966	4－φ25	820	286	612	612	530	550	225	356
250－S39	Y280S－4	75	4	1974.5	1620	241			1057	4－φ25	1000	368	686	686	640	550	280	457
250－S39A	Y250M－4	55	4	1904.5	1564	241			1025.5	4－φ25	930	349	644	644	575	550	250	406
250－S65	Y315M－4	132	4	2031.5	1868	300			1230	4－φ28	1250	457	660	740	760	600	315	508
250－S65A	Y315S－4	110	4	2281.5	1868	300			1230	4－φ28	1200	406	660	740	760	600	315	508
300－S12	Y225S－4	37	4	1858	1629	360			1005	4－φ22	820	286	850	622	530	670	225	356
300－S12A	Y200L－4	30	4	1813	1600	360			978.5	4－φ22	775	305	850	582	475	670	200	318
300－S19	Y250M－4	55	4	1919.5	1611	290			1030	4－φ25	930	349	682	682	575	610	250	406
300－S19A	Y225M－4	45	4	1834.5	1551	290	539		990	4－φ25	845	311	682	682	530	610	225	356
300－S32	Y315S－4	110	4	2297.5	1850	307		609	1123	6－φ25	1200	406	730	730	760	630	315	508
300－S32A	Y280S－4	75	4	2097.5	1760	302				4－φ25	1000	368	712	712	640	630	280	457

底座及电机尺寸/mm

表 A.7			S 型双吸离心泵安装外形尺寸表									
泵型号	电机型号	电机功率/kW	安装及电机尺寸/mm									
			L_1	L_2	L_6	A	B	C	H	H_2	$4-\phi D$
300-S58	Y355M_2-4	185	2878.5	824	1262	610	560	8	850	355	$4-\phi D$
300-S58A	Y315M_2-4	160	2368.5	786	1252	508	475	8	760	315	$4-\phi 28$
300-S58B	Y315M_1-4	132	2368.5	786	1252	508	457	8	760	315	$4-\phi 28$
300-S90	Y400M_2-4	315	2580.5	921	1402	686	630	10	960	400	$4-\phi 35$
300-S90A	Y400M_1-4	280	2580.5	921	1402	686	630	10	960	400	$4-\phi 35$
300-S90B	Y400S_1-4	220	2510.5	921	1332	686	560	10	960	400	$4-\phi 35$
350-S16	Y280S-4	75	2098.5	672	1002	457	368	6	640	280	$4-\phi 24$
350-S16A	Y250M-4	55	2028.5	650	932	406	349	6	640	280	$4-\phi 24$
350-S26	Y315M_1-4	132	2421.5	779	1252	508	457	8	760	315	$2-\phi 28$
350-S26A	Y315S-4	110	2371.5	779	1202	508	406	8	760	315	$2-\phi 28$
350-S44	Y400S_1-4	220	2574.5	927	1332	686	560	10	960	400	$4-\phi 35$
350-S44A	Y315M_2-4	160	2492.5	821	1252	508	457	8	760	315	$4-\phi 28$
350-S75	JR147-4	360	3479.6	1017	2207	940	870	10	1270	560	$4-\phi 42$
350-S75A	Y400M_1-4	280	2676.6	956	1402	686	630	10	960	400	$4-\phi 35$
350-S75B	Y400S_1-4	220	2606.6	956	1332	686	560	10	960	400	$4-\phi 35$

附 A.3　QG、QGW 系列潜水供水泵

潜水供水泵由于机电一体潜水工作，可节省土建投资，减小泵房占地，可用于输送清水及物理化学性质与清水相似的液体，液体最高温度不超过 40℃。

（1）型号说明。

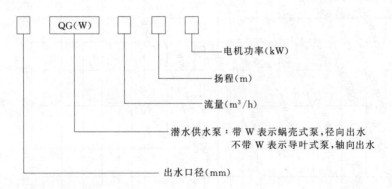

（2）规格及主要技术参数。

QG、QGW 系列潜水供水泵规格和性能见图 A.74、图 A.75 和表 A.8、表 A.9。

（3）外形和安装尺寸。

QG 型潜水供水泵安装方式分为悬吊式、铁制井筒式和混凝土预制井筒式等，悬吊式安装尺寸见图 A.76 和表 A.10；钢制井筒式安装尺寸见图 A.77 和表 A.11；混凝土预制井筒式安装尺寸见图 A.78 和表 A.12。

QGW 型自动耦合式潜水供水泵外形及安装尺寸见图 A.79 和表 A.13。

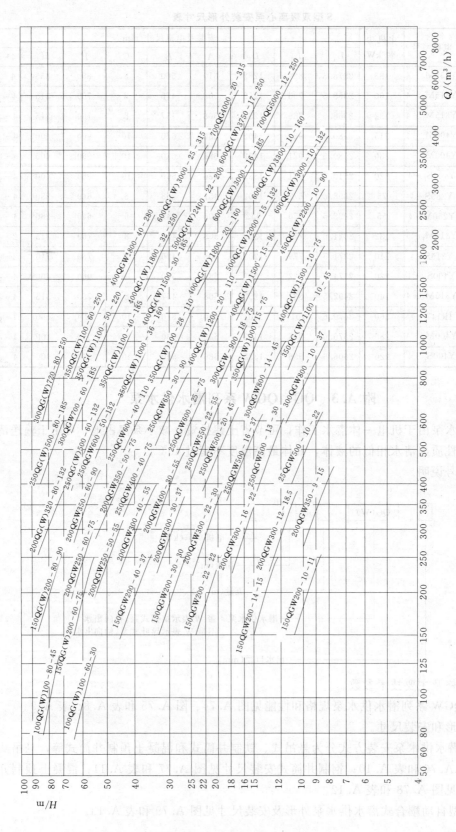

图 A.74 QG 型系列潜水泵型谱图

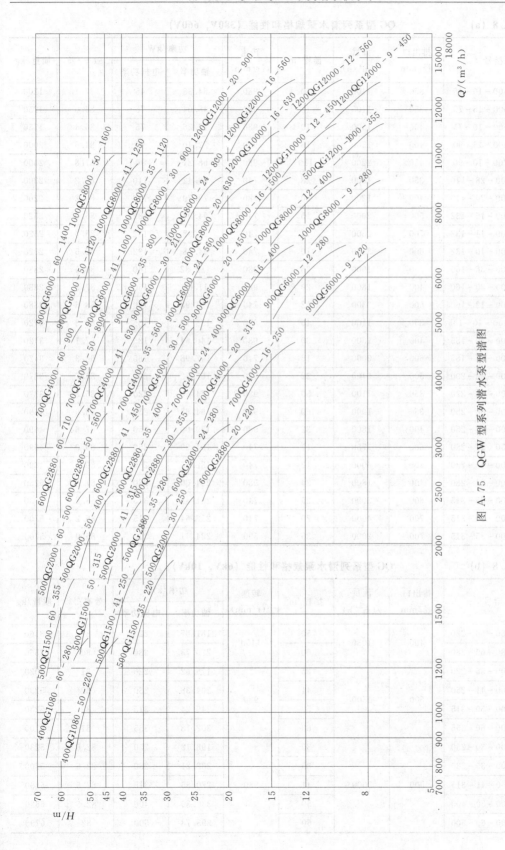

图 A.75 QGW 型系列潜水泵型谱图

表 A. 8（a）   **QG 型系列潜水泵规格和性能（380V，660V）**

泵型号	排出口径/mm	流量/(m³/h)	扬程/m	转速/(r/min)	功率/kW 轴功率	功率/kW 电机功率	效率/%	质量/kg
350QG1100 – 10 – 45	350	1100	10	980	34.38	45	87.1	1200
350QG1000 – 15 – 75	350	1100	15	980	48.04	75	85.0	1750
400QG1500 – 10 – 75	400	1500	10	980	47.26	75	86.4	1750
400QG1500 – 15 – 90	400	1500	15	980	72.40	90	84.6	2000
450QG2200 – 10 – 90	450	2200	110	980	68.21	90	87.8	2000
350QG1000 – 28 – 110	350	1000	28	740	88.42	110	86.2	2200
400QG1200 – 20 – 110	400	1200	20	980	75.79	110	86.2	2200
500QG2000 – 15 – 132	500	2000	15	740	94.96	132	86.0	2520
700QG2500 – 11 – 132	700	2500	11	740	91.38	132	85.0	2520
600QG3000 – 10 – 132	600	3000	10	740	94.98	132	88.5	2520
350QG1000 – 36 – 160	350	1000	36	980	113.82	160	86.1	2880
400QG1800 – 20 – 160	400	1800	20	980	11.62	160	87.8	2880
600QG3300 – 12 – 160	600	3300	12	740	121.98	160	88.6	2880
3500QG1100 – 40 – 185	350	1100	40	980	138.79	185	86.3	3420
400QG1500 – 30 – 185	400	1500	30	980	140.64	185	87.1	3420
600QG3000 – 16 – 185	600	3000	16	740	147.98	185	88.3	3420
500QG2400 – 22 – 200	500	2400	22	980	167.72	200	85.7	3870
350QG1100 – 50 – 220	350	1100	50	980	174.50	220	85.8	3870
350QG1000 – 60 – 250	350	1000	60	980	194.68	250	83.9	4690
400QG1800 – 32 – 250	400	1800	32	980	179.00	250	87.6	4690
600QG3750 – 17 – 250	600	3750	17	740	194.99	250	89.0	4690
700QG5000 – 12 – 250	700	5000	12	740	182.50	250	89.5	4690
400QG1800 – 24 – 280	400	1800	24	980	224.00	280	87.5	5250
600QG3000 – 25 – 315	600	3000	25	740	231.48	315	88.2	5700
700QG4000 – 20 – 315	700	4000	20	740	252.64	315	86.2	5700
700QG2000 – 35 – 315	700	2000	35	590	224.41	315	85.0	5700

表 A. 8（b）   **QG 型系列潜水泵规格和性能（6kV，10kV）**

泵型号	排出口径/mm	流量/(m³/h)	扬程/m	转速/(r/min)	功率/kW 轴功率	功率/kW 电机功率	效率/%	质量/kg
400QG1080 – 50 – 220	400	1080	50	1450	181.67	220	81	3160
400QG1080 – 60 – 280			60		220.73	280	80	3560
500QG1500 – 35 – 220	500	1500	35	980	176.62	220	81	5020
500QG1500 – 41 – 250			41		204.38	250	82	5230
500QG1500 – 50 – 315			50		249.24	315	82	5230
500QG1500 – 60 – 355			60		302.78	355	81	6100
500QG2000 – 30 – 250	500	2000	30	980	198.18	250	82.5	5230
500QG2000 – 35 – 280			35		232.21	280	82.5	5300
500QG2000 – 41 – 315			41		270.85	315	82.5	5890
500QG2000 – 50 – 400			50		330.30	400	82.5	6620
500QG2000 – 60 – 500			60		398.78	500	82	6790

泵型号	排出口径/mm	流量/(m³/h)	扬程/m	转速/(r/min)	功率/kW		效率/%	质量/kg
					轴功率	电机功率		
600QG2880 - 20 - 220	600	2880	20	980	190.25	220	82.5	5150
600QG2880 - 24 - 280			24		228.31	280	82.5	5300
600QG2880 - 30 - 355			30		285.38	355	82.5	5530
600QG2880 - 35 - 400			35		332.95	400	82.5	6620
600QG2880 - 41 - 450			41		390.02	450	82.5	6710
600QG2880 - 50 - 560			50		475.64	560	82.5	7380
600QG2880 - 60 - 710			60		570.76	710	82.5	8910
700QG4000 - 16 - 250	700	4000	16	730	211.39	250	82.5	8200
700QG4000 - 20 - 315			20		262.65	315	83	8500
700QG4000 - 24 - 400			24		315.18	400	83	10540
700QG4000 - 30 - 500			30		393.98	500	83	11310
700QG4000 - 35 - 560			35		459.64	560	83	11450
700QG4000 - 41 - 630			41		538.43	630	83	11740
700QG4000 - 50 - 800			50		656.63	800	83	13860
700QG4000 - 60 - 900			60		787.95	900	83	14460
900QG6000 - 9 - 220	900	6000	9	590	177.29	220	83	7060
900QG6000 - 12 - 280			12		236.39	280	83	7270
900QG6000 - 16 - 400			16		313.29	400	83.5	7990
900QG6000 - 20 - 450			20		391.62	450	83.5	8520
900QG6000 - 24 - 560			24		469.94	560	83.5	8880
900QG6000 - 30 - 710			30		587.43	710	83.5	10150
900QG6000 - 35 - 800			35		685.33	800	83.5	11500
900QG6000 - 41 - 1000			41		802.81	1000	83.5	15000
900QG6000 - 50 - 1120			50		979.04	1120	83.5	16500
900QG6000 - 60 - 1400			60		1174.85	1400	83.5	18200
1000QG8000 - 9 - 280	1000	8000	9	590	236.39	280	83	7270
1000QG8000 - 12 - 400			12		315.18	400	83	8000
1000QG8000 - 16 - 500			16		417.72	500	83.5	8600
1000QG8000 - 20 - 630			20		522.16	630	83.5	9860
1000QG8000 - 24 - 800			24		626.59	800	83.5	11500
1000QG8000 - 30 - 900			30		783.23	900	83.5	13750
1000QG8000 - 35 - 1120			35		913.77	1120	83.5	16500
1000QG8000 - 41 - 1250			41		1070.42	1250	83.5	20700
1000QG8000 - 50 - 1600			50		1305.39	1600	83.5	23500
120QG10000 - 9 - 355	1200	10000	9	485	291.96	355	84	9060
120QG10000 - 12 - 450			12		389.29	450	84	1100
120QG10000 - 16 - 630			16		519.05	630	84	12800
120QG12000 - 9 - 450	1200	12000	9	485	352.46	450	83.5	11000
120QG12000 - 12 - 560			12		469.94	560	83.5	12500
120QG12000 - 16 - 710			16		622.86	710	84	17000
120QG12000 - 20 - 900			20		778.27	900	84	22000

表 A.9   QGW 型系列潜水泵规格和性能 (6kV，10kV)

泵型号	排出口径/mm	流量/(m³/h)	扬程/m	转速/(r/min)	功率/kW 轴功率	功率/kW 电机功率	效率/%	质量/kg
150QGW200-10-11	150	200	10	1450	6.68	11	81.5	260
150QGW200-14-15	150	200	14	1450	9.36	15	81.4	300
200QGW350-9-15	200	350	9	1450	10.46	15	82.0	300
200QGW300-12-18.5	200	300	12	1450	12.01	18.5	81.6	330
150QGW200-22-22	150	200	22	1450	14.73	22	81.3	800
200QGW300-16-22	200	300	16	1450	15.84	22	82.5	800
250QGW500-10-22	250	500	10	980	16.36	22	83.2	800
150QGW200-30-30	150	200	30	1450	20.44	30	79.9	800
200QGW300-22-30	200	300	22	1450	21.83	30	82.3	800
250QGW500-13-30	250	500	13	980	21.01	30	84.2	800
150QGW200-40-37	150	200	40	1450	28.06	37	77.6	1000
200QGW300-30-37	200	300	30	1450	29.81	37	82.2	1000
250QGW500-16-37	250	500	16	980	25.90	37	84.1	1000
300QGW800-10-37	300	800	10	980	26.40	37	82.5	1000
250QGW500-20-45	250	500	20	980	32.41	45	84.0	1200
300QGW800-14-45	300	800	14	980	36.00	45	84.7	1200
350QGW1100-10-45	350	1100	10	980	34.38	45	87.1	1200
200QGW250-50-55	200	250	50	1450	43.57	55	78.1	1380
200QGW300-40-55	200	300	40	1450	40.33	55	81.0	1380
200QGW400-30-55	200	400	30	980	39.98	55	81.7	1380
250QGW550-22-55	250	550	22	980	38.95	55	84.5	1380
200QGW250-60-75	200	250	60	1450	53.73	75	76.0	1750
200QGW350-50-75	200	350	50	1450	59.11	75	80.6	1750
250QGW400-40-75	250	400	40	1450	52.41	75	83.1	1750
250QGW600-25-75	250	600	25	980	48.04	75	84.6	1750
300QGW900-18-75	300	900	18	980	51.40	75	85.8	1750
350QGW1000-15-75	350	1000	15	980	48.04	75	85.0	1750
400QGW1500-10-75	400	1500	10	980	47.26	75	86.4	1750
200QGW350-60-90	200	350	60	1450	72.18	90	79.2	2000
250QGW650-30-90	250	650	30	980	62.67	90	84.7	2000
400QGW1500-15-90	400	1500	15	980	72.40	90	84.6	2000
450QGW2200-10-90	450	2200	10	980	68.21	90	87.8	2000

续表

泵型号	排出口径/mm	流量/(m³/h)	扬程/m	转速/(r/min)	功率/kW		效率/%	质量/kg
					轴功率	电机功率		
250QGW600－40－110	250	600	40	980	79.00	110	82.7	2200
350QGW1000－28－110	350	1000	28	740	88.42	110	86.2	2200
400QGW1200－20－110	400	1200	20	980	75.79	110	96.2	2200
250QGW500－60－132	250	500	60	1450	98.51	132	82.9	2520
250QGW600－50－132	250	600	50	980	101.20	132	80.7	2520
500QGW2000－15－132	500	2000	15	740	94.96	132	96.0	2520
600QGW3000－10－132	600	3000	10	740	92.98	132	88.5	2520
350QGW1000－36－160	350	1000	36	980	113.82	160	86.1	2880
400QGW1800－20－160	400	1800	20	980	111.62	160	87.8	2880
600QGW3300－12－160	600	3300	12	740	126.67	160	88.6	2880
300QGW700－60－185	300	700	60	980	141.85	185	80.6	3420
350QGW1100－40－185	350	1100	40	980	138.79	185	86.3	3420
400QGW1500－30－185	400	1500	30	980	140.64	185	87.1	3420
600QGW3000－16－185	600	3000	16	740	147.98	185	88.3	3420
500QGW2400－22－200	500	2400	22	980	167.72	200	85.7	3870
350QGW1100－50－220	350	1100	50	980	174.50	220	85.8	3870
350QGW1000－60－250	350	1000	60	980	194.68	250	83.0	4690
400QGW1800－32－250	400	1800	32	980	179.0	250	87.6	4690
600QGW3750－17－250	600	3750	17	740	194.99	250	89.0	4690
400QGW1800－40－280	400	1800	40	980	224.0	280	87.5	5250
600QGW3000－25－315	600	3000	25	740	231.48	315	88.2	5700
80QGW50－60－18.5	80	50	60	2900	13.5	18.5	60	290
80QGW50－80－30	80	50	80	2900	20.6	30	53	410
100QGW100－60－30	100	100	60	2900	24.0	30	68	410
100QGW100－80－45	100	100	80	2900	33	45	66	850
100QGW100－100－55	100	100	100	2900	42	55	64.5	1200
150QGW200－50－75	150	200	60	2900	45.7	75	71.5	1480
150QGW200－80－90	150	200	80	1900	62.2	90	70	1860
150QGW200－100－110	150	200	100	2900	81.3	110	68	2350
200QGW320－60－90	200	320	60	1450	70.6	90	74	1810
200QGW320－80－132	200	320	80	1450	96.8	132	72	2350
200QGW320－100－160	200	320	100	1450	123.6	160	70.5	2800

泵型号	排出口径/mm	流量/(m³/h)	扬程/m	转速/(r/min)	功率/kW 轴功率	功率/kW 电机功率	效率/%	质量/kg
250QGW500-80-185	250	500	80	1450	145.2	185	75	3200
250QGW500-100-250	250	500	100	1450	187.8	250	72.5	3700
300QGW720-60-185	300	720	60	1450	150.8	185	78	3300
300QGW720-80-280	300	720	80	1450	206.4	280	76	4000

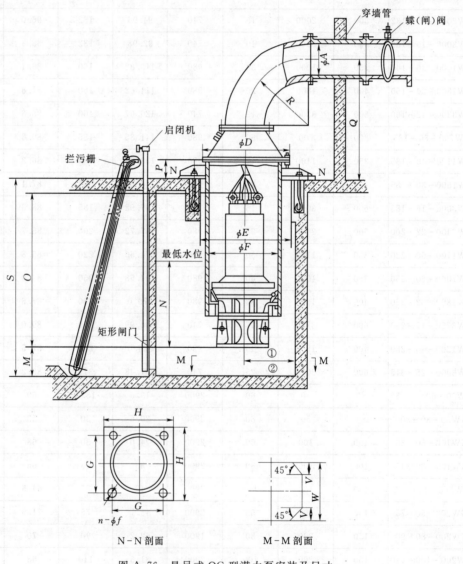

图 A.76 悬吊式 QG 型潜力泵安装及尺寸

S、Q、R 尺寸根据用户要求确定；表中 R 尺寸为推荐值；
泵中心距池壁不大于 T；同池内两泵中心距不小于 Z。

表 A.10 (a)　悬吊式 QG 型潜水泵安装尺寸表 (380V, 660V)

单位: mm

泵型号	φA	φD	φE	φF	G	H	n-φf	R	M	N	O	P	Z	T	W	V
350QG1100-10-45	350	755	800	600	1150	1350	4-M24×400	525	400	1400	1850	200	1400	450	850	210
350QG1000-15-75	350	975	1050	800	1350	1600	4-M30×400	525	400	1400	2000	200	1650	575	1100	210
400QG1500-10-75	400	975	1050	800	1350	1600	4-M30×400	600	450	1600	2000	200	1605	575	1100	250
400QG1500-15-90	400	975	1050	800	1350	1600	4-M30×400	600	450	1600	2000	200	1605	575	1100	250
450QG2200-10-90	450	975	1050	800	1350	1600	4-M30×400	675	500	1700	2000	200	1650	575	1200	300
350QG1000-28-110	350	1175	1365	1000	1700	2000	4-M36×400	525	400	1400	2200	220	2050	725	1450	210
400QG1200-20-110	400	975	1050	800	1350	1600	4-M30×400	600	450	1500	2200	200	1650	575	1100	230
500QG2000-15-132	500	1175	1365	1000	1700	2000	4-M36×500	750	500	1700	2200	220	2050	575	1450	285
700QG2500-11-132	700	1175	1365	1000	1700	2000	4-M36×500	1050	500	1700	2200	220	2050	725	1450	350
600QG3000-10-132	600	1175	1365	1000	1700	2000	4-M36×500	900	600	1900	2200	220	2050	725	1450	350
350QG1000-36-160	350	1175	1365	100	1700	2000	4-M36×500	525	400	1400	2400	220	2050	725	1450	210
400QG1800-20-160	400	1175	1365	1000	1700	2000	4-M36×500	600	500	1700	2400	220	2050	725	1450	275
600QG3300-12-160	600	1175	1365	1000	1700	2000	4-M36×500	900	600	1900	2400	220	2050	725	1450	370
350QG1100-40-185	350	1175	1365	1000	1700	2000	4-M36×500	525	400	1700	2400	220	2050	725	1450	210
400QG1500-30-185	400	1175	1450	1000	1700	2150	4-M36×500	600	450	1600	2400	220	2050	725	1450	250
600QG3000-16-185	600	1175	1365	1000	1700	2000	4-M36×500	900	600	1900	2400	220	2050	725	1450	350
500QG2400-22-200	500	1175	1365	1000	1700	2000	4-M36×500	750	500	1700	2400	220	2050	725	1450	320
350QG1100-50-220	350	1175	1365	1000	1700	2000	4-M36×500	525	400	1400	2600	220	2050	725	1450	210
350QG1000-60-250	350	1305	1365	1100	1700	2000	4-M36×500	525	400	1400	2600	260	2230	775	1550	210
400QG1800-32-250	400	1405	1450	1200	1900	2000	4-M36×500	600	500	1700	2600	220	2050	725	1450	275
600QG3750-17-250	600	1305	1365	1100	1700	2000	4-M36×500	900	650	2000	2600	220	2050	725	1820	395
700QG5000-12-250	700	1305	1365	1100	1700	2000	4-M36×500	1050	700	2100	2600	220	2050	725	1450	455
400QG1800-24-280	400	1175	1365	1000	1700	2000	4-M36×500	600	500	1700	2800	220	2050	725	1450	475
600QG3000-25-315	600	1405	1365	1100	1700	2000	4-M36×500	900	600	1900	3200	220	2050	725	1450	350
700QG4000-20-315	800	1405	1365	1100	1700	2000	4-M36×500	1050	700	2000	3200	220	2050	725	1450	455
700QG3000-35-315	700	1520	1600	1300	2000	2250	4-M36×500	1050	500	1800	3200	300	2300	850	1700	285

表 A.10 (b)　　悬吊式 QG 型潜水泵安装尺寸表 (6kV, 10kV)

单位：mm

泵型号	φA	φD	φE	φF	G	H	n-φf	R	M	N	O	P	Z	T	W	V
900QG6000-9-220	900	1520	1600	1300	1650	1850	4-M36×500	1350	850	2400	3000	300	2000	850	1700	500
900QG6000-12-280	900	1520	1600	1300	1650	1850	4-M36×500	1350	850	2400	3000	300	2000	850	1700	500
900QG6000-16-400	900	1520	1600	1300	1650	1850	4-M36×500	1350	850	2400	3000	300	2000	850	1700	500
900QG6000-20-450	900	1520	1600	1300	1650	1850	4-M36×500	1350	850	2400	3000	300	2000	850	1700	500
900QG6000-24-560	900	1830	1900	1600	1900	2200	6-M36×500	1350	850	2400	3000	400	2250	850	2000	500
900QG6000-30-710	900	1830	1900	1600	1900	2200	6-M36×500	1350	850	2400	3100	400	2250	850	2000	500
900QG6000-35-800	900	1830	1900	1600	1900	2200	6-M36×500	1350	850	2400	3100	400	2250	850	2000	500
900QG6000-41-1000	900	2045	2100	1800	2100	2400	6-M36×500	1350	850	2400	3200	400	2450	1100	2200	500
900QG6000-50-1120	900	2045	2100	1800	2100	2400	6-M36×500	1350	850	2400	3200	400	2450	1100	2200	500
900QG6000-60-1400	900	2045	2100	1800	2100	2400	6-M36×500	1350	850	2400	3200	400	2450	1100	2200	500
1000QG8000-9-280	1000	1830	1900	1600	1900	2200	6-M36×500	1500	1000	2600	3500	400	2300	1000	2300	575
1000QG8000-12-400	1000	1830	1900	1600	1900	2200	6-M36×500	1500	1000	2600	3500	400	2300	1000	2300	575
1000QG8000-16-500	1000	1830	1900	1600	1900	2200	6-M36×500	1500	1000	2600	3500	400	2300	1000	2300	575
1000QG8000-20-630	1000	1830	1900	1600	1900	2200	6-M36×500	1500	1000	2600	3500	400	2300	1000	2300	575
1000QG8000-24-800	1000	1830	1900	1600	1900	2400	6-M36×500	1500	1000	2600	3500	400	2300	1100	2300	575
1000QG8000-30-900	1000	2045	2100	1800	2100	2400	6-M36×500	1500	1000	2600	3500	400	2450	1100	2300	575
1000QG8000-35-1120	1000	2045	2100	1800	2100	2400	6-M36×500	1500	1000	2600	3500	400	2450	1100	2300	575
1000QG8000-41-1250	1000	2045	2100	1800	2100	2400	6-M36×500	1500	1000	2600	3500	400	2450	1100	2300	575
1000QG8000-50-1600	1000	2475	2520	2200	2500	2800	6-M36×500	1500	1000	2600	3500	400	2350	1200	2600	575
1200QG10000-9-335	1200	1830	1900	1600	1900	2200	6-M36×500	1800	1200	2800	3500	400	2580	1100	2575	645
1200QG10000-12-450	1200	1830	1900	1600	1900	2200	6-M36×500	1800	1200	2800	3500	400	2580	1100	2575	645
1200QG10000-16-630	1200	2045	2100	1800	2100	2400	6-M36×500	1800	1200	2800	3500	400	2580	1100	2575	645
1200QG10000-9-450	1200	1830	1900	1600	1900	2200	6-M36×500	1800	1200	3000	3500	400	2825	1150	2825	705
1200QG10000-12-560	1200	2045	2100	1800	2100	2400	6-M36×500	1800	1200	3000	3500	400	2825	1150	2825	705
1200QG10000-16-710	1200	2045	2100	1800	2100	2400	6-M36×500	1800	1200	3000	3500	400	2825	1150	2825	705
1200QG10000-20-900	1200	2045	2100	1800	2100	2400	6-M36×500	1800	1200	3000	3500	400	2825	1150	2825	705

续表

泵型号	φA	φD	φE	φF	G	H	n-φf	R	M	N	O	P	Z	T	W	V
400QG1080-50-220	400	1305	1360	1100	1400	1600	4-M36×500	600	400	1400	2400	300	1650	725	1450	210
400QG1080-60-280	400	1305	1360	1100	1400	1600	4-M36×500	600	400	1400	2400	300	1650	725	1450	210
500QG1500-35-220	500	1405	1460	1200	1500	1700	4-M36×500	750	500	1600	2700	300	1750	775	1550	250
500QG1500-41-250	500	1405	1460	1200	1500	1700	4-M36×500	750	500	1600	2700	300	1750	775	1550	250
500QG1500-50-315	500	1405	1460	1200	1500	1700	4-M36×500	750	500	1700	2700	300	1750	775	1550	250
500QG1500-60-355	500	1405	1460	1200	1500	1700	4-M36×500	750	500	1700	2700	300	1750	775	1550	250
500QG2000-30-250	500	1405	1460	1200	1500	1700	4-M36×500	750	500	1800	2700	300	1750	775	1550	285
500QG2000-35-280	500	1405	1460	1200	1500	1700	4-M36×500	750	500	1800	2700	300	1750	775	1550	285
500QG2000-41-315	500	1405	1460	1200	1500	1700	4-M36×500	750	500	1800	2700	300	1750	775	1550	285
500QG2000-50-400	500	1405	1460	1200	1500	1700	4-M36×500	750	500	1800	2700	300	1750	775	1550	285
500QG2000-60-500	500	1405	1460	1200	1500	1700	4-M36×500	750	500	1800	2700	300	1750	775	1550	285
600QG2880-20-220	600	1405	1460	1200	1500	1700	4-M36×500	900	600	1900	2700	300	1750	775	1550	340
600QG2880-24-280	600	1405	1460	1200	1500	1700	4-M36×500	900	600	1900	2700	300	1750	775	1550	340
600QG2880-30-355	600	1405	1460	1200	1500	1700	4-M36×500	900	600	1900	2700	300	1750	775	1550	340
600QG2880-35-400	600	1405	1460	1200	1500	1700	4-M36×500	900	600	1900	2700	300	1750	775	1550	340
600QG2880-41-450	600	1520	1600	1300	1650	1850	4-M36×500	900	600	1900	2700	300	1900	850	1700	340
600QG2880-50-560	600	1520	1600	1300	1650	1850	4-M36×500	900	600	1900	2700	300	1900	850	1700	340
600QG2880-60-710	600	1520	1600	1300	1650	1850	4-M36×500	900	600	1900	2700	300	1900	850	1700	340
700QG4000-16-250	700	1520	1600	1300	1650	1850	4-M36×500	1050	700	2000	2800	300	1900	850	1700	405
700QG4000-20-315	700	1520	1600	1300	1650	1850	4-M36×500	1050	700	2000	2800	300	1900	850	1700	405
700QG4000-24-400	700	1520	1600	1300	1650	1850	4-M36×500	1050	700	2000	2800	300	1900	850	1700	405
700QG4000-30-500	700	1520	1600	1300	1650	1850	4-M36×500	1050	700	2000	2800	300	1900	850	1700	405
700QG4000-35-560	700	1520	1600	1300	1650	1850	4-M36×500	1050	700	2000	2800	300	1900	850	1700	405
700QG4000-41-630	700	1520	1600	1300	1650	1850	4-M36×500	1050	700	2000	2800	300	1900	850	1700	405
700QG4000-50-800	700	1830	1900	1600	1900	2200	4-M36×500	1050	700	2000	2900	400	2250	1000	2000	405
700QG4000-60-900	700	1830	1900	1600	1900	2200	4-M36×500	1050	700	2000	2900	400	2250	1000	2000	405

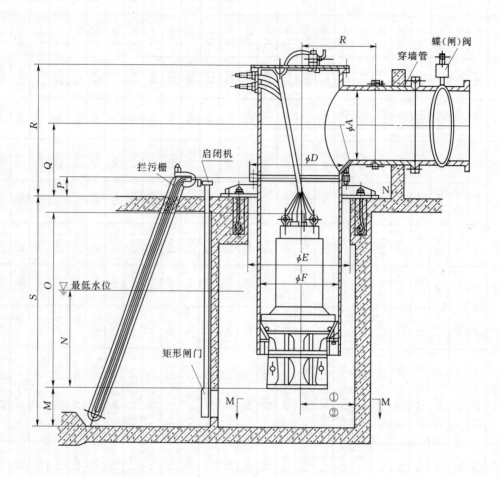

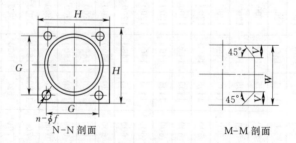

图 A.77 钢制井筒式 QG 型潜水泵安装及尺寸

S、Q、R 根据用户要求确定；表中 R 为推荐值；

泵中心距池壁不大于 T；同池内两泵中心距不小于 Z。

表 A.11 (a)　钢制井筒式 QG 型潜水泵安装尺寸表（380V，660V）

单位：mm

泵型号	φA	φD	φE	φF	G	H	n−φf	R	M	N	O	P	Z	T	W	V
350QG1100−10−45	350	755	800	600	1150	1350	4−M24×400	750	400	1400	1850	200	1400	450	850	210
350QG1000−15−75	350	975	1050	800	1350	1600	4−M30×400	900	400	1400	2000	200	1650	575	1100	210
400QG1500−10−75	400	975	1050	800	1350	1600	4−M30×400	900	450	1600	2000	200	1650	575	1100	250
400QG1500−15−90	400	975	1050	800	1350	1600	4−M30×400	900	450	1600	2000	200	1650	575	1100	250
450QG2200−10−90	450	975	1050	800	1350	1600	4−M30×400	900	500	1700	2000	200	1650	725	1200	300
350QG1000−28−110	350	1175	1365	1000	1700	2000	4−M36×400	1000	400	1400	2200	220	2050	725	1450	210
400QG1200−20−110	400	975	1050	800	1350	1600	4−M30×500	900	450	1500	2200	200	1650	575	1100	230
500QG2000−15−132	500	1175	1365	1000	1700	2000	4−M36×500	1000	500	1700	2200	220	2050	725	1450	285
700QG2500−11−132	700	1175	1365	1000	1700	2000	4−M36×500	1000	500	1700	2200	220	2050	725	1450	350
600QG3000−10−132	600	1175	1365	1000	1700	2000	4−M36×500	1000	600	1900	2200	220	2050	725	1450	350
350QG1000−36−160	350	1175	1365	100	1700	2000	4−M36×500	1000	400	1400	2400	220	2050	725	1450	210
400QG1800−20−160	400	1175	1365	1000	1700	2000	4−M36×500	1000	500	1700	2400	220	2050	725	1450	275
600QG3300−12−160	600	1175	1365	1000	1700	2000	4−M36×500	1000	600	1900	2400	220	2050	725	1450	370
350QG1100−40−185	350	1175	1365	1000	1700	2000	4−M36×500	1000	400	1700	2400	220	2050	725	1450	210
400QG1500−30−185	400	1175	1365	1000	1700	2000	4−M36×500	1000	450	1600	2400	220	2050	725	1450	250
600QG3000−16−185	600	1175	1365	1000	1700	2000	4−M36×500	1000	600	1900	2400	220	2050	725	1450	350
500QG2400−22−200	500	1175	1365	1000	1700	2000	4−M36×500	1000	500	1700	2400	220	2050	725	1450	320
350QG1100−50−220	350	1175	1365	1000	1700	2000	4−M36×500	1000	400	1400	2600	220	2050	725	1450	210
350QG1000−60−250	350	1305	1450	1100	1900	2150	4−M36×500	1100	400	1700	2600	220	2200	775	1550	275
400QG1800−32−250	400	1405	1365	1200	1700	2000	4−M36×500	1000	500	2000	2600	260	2200	725	1450	395
600QG3750−17−250	600	1305	1365	1100	1700	2000	4−M36×500	1000	650	2100	2600	220	2200	725	1820	455
700QG5000−12−250	700	1305	1365	1100	1700	2000	4−M36×500	1000	700	1700	2800	220	2200	725	1450	475
400QG1800−24−280	400	1175	1365	1000	1700	2000	4−M36×500	1000	500	1700	3200	220	2050	725	1450	350
600QG3000−25−315	600	1405	1365	1100	1700	2000	4−M36×500	1000	600	1900	3200	220	2050	725	1450	455
700QG4000−20−315	700	1405	1365	1100	1700	2000	4−M36×500	1000	700	2000	3200	220	2050	725	1450	455
700QG2000−35−315	700	1520	1600	1300	2000	2250	4−M36×500	1200	500	1800	3200	300	2300	850	1700	285

表 A.11 (b)

钢制井筒式 QG 型潜水泵安装尺寸表 (6kV, 10kV)

单位：mm

泵型号	φA	φD	φE	φF	G	H	n-φf	R	M	N	O	P	Z	T	W	V
400QG1080-50-220	400	1305	1360	1100	1400	1600	4-M36×500	1200	400	1400	2400	300	1650	725	1450	210
400QG1080-60-280	400	1305	1360	1100	1400	1600	4-M36×500	1200	400	1400	2400	300	1650	725	1450	210
500QG1500-35-220	500	1405	1460	1200	1500	1700	4-M36×500	1200	500	1600	2700	300	1750	775	1550	250
500QG1500-41-250	500	1405	1460	1200	1500	1700	4-M36×500	1200	500	1600	2700	300	1750	775	1550	250
500QG1500-50-315	500	1405	1460	1200	1500	1700	4-M36×500	1200	500	1700	2700	300	1750	775	1550	250
500QG1500-60-355	500	1405	1460	1200	1500	1700	4-M36×500	1200	500	1700	2700	300	1750	775	1550	250
500QG2000-30-250	500	1405	1460	1200	1500	1700	4-M36×500	1200	500	1800	2700	300	1750	775	1550	285
500QG2000-35-280	500	1405	1460	1200	1500	1700	4-M36×500	1200	500	1800	2700	300	1750	775	1550	285
500QG2000-41-315	500	1405	1460	1200	1500	1700	4-M36×500	1200	500	1800	2700	300	1750	775	1550	285
500QG2000-50-400	500	1405	1460	1200	1500	1700	4-M36×500	1200	500	1800	2700	300	1750	775	1550	285
500QG2000-60-500	500	1405	1460	1200	1500	1700	4-M36×500	1200	500	1800	2700	300	1750	775	1550	285
600QG2880-20-220	600	1405	1460	1200	1500	1700	4-M36×500	1200	600	1900	2700	300	1750	775	1550	340
600QG2880-24-280	600	1405	1460	1200	1500	1700	4-M36×500	1200	600	1900	2700	300	1750	775	1550	340
600QG2880-30-355	600	1405	1460	1200	1500	1700	4-M36×500	1200	600	1900	2700	300	1750	775	1550	340
600QG2880-35-400	600	1405	1460	1300	1500	1700	4-M36×500	1200	600	1900	2700	300	1750	775	1550	340
600QG2880-41-450	600	1520	1600	1300	1650	1850	4-M36×500	1200	600	1900	2700	300	1900	850	1700	340
600QG2880-50-560	600	1520	1600	1300	1650	1850	4-M36×500	1200	600	1900	2700	300	1900	850	1700	340
600QG2880-60-710	600	1520	1600	1300	1650	1850	4-M36×500	1200	600	1900	2700	300	1900	850	1700	340
700QG4000-16-250	700	1520	1600	1300	1650	1850	4-M36×500	1200	700	2000	2800	300	1900	850	1700	405
700QG4000-20-315	700	1520	1600	1300	1650	1850	4-M36×500	1200	700	2000	2800	300	1900	850	1700	405
700QG4000-24-400	700	1520	1600	1300	1650	1850	4-M36×500	1200	700	2000	2800	300	1900	850	1700	405
700QG4000-30-500	700	1520	1600	1300	1650	1850	4-M36×500	1200	700	2000	2800	300	1900	850	1700	405
700QG4000-35-560	700	1520	1600	1300	1650	1850	4-M36×500	1200	700	2000	2800	300	1900	850	1700	405
700QG4000-41-630	700	1520	1600	1300	1650	1850	4-M36×500	1200	700	2000	2800	300	1900	850	1700	405
700QG4000-50-800	700	1830	1900	1600	1900	2200	4-M36×500	1500	700	2000	2900	400	2250	1000	2000	405
700QG4000-60-900	700	1830	1900	1600	1900	2200	4-M36×500	1500	700	2000	2900	400	2250	1000	2000	405

续表

泵型号	φA	φD	φE	φF	G	H	n-φf	R	M	N	O	P	Z	T	W	V
900QG6000-9-220	900	1520	1600	1300	1650	1850	4-M36×500	1200	850	2400	3000	300	2000	850	1700	500
900QG6000-12-280	900	1520	1600	1300	1650	1850	4-M36×500	1200	850	2400	3000	300	2000	850	1700	500
900QG6000-16-400	900	1520	1600	1300	1650	1850	4-M36×500	1200	850	2400	3000	300	2000	850	1700	500
900QG6000-20-450	900	1520	1600	1300	1650	1850	4-M36×500	1500	850	2400	3000	300	2000	850	1700	500
900QG6000-24-560	900	1830	1900	1600	1900	2200	6-M36×500	1200	850	2400	3000	400	2230	1000	2000	500
900QG6000-30-710	900	1830	1900	1600	1900	2200	6-M36×500	1500	1000	2400	3100	400	2230	850	2000	500
900QG6000-35-800	900	1830	1900	1600	1900	2200	6-M36×500	1500	1000	2400	3100	400	2230	850	2000	500
900QG6000-41-1000	900	2045	2100	1800	2100	2400	6-M36×500	1500	850	2400	3200	400	2450	1100	2200	500
900QG6000-50-1120	900	2045	2100	1800	2100	2400	6-M36×500	1500	850	2400	3200	400	2450	1100	2200	500
900QG6000-60-1400	900	2045	2100	1800	2100	2400	6-M36×500	1500	850	2400	3200	400	2450	1100	2200	500
900QG8000-9-280	1000	1830	1900	1600	1900	2200	6-M36×500	1500	1000	2600	3500	400	2300	1000	2300	575
900QG8000-12-400	1000	1830	1900	1600	1900	2200	6-M36×500	1500	1000	2600	3500	400	2300	1000	2300	575
900QG8000-16-500	1000	1830	1900	1600	1900	2200	6-M36×500	1500	1000	2600	3500	400	2300	1000	2300	575
900QG8000-20-630	1000	1830	1900	1600	1900	2200	6-M36×500	1500	1000	2600	3500	400	2300	1000	2300	575
900QG8000-24-800	1000	1830	1900	1600	1900	2200	6-M36×500	1500	1000	2600	3500	400	2300	1000	2300	575
900QG8000-30-900	1000	2045	2100	1800	2100	2400	6-M36×500	1500	1000	2600	3500	400	2450	1100	2300	575
900QG8000-35-1120	1000	2045	2100	1800	2100	2400	6-M36×500	1500	1000	2600	3500	400	2450	1100	2300	575
900QG8000-41-1250	1000	2045	2100	1800	2100	2400	6-M36×500	1500	1000	2600	3500	400	2450	1100	2300	575
900QG8000-50-1600	1000	2475	2520	2200	250	2800	6-M36×500	1500	1000	2600	3500	400	2580	1200	2600	575
1200QG10000-9-335	1200	1830	1900	1600	1900	2200	6-M36×500	1500	1200	2800	3500	400	2580	1100	2575	645
1200QG10000-12-450	1200	1830	1900	1600	1900	2200	6-M36×500	1500	1200	2800	3500	400	2580	1100	2575	645
1200QG10000-16-630	1200	2045	2100	1800	2100	2400	6-M36×500	1500	1200	2800	3500	400	2580	1100	2575	645
1200QG10000-9-450	1200	1830	1900	1600	1900	2200	6-M36×500	1500	1200	3000	3500	400	2825	1150	2825	705
1200QG10000-12-560	1200	2045	2100	1800	2100	2400	6-M36×500	1500	1200	3000	3500	400	2825	1150	2825	705
1200QG10000-16-710	1200	2045	2100	1800	2100	2400	6-M36×500	1500	1200	3000	3500	400	2825	1150	2825	705
1200QG10000-20-900	1200	2045	2100	1800	2100	2400	6-M36×500	1500	1200	3000	3500	400	2825	1150	2825	705

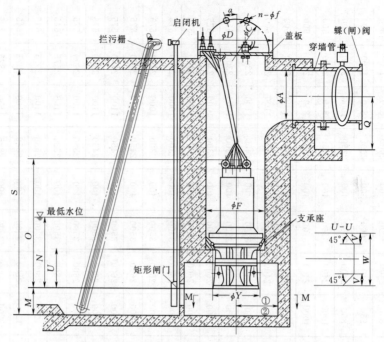

图 A.78　混凝土预制井筒式 QG 型潜水泵安装及尺寸

S、Q、R 根据用户要求确定；表中 R 为推荐值；泵中心距池壁不大于 T；同池内两泵中心距不小于 Z。

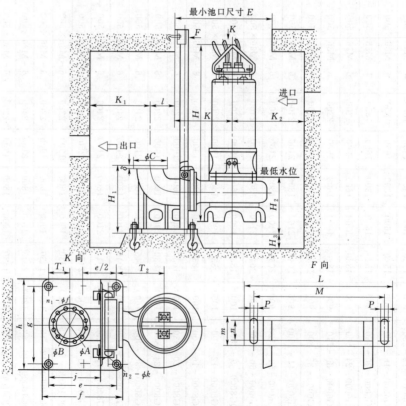

图 A.79　QGW 型自动耦合式潜水泵安装及尺寸

K_1 为出口中心距出口池壁最小距离；K_2 为泵中心距进口池壁最小距离。

表 A.12（a）　混凝土预制井筒式 QG 型潜水泵安装尺寸表（380V，660V）

单位：mm

泵型号	φA	φC	φD	φF	α	n-φf	φY	O	U	M	N	Z	T	W	V
350QG1100-10-45	350	705	755	600	11.25	16-M24×400	500	1850	360	400	1400	1400	450	850	210
350QG1000-15-75	350	920	975	800	11.25	16-M27×400	650	2000	420	400	1400	1650	575	1100	210
400QG1500-10-75	400	920	975	800	11.25	16-M27×400	650	2000	420	450	1600	1650	575	1100	250
400QG1500-15-90	400	920	975	800	11.25	16-M27×400	650	2000	420	450	1600	1650	575	1100	250
450QG2200-10-90	450	920	975	800	11.25	16-M27×400	650	2000	420	500	1700	1650	575	1200	300
350QG1000-28-110	350	1120	1175	1000	11.25	16-M30×400	650	2200	420	400	1400	2050	725	1450	210
400QG1200-20-110	400	920	975	800	11.25	16-M27×400	650	2200	420	450	1500	1650	575	1100	230
500QG2000-15-132	500	1120	1175	1000	11.25	16-M30×400	850	2400	650	500	1700	2050	575	1450	285
700QG2500-11-132	700	1120	1175	1000	11.25	16-M30×400	850	2400	650	500	1700	2050	725	1450	320
600QG3000-10-132	600	1120	1175	1000	11.25	16-M30×400	850	2400	650	600	1900	2050	725	1450	350
350QG1000-36-160	350	1120	1175	1000	11.25	16-M30×400	850	2400	650	400	1400	2050	725	1450	210
400QG1800-20-160	400	1120	1175	1000	11.25	16-M30×400	850	2400	650	500	1700	2050	725	1450	275
600QG3300-12-160	600	1120	1175	1000	11.25	16-M30×400	850	2400	650	600	1900	2050	725	1450	370
350QG3300-40-185	350	1120	1175	1000	11.25	16-M30×400	850	2400	650	400	1700	2050	725	1450	210
400QG1500-30-185	400	1120	1175	1000	11.25	16-M30×400	850	2400	650	450	1600	2050	725	1450	250
600QG3000-16-185	600	1120	1175	1000	11.25	16-M30×400	850	2400	650	600	1900	2050	725	1450	350
500QG2400-22-200	500	1120	1175	1000	11.25	16-M30×400	850	2400	650	500	1700	2050	725	1450	320
35QG1100-50-220	350	1120	1175	1000	11.25	16-M30×400	850	2600	650	400	1400	2050	725	1450	210
350QG1000-60-250	350	1240	1305	1100	11.25	16-M36×400	950	2600	700	400	1400	2050	725	1450	210
400QG1800-32-250	400	1340	1305	1200	11.25	16-M36×400	1110	2600	800	500	1700	2200	725	1550	275
600QG3750-17-250	600	1240	1305	1100	11.25	16-M36×400	950	2600	700	650	2000	2050	725	1450	395
700QG5000-12-250	700	1240	1305	1100	11.25	16-M36×400	950	2600	700	700	2100	2050	725	1820	455
400QG1800-24-280	400	1120	1175	1000	11.25	16-M36×400	850	2800	650	500	1700	2050	725	1450	275
600QG3000-25-315	600	1240	1405	1100	11.25	16-M36×400	950	3200	700	600	1900	2050	725	1450	350
700QG4000-20-315	700	1240	1405	1100	11.25	16-M36×400	950	3200	700	700	2000	2050	725	1450	405
700QG2000-35-315	700	1450	1520	1300	11.25	16-M36×400	1200	3200	800	500	1800	2300	850	1700	285

表 A.12 (b)　混凝土预制井筒式 QG 型潜水泵安装尺寸表 (6kV，10kV)

单位：mm

泵型号	φA	φC	φD	φF	α	n-φf	φY	O	U	M	N	Z	T	W	V
400QG1080-500-220	400	1240	1305	1100	11.25	16-M30×400	800	2400	600	450	1400	1650	725	1450	210
400QG1080-60-280	400	1240	1305	1100	11.25	16-M30×400	800	2400	600	450	1400	1650	725	1450	210
500QG1500-35-220	500	1340	1405	1200	11.25	16-M30×400	900	2700	800	500	1600	1750	775	1550	250
500QG1500-41-250	500	1340	1405	1200	11.25	16-M30×400	900	2700	800	500	1600	1750	775	1550	250
500QG1500-50-315	500	1340	1405	1200	11.25	16-M30×400	900	2700	800	500	1700	1750	775	1550	250
500QG1500-60-355	500	1340	1405	1200	11.25	16-M30×400	900	2700	800	500	1700	1750	775	1550	250
500QG2000-30-250	500	1340	1405	1200	11.25	16-M30×400	900	2700	800	500	1800	1750	775	1550	285
500QG2000-35-280	500	1340	1405	1200	11.25	16-M30×400	900	2700	800	500	1800	1750	775	1550	285
500QG2000-41-315	500	1340	1405	1200	11.25	16-M30×400	900	2700	800	500	1800	1750	775	1550	285
500QG2000-50-400	500	1340	1405	1200	11.25	16-M30×400	900	2700	800	500	1800	1750	775	1550	285
500QG2000-60-500	500	1340	1405	1200	11.25	16-M30×400	900	2700	800	500	1800	1750	775	1550	285
600QG2880-20-220	600	1450	1520	1300	11.25	16-M30×400	900	2700	800	600	1900	1750	775	1550	340
600QG2880-24-280	600	1450	1520	1300	11.25	16-M30×400	900	2700	800	600	1900	1750	775	1550	340
600QG2880-30-355	600	1450	1520	1300	11.25	16-M30×400	900	2700	800	600	1900	1750	775	1550	340
600QG2880-35-400	600	1450	1520	1300	11.25	16-M30×400	900	2700	800	600	1900	1750	775	1550	340
600QG2880-41-450	600	1450	1520	1300	11.25	16-M33×400	1000	2700	800	600	1900	1900	850	1700	340
600QG2880-50-560	600	1450	1520	1300	11.25	16-M33×400	1000	2700	800	600	1900	1900	850	1700	340
600QG2880-60-710	600	1450	1520	1300	11.25	16-M33×400	1000	2700	800	600	1900	1900	850	1700	340
700QG4000-16-250	700	1450	1520	1300	11.25	16-M33×400	1000	2800	800	700	2000	1900	850	1700	405
700QG4000-20-315	700	1450	1520	1300	11.25	16-M33×400	1000	2800	800	700	2000	1900	850	1700	405
700QG4000-24-400	700	1450	1520	1300	11.25	16-M33×400	1000	2800	800	700	2000	1900	850	1700	405
700QG4000-30-500	700	1450	1520	1300	11.25	16-M33×400	1000	2800	800	700	2000	1900	850	1700	405
700QG4000-35-560	700	1450	1520	1300	11.25	16-M33×400	1000	2800	800	700	2000	1900	850	1700	405
700QG4000-41-630	700	1450	1520	1300	11.25	16-M33×400	1000	2800	800	700	2000	1900	850	1700	405
700QG4000-50-800	700	1760	1830	1600	9	20-M33×400	1200	2900	800	700	2000	2250	1000	2000	405
700QG4000-60-900	700	1760	1830	1600	9	16-M33×400	1200	2900	800	700	2000	2250	1000	2000	405

续表

泵型号	φA	φC	φD	φF	α	n-φf	φY	O	U	M	N	Z	T	W	V
900QG6000-9-220	900	1450	1520	1300	11.25	16-M33×400	1000	3000	800	850	2400	2000	850	1700	500
900QG6000-12-280	900	1450	1520	1300	11.25	16-M33×400	1000	3000	800	850	2400	2000	850	1700	500
900QG6000-16-400	900	1450	1520	1300	11.25	16-M33×400	1000	3000	800	850	2400	2000	850	1700	500
900QG6000-20-450	900	1450	1520	1300	11.25	16-M33×400	1000	3000	800	850	2400	2000	850	1700	500
900QG6000-24-560	900	1760	1830	1600	9	20-M33×400	1200	3000	800	850	2400	2250	1000	2000	500
900QG6000-30-710	900	1760	1830	1600	9	20-M33×400	1200	3000	800	850	2400	2250	1000	2000	500
900QG6000-35-800	900	1760	1830	1600	9	20-M33×400	1200	3100	800	850	2400	2250	1000	2000	500
900QG6000-41-1000	900	1970	2045	1800	9	20-M36×500	1400	3200	1000	850	2400	2450	1100	2200	500
900QG6000-50-1120	900	1970	2045	1800	9	20-M36×500	1400	3200	1000	850	2400	2450	1100	2200	500
900QG6000-60-1400	900	1970	2045	1800	9	20-M36×500	1400	3200	1000	850	2400	2450	1100	2200	500
1000QG8000-9-280	1000	1760	1830	1600	9	20-M33×400	1200	3500	900	1000	2600	2300	1000	2300	575
1000QG8000-12-400	1000	1760	1830	1600	9	20-M33×400	1200	3500	900	1000	2600	2300	1000	2300	575
1000QG8000-16-500	1000	1760	1830	1600	9	20-M33×400	1200	3500	900	1000	2600	2300	1000	2300	575
1000QG8000-20-630	1000	1760	1830	1600	9	20-M33×400	1200	3500	900	1000	2600	2300	1000	2300	575
1000QG8000-24-800	1000	1760	1830	1600	9	20-M33×400	1200	3500	900	1000	2600	2300	1000	2300	575
1000QG8000-30-900	1000	1970	2045	1800	9	20-M36×500	1400	3500	900	1000	2600	2450	1100	2300	575
1000QG8000-35-1120	1000	1970	2045	1800	9	20-M36×500	1400	3500	1000	1000	2600	2450	1100	2300	575
1000QG8000-41-1250	1000	1970	2045	1800	9	20-M36×500	1400	3500	1000	1000	2600	2450	1100	2300	575
1000QG8000-50-1600	1000	2390	2520	220	7.5	24-M39×500	1700	3500	1000	1000	2600	2850	1200	2600	575
1200QG10000-9-335	1200	1760	1830	1600	9	20-M33×400	1200	3500	900	1200	2800	2850	1100	2575	645
1200QG10000-12-450	1200	1760	1830	1600	9	20-M33×400	1200	3500	900	1200	2800	2850	1100	2575	645
1200QG10000-16-630	1200	1970	2045	1800	9	20-M36×500	1400	3500	900	1200	2800	2850	1100	2575	645
1200QG10000-9-450	1200	1760	1830	1600	9	20-M33×400	1200	3500	900	1200	3000	2850	1150	2825	705
1200QG10000-12-560	1200	1970	2045	1800	9	20-M36×500	1400	3500	900	1200	3000	2825	1150	2825	705
1200QG10000-16-710	1200	1970	2045	1800	9	20-M36×500	1400	3500	900	1200	3000	2825	1150	2825	705
1200QG10000-20-900	1200	1970	2045	1800	9	20-M36×500	1400	3500	900	1200	3000	2825	1150	2825	705

表 A.13 (a)

QGW 型自动耦合式潜水泵安装尺寸表 （H－60－100 m）

单位：mm

泵型号	φA	φB	φC	n₁-φf	δ	e	f	g	h	H₁	h₁	n₂-φk	L	M	m	n	p	K	H	l	T₁	T₂	H₃min	H₂	J	E	K₁	K₂
150QGW200-10-11	150	225	265	8-17.5	25	350	420	360	425	480	25	4-24	505	440	100	60	18	370	1000	128	125	273	300	365	253	1150×850	750	550
150QGW200-14-15	150	225	265	8-17.5	25	480	560	520	600	525	35	4-33	640	560	100	60	22	460	1100	213	152	345	400	365	365	1150×850	750	550
200QGW350-9-15	200	280	320	8-17.5	25	560	640	550	640	615	30	4-33	700	605	100	60	22	460	1100	274	180	354	400	454	454	1150×900	800	600
200QGW300-12-18.5	200	280	320	8-17.5	25	560	640	550	640	615	30	4-33	700	605	100	60	22	440	1100	274	180	354	400	454	454	1150×900	800	600
150QGW200-22-22	150	225	265	8-17.5	25	480	560	520	600	525	35	4-33	640	560	100	60	22	595	1200	213	152	480	400	365	365	1150×850	750	550
200QGW300-16-22	200	280	320	8-17.5	25	560	640	550	640	615	30	4-33	700	605	100	60	22	600	1200	274	180	494	400	454	454	1150×900	800	600
250QGW500-10-22	250	335	375	12-17.5	27	650	750	700	800	720	42	4-40	798	710	150	90	27	620	1200	303	185	458	400	620	488	1150×900	950	750
150QGW200-30-30	150	225	265	8-17.5	25	480	560	520	600	525	35	4-33	640	560	100	60	22	600	1250	213	152	485	400	365	365	1150×850	750	550
200QGW300-22-30	200	280	320	8-17.5	25	560	640	550	640	615	30	4-33	700	605	100	60	22	600	1250	274	180	494	400	454	454	1150×900	800	600
250QGW500-13-30	250	335	375	12-17.5	27	650	750	700	800	720	42	4-40	798	710	150	90	27	600	1250	303	185	438	400	620	488	1150×900	950	750
150QGW200-40-37	150	225	265	8-17.5	25	480	560	520	600	525	35	4-33	640	560	100	60	22	750	1840	313	152	635	400	365	365	1300×850	750	550
200QGW300-30-37	200	280	320	8-17.5	25	560	640	550	640	615	30	4-33	700	605	100	60	22	750	1840	303	180	644	400	454	454	1300×850	800	600
250QGW500-16-17	250	335	375	12-17.5	27	650	750	700	800	720	42	4-40	798	710	150	90	27	750	1860	303	185	588	400	620	488	1300×850	950	750
300QGW800-10-37	300	395	440	12-22	30	770	870	780	880	765	45	4-40	888	800	150	90	27	750	1880	383	250	613	500	660	633	1300×900	950	850
250QGW500-20-45	250	335	375	12-17.5	27	650	750	700	800	720	42	4-40	798	710	150	90	27	780	1890	303	185	618	400	620	488	1350×1000	950	750
300QGW800-14-45	300	395	440	12-22	30	770	870	780	880	765	45	4-40	888	800	150	90	27	780	1920	383	250	643	500	660	633	1350×900	950	850
350QGW1100-10-45	350	445	490	12-22	30	770	870	780	880	765	45	4-40	888	800	150	90	27	800	1950	383	250	663	600	700	633	1350×900	1000	850
200QGW250-50-55	200	280	320	8-17.5	25	560	640	550	640	615	30	4-33	700	605	100	60	22	800	2000	274	180	694	400	454	454	1400×1200	800	600
200QGW300-40-55	200	280	320	8-17.5	25	560	640	550	640	615	30	4-33	700	605	100	60	22	780	2000	274	180	674	400	454	454	1400×1200	800	600
200QGW400-30-55	200	280	320	8-17.5	25	560	640	550	640	615	30	4-33	700	605	100	60	22	760	2050	274	180	654	400	454	454	1400×1200	800	600
250QGW550-22-55	250	335	375	12-17.5	27	650	750	700	800	720	42	4-40	798	710	150	90	27	750	2050	303	185	588	400	620	488	1400×1200	950	750
200QGW250-60-75	200	280	320	8-17.5	25	560	640	550	640	615	30	4-33	700	605	100	60	22	750	1850	274	180	644	400	454	454	1400×1200	800	600
200QGW350-50-75	200	280	320	8-17.5	25	560	640	550	640	615	30	4-33	700	605	100	60	22	800	2000	274	180	694	400	454	454	1400×1200	800	600
200QGW400-40-75	200	280	320	8-17.5	25	560	640	550	640	615	30	4-40	700	605	100	60	27	800	2000	303	185	450	400	620	488	1400×1200	800	600
250QGW600-25-75	250	335	375	12-17.5	27	650	750	700	800	720	42	4-40	798	710	150	90	27	800	2100	303	185	407	400	620	488	1400×1200	950	750
300QGW900-18-75	300	395	440	12-22	30	770	870	780	880	765	45	4-40	888	800	150	90	27	800	2100	383	250	663	500	660	633	1450×1200	950	850
350QGW1000-15-75	350	445	490	12-22	30	770	870	780	880	765	45	4-40	888	800	150	90	27	900	2100	383	250	763	600	700	633	1450×1200	1000	850

续表

泵型号	φA	φB	φC	$n_1-\phi f$	δ	e	f	g	h	H_1	h_1	$n_2-\phi k$	L	M	m	n	p	K	H	l	T_1	T_2	H_{3min}	H_2	J	E	K_1	K_2
400QGW1500-10-75	400	515	565	16-26	30	850	950	780	880	800	50	6-40	630	542	150	90	22	915	2100	390	240	695	600	320	630	1450×1200	1100	950
200QGW350-60-90	200	280	320	8-175	25	560	640	550	640	615	30	4-33	700	605	100	60	27	890	2120	374	180	784	400	154	454	1450×1200	800	600
250QGW650-30-90	250	335	375	12-175	27	650	750	700	800	720	42	4-40	798	710	150	90	27	870	2150	303	185	708	400	520	488	1450×1200	950	750
400QGW1500-15-90	400	515	565	16-26	30	850	950	780	880	800	50	6-40	630	542	150	90	26	920	2150	390	240	700	600	320	630	1500×1200	1100	950
450QGW2200-10-90	450	565	615	20-26	30	1145	1265	810	930	1350	40	4-40	902	833	100	84	27	857	2200	700	252	664	600	750	952	1550×1350	1200	1050
250QGW600-40-110	250	335	375	12-175	27	650	750	700	800	720	42	4-40	798	710	150	90	27	980	2300	303	185	818	400	520	488	1600×1300	950	750
350QGW1000-28-110	350	445	490	12-22	30	770	870	780	880	765	45	4-40	888	800	150	90	27	950	2340	383	250	813	600	700	633	1650×1300	1000	850
400QGW1200-20-110	400	515	565	16-26	30	850	950	780	880	800	50	6-40	630	542	150	90	27	950	2340	390	240	730	600	620	630	1650×1300	1100	950
250QGW500-60-132	250	335	375	12-175	27	650	750	700	800	720	42	4-40	298	710	150	90	27	970	2400	303	185	808	400	620	488	1700×1350	950	750
500QGW600-50-132	500	335	375	12-175	27	650	750	700	800	720	42	4-40	798	710	150	90	27	970	2450	303	185	788	400	620	488	1750×1350	950	750
500QGW2000-15-132	500	620	670	20-26	32	1140	1260	830	950	1350	50	6-48	798	710	150	90	27	930	2480	595	300	685	600	850	895	1750×1350	1300	1100
600QGW3000-10-132	600	725	780	20-30	32	1180	1300	1090	1210	1400	55	6-48	888	800	150	90	27	1000	2500	635	320	775	600	950	955	1800×1550	1300	1100
350QGW1000-36-160	350	445	490	12-22	30	770	870	780	880	765	45	4-40	888	800	150	90	27	1100	2600	383	250	963	600	700	633	1900×1500	1000	850
400QGW1800-20-160	400	515	565	16-26	30	850	950	780	880	800	50	6-40	630	542	150	90	27	1160	2600	390	240	940	600	620	630	1900×1500	1100	950
600QGW3300-12-160	600	725	780	20-30	32	1180	1300	1090	1210	1400	55	6-48	888	800	150	90	27	1100	2600	635	320	875	600	950	955	1900×1550	1300	1100
300QGW700-60-185	300	395	440	12-22	30	770	870	780	880	765	45	4-40	888	800	150	90	27	900	2580	383	250	763	500	660	633	1900×1600	950	850
350QGW1500-40-185	350	445	490	12-22	30	770	870	780	880	765	45	4-40	888	800	150	90	27	1100	2580	383	250	963	600	700	633	1900×1550	1000	850
400QGW1500-30-185	400	515	565	16-26	30	850	950	780	880	800	50	6-40	630	542	150	90	27	1025	2580	390	240	805	600	620	630	1850×1550	1100	950
600QGW3000-16-185	600	725	780	20-30	32	1180	1300	1090	1210	1400	55	6-48	888	800	150	90	27	1230	2600	635	320	1005	600	950	955	2100×1700	1300	1100
500QGW2400-22-200	500	620	670	20-26	32	1140	1260	830	950	1350	50	6-48	798	710	150	90	27	1250	2680	595	300	1005	600	850	895	2100×1700	1300	1100
350QGW1100-50-220	350	445	490	12-22	30	770	870	780	880	765	45	4-40	888	800	150	90	27	950	2700	383	250	813	600	700	633	2100×1700	1000	850
350QGW1000-60-250	350	445	490	12-22	30	770	870	780	880	765	45	4-40	888	800	150	90	27	950	2720	383	250	813	600	700	633	2100×1700	1000	850
400QGW1800-32-250	400	515	565	16-26	30	850	950	780	880	800	50	6-40	630	542	150	90	27	1240	2750	390	240	1020	600	620	630	2100×1800	1100	950
600QGW3750-17-125	600	725	780	20-30	32	1180	1300	1090	1210	1400	55	6-48	888	800	150	90	27	1280	2800	630	320	1055	600	950	955	2100×1800	1300	1100
400QGW1800-40-280	400	515	565	16-26	30	850	950	780	880	800	50	6-40	630	542	150	90	27	1100	2800	390	240	880	600	620	630	2100×1800	1100	950
600QGW3000-25-315	600	725	780	20-30	32	1180	1300	1090	1210	1400	55	6-48	888	800	150	90	27	1200	2850	630	320	975	600	950	955	2100×1800	1300	1100

续表

单位：mm

泵型号	φA	φB	φC	n₁-φf	δ	e	f	g	h	H₁	h₁	n₂-φk	L	M	m	n	p	K	H	l	T₁	T₂	H₃min	H₂	J	E	K₁	K₂
80QGW50-60-18.5	80	160	200	8-17.5	25	350	420	360	400	480	25	4-24	472	407	100	60	18	350	800	108	92	200	300	350	200	900×800	600	450
80QGW50-80-30																		400	900			250						
100QGW100-60-30	100	180	220	8-17.5	25	350	420	360	425	480	25	4-24	505	440	100	60	18	400	950	128	105	283	300	350	233	1300×1100	650	500
100QGW100-80-45																		450	1200			333						
100QGW100-100-55																		500	1350			383						
150QGW200-60-75	150	240	285	8-22	30	480	560	520	600	525	35	4-33	640	460	100	60	22	420	1500	213	152	305	400	400	365	1400×1200	750	550
150QGW200-80-90																		470	1700			355						
150QGW200-100-110																		520	1800			405						
200QGW320-60-90	200	295	340	12-22	30	560	640	550	640	615	35	6-33	700	605	100	60	22	580	1850	274	180	474	400	450	454	1600×1400	800	600
200QGW320-80-132																		630	2000			524						
200QGW320-100-160																		680	2200			574						
250QGW500-80-185	250	355	400	12-26	30	650	750	700	750	720	42	6-40	798	710	150	90	27	670	2350	303	185	508	400	620	488	1750×1500	950	750
250QGW500-100-250																		720	2500			558						
300QGW720-60-185	300	410	460	12-26	30	770	870	780	870	760	45	6-40	888	800	150	90	27	670	2400	383	250	533	500	660	633	1750×1500	950	850
300QGW720-80-280																		720	2500			583						

表 A.13 (b)　QGW 型自动耦合式潜水泵安装尺寸表（6kv，10kv）

单位：mm

泵型号	φA	φB	φC	n₁-φf	δ	e	f	g	h	H₁	h₁	n₂-φk	L	M	m	n	p	K	H	l	T₁	T₂	H₃min	H₂	J	E	K₁	K₂
400QGW1080-50-220	400	515	565	16-26	30	850	950	780	880	800	50	6-40	630	542	150	90	27	1200	2600	390	240	980	500	750	630	2100×1700	1100	950
400QGW1080-60-280	400	515	565	16-26	30	850	950	780	880	800	50	6-40	630	542	150	90	27	1260	2600	390	240	1040	500	780	630	2100×1800	1100	950
500QGW1500-35-220	500	620	670	20-26	30	1140	1260	830	950	1350	50	6-48	798	710	150	90	27	1220	2600	595	300	975	600	750	895	2100×1700	1100	1100
500QGW1500-41-250	500	620	670	20-26	30	1140	1260	830	950	1350	50	6-48	798	710	150	90	27	1280	2700	595	300	1035	600	750	895	2200×1800	1300	1100
500QGW1500-50-315	500	620	670	20-26	30	1140	1260	830	950	1350	50	6-48	798	710	150	90	27	1320	2800	595	300	1075	600	780	895	2200×1800	1300	1100
500QGW1500-30-250	500	620	670	20-26	30	1140	1260	830	950	1350	50	6-48	798	710	150	90	27	1280	2900	595	300	1035	600	750	895	2200×1800	1300	1100
500QGW1500-35-280	500	620	670	20-26	30	1140	1260	830	950	1350	50	6-48	798	710	150	90	27	1300	3100	595	300	1055	600	790	895	2100×1800	1300	1100
500QGW1500-41-315	500	620	670	20-26	30	1140	1260	830	950	1350	50	6-48	798	710	150	90	27	1320	3100	595	300	1075	600	800	895	2200×1800	1300	1100
600QGW2880-20-220	600	725	780	20-30	32	1180	1300	1090	1210	1400	55	6-48	888	800	150	90	27	1290	2700	635	320	1065	600	760	955	2100×1800	1300	1100
600QGW2880-24-280	600	725	780	20-30	32	1180	1300	1090	1210	1400	55	6-48	888	800	150	90	27	1320	2800	635	320	1095	600	790	955	2200×1800	1300	1100

附录B 污水泵性能参数

附B.1 QW系列潜水排污泵

QW系列潜水排污泵主要用于排送带固体及各种长纤维的淤泥、废水、城市生活污水等，被输送介质温度不超过60℃。

（1）型号说明。

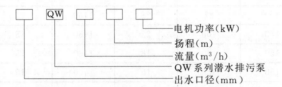

（2）规格及主要技术参数。

QW系列潜水排污泵规格和性能如表B.1和图B.1所示。

表 B.1　　　　　　　　QW系列潜水排污泵性能参数表

型号	排出口径 /mm	流量 /(m³/h)	扬程/m	转速 /(r/min)	功率/kW	效率/%	质量/kg
50QW18-15-1.5	50	18	15	2840	1.5	62.8	60
50QW25-10-1.5	50	25	10	2840	1.5	67.5	60
50QW15-22-2.2	50	15	22	2840	2.2	58.4	70
50QW27-15-2.2	50	27	15	2840	2.2	64.3	70
50QW42-9-2.2	50	42	9	2840	2.2	74.8	70
80QW50-10-3	80	50	10	1430	3	72.3	125
100QW70-7-3	100	70	7	1430	3	75.4	125
50QW24-20-4	50	24	20	1440	4	69.2	121
50QW25-22-4	50	25	22	1440	4	56.2	121
50QW40-15-4	50	40	15	1440	4	67.7	121
80QW60-13-4	80	60	13	1440	4	72.1	121
100QW70-10-4	100	70	10	1440	4	74.4	130
100QW100-7-4	100	100	7	1440	4	77.4	130
50QW25-30-5.5	50	25	30	1440	5.5	54.2	190
80QW45-22-5.5	80	45	22	1440	5.5	55.4	190
100QW30-22-5.5	100	30	22	1440	5.5	57.4	190
100QW65-15-5.5	100	65	15	1440	5.5	71.4	190
150QW120-10-5.5	150	120	10	1440	5.5	77.2	190
150QW140-7-5.5	150	140	7	1440	5.5	79.1	190
50QW30-30-7.5	50	30	30	1440	7.5	62.2	200
100QW70-20-7.5	100	70	20	1440	7.5	63.3	200

型号	排出口径 /mm	流量 /(m³/h)	扬程/m	转速 /(r/min)	功率/kW	效率/%	质量/kg
150QW145 - 10 - 7.5	150	145	10	1440	7.5	78.2	208
150QW210 - 7 - 7.5	150	210	7	1440	7.5	80.5	208
100QW40 - 36 - 11	100	40	36	1460	11	59.1	293
100QW50 - 35 - 11	100	50	35	1460	11	62.05	293
100QW70 - 22 - 11	100	70	22	1460	11	96.5	293
150QW100 - 15 - 11	150	100	15	1460	11	75.1	280
200QW360 - 6 - 11	200	360	6	1460	11	72.4	290
50QW20 - 75 - 15	50	20	75	1460	15	52.6	290
100QW87 - 28 - 15	100	87	28	1460	15	69.1	360
100QW100 - 22 - 15	100	100	22	1460	15	72.2	360
150QW140 - 18 - 15	150	140	18	1460	15	73	360
150QW150 - 15 - 15	150	150	15	1460	15	76.2	360
150QW200 - 10 - 15	150	200	10	1460	15	79.4	360
200QW400 - 7 - 15	200	400	7	970	15	82.1	360
150QW70 - 40 - 18.5	150	70	40	1470	18.5	54.2	520
150QW200 - 14 - 18.5	150	200	14	1470	18.5	68.3	520
200QW250 - 15 - 18.5	200	250	15	1470	18.5	77.2	520
300QW720 - 5.5 - 18.5	300	720	5.5	970	18.5	74.1	520
200QW300 - 10 - 18.5	200	300	10	970	18.5	81.2	520
150QW130 - 30 - 22	150	130	30	970	22	66.8	520
150QW150 - 22 - 22	150	150	22	970	22	69	820
250QW250 - 17 - 22	250	250	17	970	22	66.7	820
200QW400 - 10 - 22	200	400	10	980	22	77.8	820
250QW600 - 7 - 22	250	600	7	970	22	83.5	820
300QW720 - 6 - 22	300	720	6	970	22	74	820
150QW100 - 40 - 30	150	100	40	980	30	60.1	900
150QW200 - 30 - 30	150	200	30	980	30	71	900
150QW200 - 22 - 30	150	200	22	980	30	73.5	900
200QW360 - 15 - 30	200	360	15	980	30	77.9	900
250QW500 - 10 - 30	250	500	10	980	30	78.3	900
400QW1250 - 5 - 30	400	1250	5	980	30	78.9	960
150QW140 - 45 - 37	150	140	45	980	37	63.1	1100
200QW350 - 20 - 37	200	350	20	980	37	77.8	1100
250QW700 - 11 - 37	250	700	11	980	37	83.2	1150
300QW900 - 8 - 37	300	900	8	980	37	84.2	1150
350QW1440 - 5.5 - 37	350	1440	5.5	980	37	76	1250
200QW250 - 35 - 45	200	250	35	980	45	71.3	1400
200QW400 - 24 - 45	200	400	24	980	45	77.53	1400
250QW600 - 15 - 45	250	600	15	980	45	82.6	1456
350QW1100 - 10 - 45	350	1100	10	980	45	74.6	1500

续表

型号	排出口径/mm	流量/(m³/h)	扬程/m	转速/(r/min)	功率/kW	效率/%	质量/kg
150QW150－56－55	150	150	56	980	55	68.6	1206
200QW250－40－55	200	250	40	980	55	70.62	1280
200QW400－34－55	200	400	34	980	55	76.19	1280
250QW600－20－55	250	600	20	980	55	80.5	1350
300QW800－15－55	300	800	15	980	55	82.78	1350
400QW1692－7.25－55	400	1692	7.25	740	55	75.7	1350
150QW108－60－75	150	108	60	980	75	52.5	1400
200QW350－50－75	200	350	50	980	75	73.64	1420
250QW600－25－75	250	600	25	980	75	80.6	1516
400QW1500－10－75	400	1500	10	980	75	82.07	1670
400QW2016－7.25－75	400	2016	7.25	740	75	76.2	1700
250QW600－30－90	250	600	30	990	90	78.66	1860
250QW700－22－90	250	700	22	990	90	79.2	1860
350QW1200－18－90	350	1200	18	990	90	82.5	2000
350QW1500－15－90	350	1500	15	990	90	82.1	2000
250QW600－40－110	250	600	40	990	110	67.5	2300
250QW700－33－110	250	700	33	990	110	79.12	2300
300QW800－36－110	300	800	36	990	110	69.7	2300
300QW950－24－110	300	950	24	990	110	81.9	2300
450QW2200－10－110	450	2200	10	990	110	86.64	2300
550QW3500－7－110	550	3500	7	745	110	77.5	2300
250QW600－50－132	250	600	50	990	132	66	2750
350QW1000－28－132	350	1000	28	745	132	83.2	2830
400QW2000－15－132	400	2000	15	745	132	85.34	2900
350QW1000－36－160	350	1000	36	745	160	78.65	3150
400QW1500－26－160	400	1500	26	745	160	82.17	3200
400QW1700－22－160	400	1700	22	745	160	83.36	3200
500QW2600－15－160	500	2600	15	745	160	86.05	3214
550QW3000－12－160	550	3000	12	745	160	86.05	3250
600QW3500－12－185	600	3500	12	745	185	87.13	3420
400QW1700－30－200	400	1700	30	740	200	83.36	3850
550QW3000－16－200	550	300	16	740	200	86.18	3850
500QW2400－22－220	500	2400	22	740	220	84.65	4280
400QW1800－32－250	400	1800	32	740	250	82.07	4690
500QW2650－24－250	500	2650	24	740	250	85.01	4690
600QW3750－17－250	600	3750	17	740	250	86.77	4690
400QW1500－47－280	400	1500	47	980	280	85.1	4730

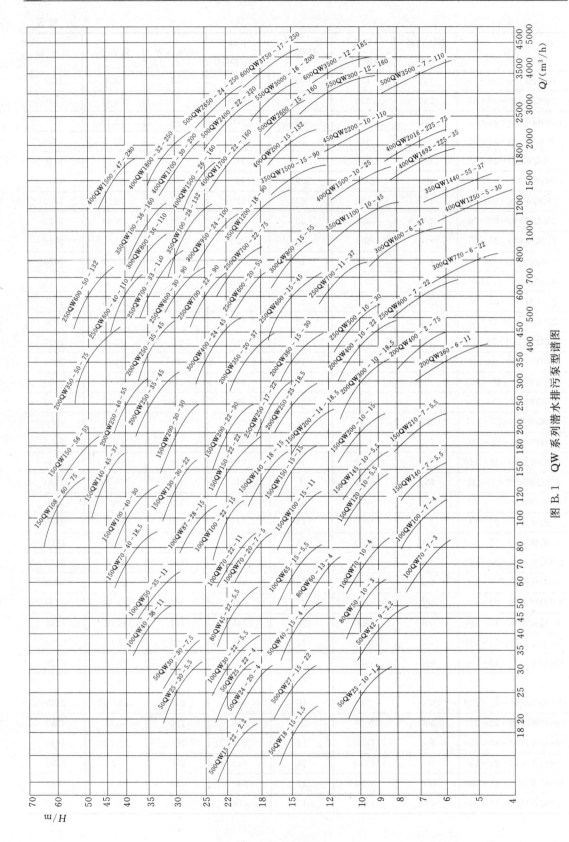

图 B.1　QW 系列潜水排污泵型谱图

（3）外形和安装尺寸。

小型 QW 系列潜水排污泵可以采用移动式安装，其外形及安装尺寸如图 B. 2～图 B. 4 及表 B. 2、表 B. 3 所示。

QW 系列潜水排污泵均可采用自动耦合装置安装，其外形及安装尺寸见图 B. 5 和表 B. 4。

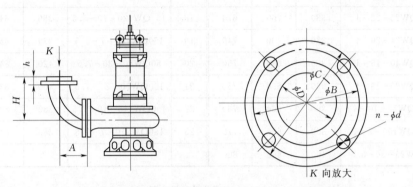

图 B. 2　QW 系列潜水排污泵移动式安装尺寸（硬管连接）

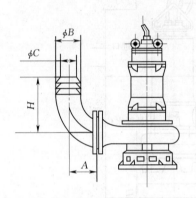

图 B. 3　QW 系列潜水排污泵移动式安装尺寸（软管连接）

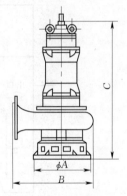

图 B. 4　QW 型泵外形图

表 B. 2　　　　　　　　　**QW 型泵硬、软管连接尺寸表**　　　　　　单位：mm

排出管口径 ϕD	硬管连接尺寸					软管连接尺寸				
	ϕA	ϕB	ϕC	H	$n-\phi d$	h	ϕA	ϕB	ϕC	H
50	70	110	140	100	4-13.5	16	70	58	54	105
80	85	150	190	120	4-17.5	18	85	86	82	120
100	105	170	210	135	4-17.5	18	150	104	100	180
150	160	225	265	200	8-17.5	20	197	154	150	260

表 B. 3　　　　　　　　　**QW 型系列潜水排污泵外形尺寸**　　　　　　单位：mm

序号	型号	ϕA	ϕB	ϕC	序号	型号	ϕA	ϕB	ϕC
1	50QW18-15-1.5	240	400	610	3	50QW15-22-2.2	240	398	683
2	50QW25-10-1.5	240	397	605	4	50QW27-15-2.2	240	400	680

序号	型号	ϕA	ϕB	ϕC	序号	型号	ϕA	ϕB	ϕC
5	50QW42-9-2.2	240	400	710	15	80QW45-22-5.5	380	650	735
6	80QW50-10-3	340	573	886	16	100QW30-22-5.5	380	649	802
7	100QW70-7-3	340	570	860	17	80QW65-15-5.5	380	650	810
8	50QW25-22-4	380	700	670	18	150QW120-10-5.5	380	640	820
9	50QW24-20-4	380	700	740	19	150QW140-7-5.5	380	650	830
10	50QW40-15-4	360	690	750	20	50QW30-30-7.5	420	840	870
11	80QW60-13-4	360	690	750	21	100QW70-20-7.5	400	830	880
12	100QW70-10-4	360	664	760	22	150QW145-10-7.5	380	804	890
13	100QW100-7-4	360	650	770	23	150QW210-7-7.5	380	810	910
14	50QW25-30-5.5	400	660	800					

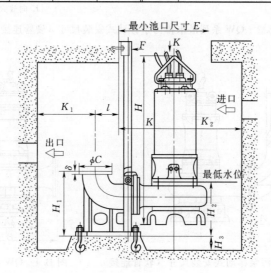

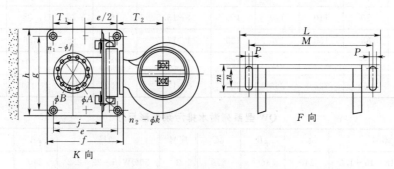

图 B.5　QW 型系列自动耦合式潜水排污泵安装尺寸图

K_1 为出口中心距出口池壁最小距离；K_2 为泵中心距进口池壁最小距离。

附 B.1　QW 系列潜水排污泵

表 B.4　QW 型系列自动耦合式潜水排污泵安装尺寸表

单位：mm

泵型号	φA	φB	φC	$n_1-\phi f$	δ	e	f	g	h	H_1	h_1	$n_2-\phi k$	L	M	m	n	p	K	H	l	T_1	T_2	H_{3min}	H_2	J
50QW18-15-1.5	50	110	140	4-13.5	25	320	390	320	390	400	25	4-20	472	407	100	60	18	280	610	108	92	160	300	215	200
50QW25-10-1.5	50	110	140	4-13.5	25	320	390	320	390	400	25	4-20	472	407	100	60	18	265	605	108	92	145	300	262	200
50QW15-22-2.2	50	110	140	4-13.5	25	320	390	320	390	400	25	4-20	472	407	100	60	18	265	683	108	92	145	300	258	200
50QW27-15-2.2	50	110	140	4-13.5	25	320	390	320	390	400	25	4-20	472	407	100	60	18	265	683	108	92	145	300	260	200
50QW42-9-2.2	50	110	140	4-13.5	25	320	390	320	390	400	25	4-20	472	407	100	60	18	285	710	108	92	165	300	280	200
80QW50-10-3	80	150	190	4-17.5	25	350	420	360	400	480	25	4-20	472	407	100	60	18	327	806	108	92	177	300	325	200
100QW70-7-3	100	170	210	4-17.5	25	350	420	360	425	480	25	4-24	505	440	100	60	18	350	860	128	105	233	300	350	233
50QW24-20-4	50	110	140	4-13.5	25	320	390	320	390	400	25	4-20	472	407	100	60	18	420	740	108	92	300	300	350	200
50QW25-22-4	50	110	140	4-13.5	25	320	390	320	390	400	25	4-20	472	407	100	60	18	387	670	108	92	267	300	360	200
50QW40-15-4	50	110	140	4-13.5	25	320	390	320	390	400	25	4-20	472	407	100	60	18	357	684	108	92	237	300	400	200
80QW60-13-4	80	150	190	4-17.5	25	350	420	360	400	480	25	4-24	472	407	100	60	18	420	750	108	92	177	300	325	200
100QW70-10-4	100	170	210	4-17.5	25	350	420	360	425	480	25	4-24	505	440	100	60	18	380	760	128	105	263	300	386	200
100QW100-7-4	100	170	210	4-17.5	25	350	420	360	425	480	25	4-24	505	440	100	60	18	420	770	123	105	303	300	350	200
50QW25-30-5.5	50	110	140	4-13.5	25	320	390	320	390	400	25	4-20	472	407	100	60	18	400	800	103	92	280	300	350	200
80QW45-22-5.5	80	150	190	4-17.5	25	350	420	360	400	480	25	4-24	472	407	100	60	18	387	735	103	92	237	300	400	200
100QW30-22-5.5	100	170	210	4-17.5	25	350	420	360	425	480	25	4-24	505	440	100	60	18	360	802	123	105	245	300	390	200
100QW65-15-5.5	100	170	210	4-17.5	25	350	420	360	425	480	25	4-24	505	440	100	60	18	437	724	123	105	320	300	392	200
150QW120-10-5.5	150	225	265	8-17.5	25	350	420	360	425	480	25	4-24	505	440	100	60	18	420	820	123	125	323	300	360	200
150QW140-7-5.5	150	225	265	8-17.5	25	350	420	360	425	480	25	4-20	505	440	100	60	18	420	820	123	125	323	300	360	200
50QW30-30-7.5	50	110	140	4-13.5	25	320	390	320	390	400	25	4-24	472	407	100	60	18	407	718	108	92	287	300	280	200
100QW70-20-7.5	100	170	210	8-17.5	25	350	420	360	425	480	25	4-24	505	440	100	60	18	437	680	128	105	320	300	407	200
150QW145-10-7.5	150	225	265	8-17.5	25	350	420	360	425	480	25	4-24	505	440	100	60	18	407	890	128	125	310	300	410	200
150QW210-7-7.5	150	225	265	8-17.5	25	350	420	360	425	480	25	4-24	505	440	100	60	18	407	890	128	125	310	300	410	200
100QW40-36-11	100	170	210	4-17.5	25	350	420	360	425	480	25	4-24	505	440	100	60	18	475	980	128	105	358	300	392	200

续表

泵型号	ϕA	ϕB	ϕC	$n_1-\phi f$	δ	e	f	g	h	H_1	h_1	$n_2-\phi k$	L	M	m	n	p	K	H	l	T_1	T_2	H_{3min}	H_2	J	E	K_1	K_2
100QW50－35－11	100	170	210	4－17.5	25	350	420	360	425	480	25	4－24	505	440	100	60	18	480	960	128	105	363	300	360	233	900×750	650	550
100QW70－22－11	100	170	210	4－17.5	25	350	420	360	425	480	25	4－24	505	440	100	60	18	337	957	128	105	220	300	407	233	900×750	650	500
150QW100－15－11	150	225	265	8－17.5	25	350	420	360	425	480	25	4－24	505	440	100	60	18	364	960	128	125	267	300	362	253	900×750	750	500
200QW360－6－11	200	280	320	8－17.5	25	560	650	550	640	615	30	4－33	700	605	100	60	22	443	1037	274	180	337	300	414	454	900×750	800	550
50QW20－75－15	50	110	140	4－13.5	25	350	390	320	390	400	25	4－20	472	407	100	60	18	380	1043	108	92	210	300	335	200	900×750	600	550
100QW87－28－15	100	170	210	4－17.5	25	350	420	360	425	480	25	4－24	505	440	100	60	18	480	980	128	105	365	300	360	233	900×750	650	550
100QW100－22－15	100	170	210	4－17.5	25	350	420	360	425	480	25	4－33	505	440	100	60	18	460	1100	128	105	343	300	460	233	900×750	650	550
150QW140－18－15	150	225	265	8－17.5	25	480	560	520	600	525	35	4－33	640	560	100	60	22	545	980	213	152	400	400	372	365	900×800	750	550
150QW150－15－15	150	225	265	8－17.5	25	480	560	520	600	525	35	4－33	640	560	100	60	22	440	1100	213	152	325	400	400	365	900×800	750	550
150QW200－10－15	150	225	265	8－17.5	25	480	560	520	600	525	35	4－33	640	560	100	60	22	427	1064	213	152	302	400	393	365	900×800	750	500
200QW400－7－15	200	280	320	8－17.5	25	560	640	550	640	615	30	4－33	700	605	100	60	22	543	1106	274	180	473	400	465	454	900×800	800	600
150QW70－40－18.5	150	225	265	8－17.5	25	480	560	520	600	525	35	4－33	640	560	100	60	22	515	1196	213	152	400	400	385	365	1000×800	750	550
150QW200－14－18.5	150	225	265	8－17.5	25	480	560	520	600	525	35	4－33	640	560	100	60	22	595	1214	213	152	480	400	480	365	1150×850	750	650
200QW250－15－18.5	200	280	320	8－17.5	25	560	640	550	640	615	30	4－33	700	605	100	60	22	595	1285	274	180	489	400	419	454	1150×850	800	600
300QW720－5.5－18.5	300	335	440	12－22	30	770	870	780	880	765	45	4－40	888	800	150	90	27	327	1602	383	250	490	400	600	633	1150×850	950	650
200QW300－10－18.5	200	280	320	8－17.5	25	560	640	550	640	615	30	4－33	700	605	100	60	22	593	1616	274	180	487	400	489	454	1150×850	800	600
150QW130－30－22	150	225	265	8－17.5	25	480	560	520	600	525	35	4－33	640	560	100	60	22	637	1516	213	152	522	400	405	365	1150×850	750	650
150QW130－30－22	150	225	265	8－17.5	25	480	560	520	600	525	35	4－33	640	560	100	60	22	567	1559	213	152	452	400	396	365	1150×850	750	600
250QW250－17－22	250	335	375	12－17.5	27	650	750	700	800	720	42	4－40	798	710	150	90	27	674	1597	303	185	515	400	595	488	1150×850	950	650
200QW400－10－22	200	280	320	8－17.5	25	560	640	550	640	615	30	4－33	700	605	100	60	22	603	1240	274	180	497	400	480	454	1300×900	800	600
250QW600－7－22	250	335	375	12－17.5	27	650	750	700	800	720	42	4－40	798	710	150	90	27	637	1640	303	185	475	400	600	488	1200×900	950	650
300QW720－6－22	300	395	440	12－22	30	770	870	780	880	765	45	4－40	888	800	150	90	27	627	1602	383	250	490	400	600	633	1200×900	950	650
150QW100－40－30	150	225	265	8－17.5	25	480	560	520	600	525	35	4－33	640	560	100	60	22	677	1185	213	152	562	400	387	365	1150×900	750	650
150QW200－30－30	150	225	265	8－17.5	25	480	560	520	600	525	35	4－33	640	560	100	60	22	605	1185	213	152	490	400	400	365	1150×900	750	650

续表

泵型号	φA	φB	φC	n₁-φf	δ	e	f	g	h	H₁	h₁	n₂-φk	L	M	m	n	p	K	H	l	T₁	T₂	H₃min	H₂	J	E	K₁	K₂
150QW200-22-30	150	225	265	8-17.5	25	480	560	520	600	525	35	4-33	640	560	100	60	22	597	1170	213	152	482	400	403	365	1150×900	750	700
200QW360-15-30	200	280	320	8-17.5	25	560	640	550	640	615	30	4-33	700	605	100	60	22	600	1250	274	180	494	400	420	454	1150×900	800	700
250QW500-10-30	250	335	375	12-17.5	27	650	750	700	800	720	42	4-40	798	710	150	90	27	737	1234	303	185	575	500	570	488	1300×1000	950	750
400QW1250-5-30	400	515	565	16-26	30	850	950	780	880	800	50	6-40	630	542	150	90	27	975	1305	290	240	755	500	590	630	1400×1200	1100	800
150QW140-45-37	150	225	265	8-17.5	25	480	560	520	600	525	35	4-33	640	560	100	60	22	667	2029	213	152	552	400	420	365	1300×900	750	750
200QW350-20-37	200	280	320	8-17.5	25	560	640	550	640	615	30	4-33	700	605	100	60	22	750	1840	274	180	644	400	450	454	1300×900	800	750
250QW700-11-37	250	335	375	12-17.5	27	650	750	700	800	720	42	4-40	798	710	150	90	27	737	2053	303	185	575	500	570	488	1300×1000	950	800
300QW900-8-37	300	395	440	12-22	30	770	870	780	880	765	45	4-40	888	800	150	90	27	760	1860	383	250	623	500	660	633	1300×1000	950	750
350QW1400-5.5-37	350	445	490	12-22	30	770	870	780	880	765	45	4-40	888	800	150	90	27	777	2089	383	250	640	500	660	633	1300×1000	1000	750
200QW250-35-45	200	280	320	8-17.5	25	560	640	550	640	615	30	4-33	700	605	100	60	22	780	1950	274	180	674	400	650	454	1350×900	800	700
200QW400-24-45	200	280	320	8-17.5	25	560	640	550	640	615	30	4-33	700	605	100	60	22	653	1970	274	180	547	400	500	454	1350×1000	800	750
250QW600-15-45	250	335	375	12-17.5	27	650	750	700	800	720	42	4-40	798	710	150	90	27	727	2152	303	185	565	400	620	488	1350×1000	950	750
350QW1100-10-45	350	445	490	12-22	30	770	870	780	880	765	45	4-40	888	800	150	90	27	727	2151	383	250	590	400	580	633	1350×1000	1000	750
150QW150-56-55	150	225	265	8-17.5	25	480	560	520	600	525	35	4-33	640	560	100	60	22	687	1993	213	152	572	500	405	365	1400×1200	750	900
200QW250-40-55	200	280	320	8-17.5	25	560	640	550	640	615	30	4-33	700	605	100	60	22	705	2087	274	180	599	500	485	454	1400×1200	800	900
200QW400-34-55	200	280	320	8-17.5	25	560	640	550	640	615	30	4-33	700	605	100	60	22	698	2012	274	180	587	500	456	454	1400×1200	800	900
250QW600-20-55	250	335	375	12-17.5	27	650	750	700	800	720	42	4-40	798	710	150	90	27	800	2120	303	185	638	500	680	488	1400×1200	950	900
300QW800-15-55	300	395	440	12-22	30	770	870	780	880	765	45	4-40	888	800	150	90	27	732	2099	383	250	595	500	588	633	1400×1200	950	850
400QW1692-7.25-55	400	515	565	16-26	30	850	950	780	880	800	50	6-40	630	542	150	90	27	975	2464	390	240	755	500	650	630	1450×1200	1100	950
150QW108-60-75	150	225	265	8-17.5	25	480	560	520	600	525	35	4-33	640	560	100	60	22	687	2653	213	152	572	500	697	365	1450×1200	750	900
200QW350-50-75	200	280	320	8-17.5	25	560	640	550	640	615	30	4-33	700	605	100	60	22	783	2072	274	180	677	500	480	454	1450×1200	800	900
250QW600-25-75	250	335	375	12-17.5	27	650	750	700	800	720	42	4-40	798	710	150	90	27	797	2110	303	185	635	500	574	488	1450×1200	950	1000
400QW1500-10-75	400	515	565	16-26	30	850	950	780	880	800	50	6-40	630	542	150	90	27	915	2360	390	240	695	500	590	630	1450×1200	1100	950
400QW1500-10-75	400	515	565	16-26	30	850	950	780	880	800	50	6-40	630	542	150	90	27	975	2464	390	240	755	500	590	630	1450×1200	1100	1050
250QW600-30-90	250	335	375	12-17.5	27	650	750	700	800	720	42	4-40	798	710	150	90	27	870	2120	303	185	708	500	630	488	1450×1200	950	1000

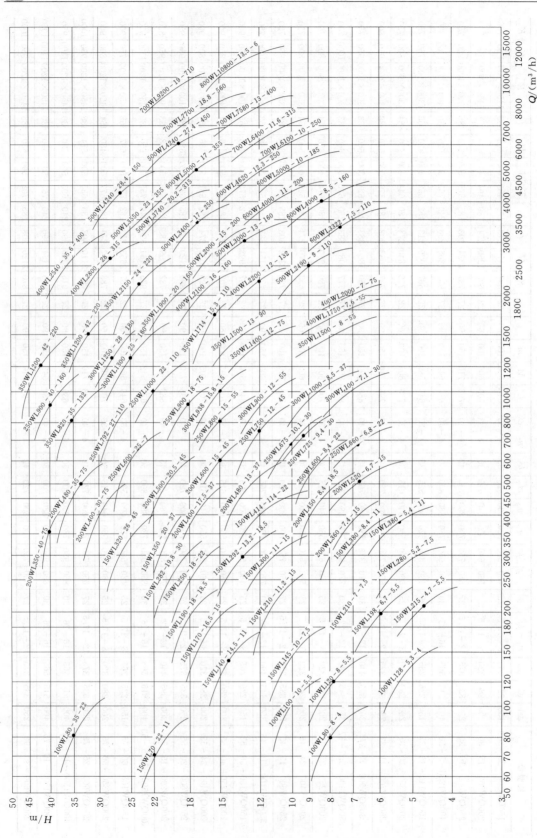

图 B.6 WL 系列立式排污泵型谱图

附 B.2　WL 系列立式排污泵

WL 系列立式排污泵为单吸蜗壳式泵（图 B.7），采用无堵塞防缠绕型单（双）大流道叶轮或双叶片及三叶片叶轮。电机和水泵可以有两种连接方式（连为一体，通过长轴连接）。

从电机方向看，泵轴顺时针方向旋转，WL 系列立式排污泵主要用于提升城市污水，工矿企业污水、泥浆等。

（1）型号说明。

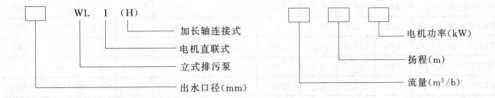

（2）规格及主要技术参数。

WL 系列立式排污泵规格和性能如图 B.6 和表 B.5 所示。

表 B.5　　　　　　　　　　　　WL 系列立式排污泵性能参数表

型号	流量		扬程 /m	转速 /(r/min)	功率/kW		效率 /%	气蚀余量/m	质量 /kg	排出口径/ 吸入口径/mm
	m³/h	L/s			轴功率	配用功率				
100WL80 - 8 - 4	80	22.2	8	1440	2.5	4	71	1.6	250	100/150
100WL126 - 5.3 - 4	126	35	5.3	960	2.5	4	73	1.4	250	100/150
100WL120 - 8 - 5.5	120	33.3	8	1440	3.6	5.5	73	2.2	340	100/150
100WL100 - 10 - 5.5	100	27.8	10	1440	3.8	5.5	71	1.8	340	100/150
100WL30 - 25 - 5.5	30	8.3	25	1450	3.5	5.5	60	2.5	340	100/150
150WL215 - 4.7 - 5.5	215	59.7	4.7	960	3.7	5.5	75	2.0	400	100/200
150WL198 - 6.1 - 5.5	198	55	6.1	960	4.4	5.5	74	1.8	400	150/200
150WL280 - 5.5 - 7.5	280	77.8	5.2	970	5.2	7.5	76	2.4	490	150/200
150WL210 - 7 - 7.5	210	58.3	7	970	5.3	7.5	75	1.9	490	150/200
150WL145 - 10 - 7.5	145	40.3	10	1440	5.4	7.5	73	2.4	490	150/200
150WL380 - 5.4 - 11	380	105.6	5.4	970	7.3	11	77	3.0	960	150/200
150WL360 - 6.4 - 11	360	100	6.4	970	8.2	11	76	2.4	960	150/200
150WL140 - 14.5 - 11	140	38.9	14.5	1460	7.7	11	72	2.0	490	150/200
150WL70 - 22 - 11	70	19.4	22	1460	7.3	11	71	1.3	960	150/200
150WL170 - 16.5 - 15	170	47.2	16.5	1460	10.6	15	72	2.5	1000	150/200
150WL210 - 11.2 - 15	210	58.3	11.2	970	11.5	15	73	1.7	1000	150/200
150WL300 - 11 - 15	300	83.3	11	1460	11.9	15	76	4.1	1000	150/200
200WL360 - 7.4 - 15	360	100	7.4	730	9.5	15	75	1.8	1012	200/250
200WL520 - 6.7 - 15	520	144.4	6.7	970	12.2	15	78	3.7	1012	200/250
150WL190 - 18 - 18.5	190	52.8	18	1470	12.9	18.5	72	2.7	874	150/200
150WL292 - 13.3 - 18.5	292	81.1	13.3	1470	14.1	18.5	75	3.9	874	150/200

型号	流量		扬程	转速	功率/kW		效率	气蚀	质量	排出口径/
	m³/h	L/s	/m	/(r/min)	轴功率	配用功率	/%	余量/m	/kg	吸入口径/mm
200WL450 - 8.4 - 18.5	450	125	8.4	730	13.6	18.5	76	2.1	894	200/250
100WL80 - 35 - 22	80	22.2	35	1470	18	22	75	1.3	960	100/150
150WL250 - 18 - 22	250	69.4	18	970	18	22	76	1.8	980	150/200
150WL300 - 16 - 22	300	83.3	16	1470	17.5	22	75	3.9	980	150/200
150WL414 - 11.4 - 22	414	115	11.4	1470	16.8	22	77	5.3	980	150/200
250WL600 - 8.4 - 22	600	166.7	8.4	730	17.9	22	77	2.6	1100	250/300
250WL680 - 6.8 - 22	680	188.9	6.8	730	16.2	22	78	2.9	1100	250/300
150WL262 - 19.9 - 30	262	72.8	19.9	980	20	30	71	1.8	940	150/200
250WL675 - 10.1 - 30	675	187.5	10.1	730	24.2	30	77	2.7	1110	250/300
250WL725 - 9.4 - 30	725	201.4	9.4	740	24.8	30	75	3.0	1180	250/300
300WL1000 - 7.1 - 30	1000	277.8	7.1	730	24.6	30	79	3.9	1180	300/350
150WL350 - 20 - 37	350	97.2	20	980	26.3	37	73	2.3	980	150/200
200WL400 - 17.5 - 37	400	111.1	17.5	980	25.8	37	74	2.6	1150	200/250
200WL480 - 13 - 37	480	133.3	13	980	25	37	76	3.1	1150	200/250
300WL1000 - 8.5 - 37	1000	277.8	8.5	740	29.5	37	78	3.9	1200	300/350
150WL320 - 26 - 45	320	88.8	26	1480	31.5	45	73	3.7	1280	150/200
200WL500 - 20.5 - 45	500	138.9	20.5	980	36.8	45	76	2.9	1320	200/250
200WL600 - 15 - 45	600	166.7	15	980	34	45	75	3.6	1320	200/250
250WL750 - 12 - 45	750	208.3	12	740	32	45	77	2.9	1350	250/300
100WL100 - 70 - 55	100	27.7	70	1480	42.2	55	76	1.3	1950	100/150
250WL800 - 15 - 55	800	222.2	15	9800	42.2	55	77	4.5	2123	250/300
300WL900 - 12 - 55	900	250	12	740	38.1	55	77	3.3	2400	300/350
350WL1500 - 8 - 55	1500	416.7	8	980	46.7	55	79	8.3	2180	350/400
400WL1750 - 7.6 - 55	1750	486.1	7.6	980	45.5	55	80	9.4	2130	400/450
200WL350 - 40 - 75	350	97.2	40	980	54.5	75	70	2.6	2210	200/250
200WL400 - 30 - 75	400	111.1	30	990	46	75	71	2.4	2210	200/250
200WL460 - 35 - 75	460	127.8	35	990	59.6	75	74	2.5	2210	200/250
250WL600 - 25 - 75	600	166.7	25	990	60.05	75	74	3.3	2240	250/300
250WL900 - 18 - 75	900	250	18	990	57.8	75	77	4.8	2240	250/300
300WL938 - 15.8 - 75	938	260.6	15.8	740	52.8	75	75	3.3	2390	300/350
350WL1400 - 12 - 75	1400	388.9	12	990	57.1	75	78	7.3	2340	350/400
400WL2000 - 7 - 75	2000	555.6	7	740	50.2	75	76	5.4	2480	400/450
300WL1328 - 15 - 90	1328	368.9	15	990	69	90	79	6.7	2480	300/350
350WL1500 - 13 - 90	1500	416.7	13	990	69.8	90	78	7.6	2480	350/400
250WL792 - 27 - 110	792	220	27	990	77.6	110	75	4.0	2620	250/300
250WL1000 - 22 - 110	1000	227.8	22	990	81.4	110	77	5.0	2620	250/300
350WL1714 - 15.3 - 110	1714	476.1	15.3	590	91.6	110	78	3.7	2900	350/400
500WL2490 - 9 - 110	2490	691.7	9	490	76.3	110	80	4.1	3050	500/550

续表

型号	流量		扬程	转速	功率/kW		效率	气蚀	质量	排出口径/
	m³/h	L/s	/m	/(r/min)	轴功率	配用功率	/%	余量/m	/kg	吸入口径/mm
600WL3322 - 7.5 - 110	3322	922.8	7.5	490	83.7	110	81	5.3	3150	600/650
200WL600 - 50 - 132	600	166.7	50	1450	107.6	132	76	6.7	3100	200/250
250WL820 - 35 - 132	820	227.8	35	990	105.6	132	74	3.9	3190	250/300
400WL2200 - 12 - 132	2200	611.1	12	745	95.9	132	80	6.7	3240	400/450
250WL900 - 40 - 160	900	250	40	990	132.8	160	74	4.4	3280	250/300
300WL1300 - 25 - 160	1300	361.1	25	990	114.5	160	77	6.0	3350	300/350

（3）外形和安装尺寸。

WL Ⅰ 型泵外形及安装尺寸如图 B.7 和表 B.6 所示。

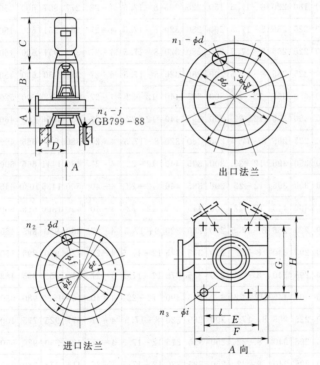

图 B.7　WL Ⅰ 型泵外形及安装尺寸图

| 表 B.6 | | | | | | | | | WL Ⅰ 型泵安装尺寸表 | | | | | | | | | 单位：mm |

型号	出口法兰				进口法兰				$n_3 - \phi i$	A	B	C	D	E	F	G	H	l
	ϕa	ϕb	ϕc	$n_1 - \phi d$	ϕe	ϕf	ϕg	$n_2 - \phi d$										
150WL145 - 10 - 7.5	150	225	265	8 - 17.5	200	280	320	8 - 17.5	4 - 22	312	755	490	400	590	670	355	470	—
150WL380 - 5.4 - 11	150	225	265	8 - 17.5	200	280	320	8 - 17.5	4 - 22	320	755	490	400	590	670	355	470	—
150WL380 - 6.4 - 11	150	225	265	8 - 17.5	200	280	320	8 - 17.5	4 - 22	320	750	490	450	590	670	355	470	—
150WL140 - 14.5 - 11	150	225	265	8 - 17.5	200	280	320	8 - 17.5	4 - 22	320	750	490	450	590	670	355	470	—
150WL170 - 22 - 11	150	225	265	8 - 17.5	200	280	320	8 - 17.5	4 - 22	280	740	490	320	355	470	590	670	—

续表

型号	出口法兰				进口法兰				$n_3 - \phi i$	A	B	C	D	E	F	G	H	l
	ϕa	ϕb	ϕc	$n_1 - \phi d$	ϕe	ϕf	ϕg	$n_2 - \phi d$										
150WL170 − 16.5 − 15	150	225	265	8 − 17.5	200	280	320	8 − 17.5	4 − 22	320	750	535	450	590	670	355	470	—
150WL210 − 11.2 − 15	150	225	265	8 − 17.5	200	280	320	8 − 17.5	4 − 22	320	755	535	450	355	470	590	670	—
150WL300 − 11 − 15	150	225	265	8 − 17.5	200	280	320	8 − 17.5	4 − 22	312	755	535	400	590	670	355	470	—
200WL360 − 7.4 − 15	200	225	340	8 − 22	250	335	375	12 − 17.5	4 − 27	312	985	535	483	500	640	750	840	—
200WL520 − 6.7 − 15	150	225	340	8 − 22	250	335	375	12 − 17.5	4 − 27	410	950	535	450	500	640	750	840	—
150WL190 − 13 − 18.5	150	225	265	8 − 17.5	200	280	320	8 − 17.5	4 − 22	420	950	560	450	590	670	355	470	—
150WL292 − 13.3 − 18.5	150	225	265	8 − 17.5	200	280	320	8 − 17.5	4 − 22	320	950	560	450	590	670	355	470	—
200WL450 − 8.4 − 18.5	200	295	340	8 − 22	250	335	375	12 − 17.5	4 − 27	320	950	560	480	500	640	750	840	—
100WL80 − 35 − 22	100	180	220	8 − 17.5	150	225	265	8 − 17.5	4 − 22	277	907	600	350	355	475	590	670	—
150WL250 − 18 − 22	150	225	265	8 − 17.5	200	280	320	8 − 17.5	4 − 27	364	951	600	450	500	640	750	840	—
150WL300 − 18 − 22	150	225	265	8 − 17.5	200	280	320	8 − 17.5	4 − 27	364	951	600	450	355	470	590	670	—
150WL414 − 11.4 − 22	150	225	265	8 − 17.5	200	280	320	8 − 17.5	4 − 27	320	950	600	450	590	670	355	470	—
250WL600 − 8.4 − 22	250	350	395	12 − 22	300	395	440	12 − 22	4 − 27	450	1100	600	520	790	880	610	700	—
250WL680 − 6.8 − 22	250	350	395	12 − 22	300	395	440	12 − 22	4 − 27	450	1006	600	460	610	700	790	880	—
150WL262 − 19.9 − 30	150	225	265	8 − 17.5	200	280	320	8 − 17.5	4 − 27	380	950	665	450	500	640	750	840	—
250WL675 − 10.1 − 30	250	350	395	12 − ϕd	300	395	440	12 − 22	4 − 27	480	1441	665	600	780	900	735	856	—
250WL725 − 9.4 − 30	250	350	395	12 − 22	300	395	440	12 − 22	4 − 40	500	1435	1030	645	780	900	735	855	—
300WL1000 − 7.1 − 30	300	400	445	12 − 22	350	445	490	12 − 22	4 − 40	450	1300	665	650	780	900	730	850	—
150WL350 − 20 − 37	150	225	265	8 − 17.5	200	280	320	8 − 17.5	4 − 27	380	950	895	450	500	640	750	840	—
200WL400 − 17.5 − 37	200	295	340	8 − 22	250	355	375	12 − 17.5	4 − 27	420	970	895	550	500	640	750	840	—
200WL480 − 13 − 37	200	295	340	8 − 22	250	335	375	12 − 17.5	4 − 27	410	953	895	483	500	640	750	840	—
300WL1000 − 8.5 − 37	300	400	445	12 − 22	350	445	490	12 − 22	4 − 40	450	1300	980	650	780	900	730	850	—
150WL320 − 26 − 45	150	225	265	8 − 17.5	200	280	320	8 − 17.5	4 − 27	377	925	795	400	500	640	750	840	—
200WL500 − 20.5 − 45	200	295	340	8 − 22	250	335	375	12 − 17.5	4 − 27	420	950	980	550	500	640	750	840	—
200WL600 − 15 − 45	200	295	340	8 − 22	250	335	370	12 − 17.5	4 − 27	414	973	980	550	500	640	750	840	—
250WL750 − 12 − 45	250	350	395	12 − 22	300	395	440	12 − 22	4 − 40	500	1405	1030	645	780	900	735	855	—
100WL100 − 70 − 55	100	180	220	8 − 17.5	150	225	265	8 − 17.5	4 − 40	355	1195	890	570	780	900	730	850	—
250WL800 − 15 − 55	250	350	395	12 − 22	300	395	440	12 − 22	4 − 40	480	1400	1030	600	780	900	735	855	—
300WL900 − 12 − 55	300	400	445	12 − 22	350	445	490	12 − 22	4 − 40	455	1285	1220	750	780	900	730	855	—
350WL1500 − 8 − 55	350	460	505	16 − 22	400	495	540	16 − 22	4 − 40	500	1305	1030	550	840	970	745	875	—
400WL1750 − 7.6 − 55	400	515	565	16 − 27	450	550	595	16 − 12	4 − 40	555	1310	1030	620	840	970	745	875	—
200WL350 − 40 − 75	200	295	340	8 − 22	250	335	375	12 − 17.5	4 − 40	440	1825	1200	640	780	900	735	855	—
200WL400 − 30 − 75	200	295	340	8 − 22	250	335	375	12 − 17.5	4 − 27	420	1400	1220	600	780	900	735	855	—
200WL460 − 35 − 75	200	295	340	8 − 22	250	335	375	12 − 17.5	4 − 27	450	1450	1220	620	780	900	735	855	—

型号	出口法兰				进口法兰				$n_3-\phi i$	A	B	C	D	E	F	G	H	l
	ϕa	ϕb	ϕc	$n_1-\phi d$	ϕe	ϕf	ϕg	$n_2-\phi d$										
250WL600-25-75	250	350	395	12-22	300	395	440	12-22	4-40	454	1416	1220	620	780	900	735	855	—
250WL900-18-75	250	350	395	12-22	300	395	440	12-22	4-40	480	1441	1220	600	780	900	735	855	—
300WL938-15.8-75	300	400	445	12-22	350	445	490	12-22	4-40	480	1300	1320	700	780	900	730	850	—
350WL1400-12-75	350	460	505	16-22	400	495	540	16-22	4-40	500	1300	1220	700	780	900	730	850	—
400WL2000-7-75	400	515	565	16-27	450	550	595	16-22	4-40	555	1370	1030	620	840	970	745	875	—
300WL1328-15-90	300	400	445	16-22	350	445	490	12-22	4-40	500	1400	1320	700	780	900	730	850	—
350WL1500-13-90	350	460	505	12-22	400	495	540	16-22	4-40	550	1425	1490	620	840	970	745	875	—
250WL1000-22-110	250	350	395	16-22	300	395	440	12-22	4-40	500	1405	1320	645	780	900	735	855	—
350WL1714-15.3-110	350	460	505	16-22	400	495	540	16-22	4-40	600	1400	1505	800	840	970	745	875	—
500WL2490-9-110	500	620	670	20-27	550	655	705	20-26	6-40	600	1780	1480	850	1080	1210	1030	1160	540
600WL3322-7.5-110	600	725	780	20-30	650	760	820	20-26	6-40	700	1780	1480	900	1210	1340	1160	1290	605
200WL600-50-132	200	295	340	8-22	250	335	375	12-17.5	4-27	555	1359	1170	500	745	875	840	970	—
250WL820-35-132	250	350	395	12-22	300	395	440	12-22	4-40	500	1450	1320	650	780	900	735	855	—
400WL2200-12-132	400	515	565	16-27	450	550	595	16-22	4-40	555	1304	1505	800	840	970	745	875	—
250WL900-40-160	250	350	395	12-22	300	395	440	12-22	4-40	500	1450	1505	700	780	900	735	855	—
300WL1300-25-160	300	400	445	12-22	350	445	490	12-22	4-40	480	1400	1505	700	780	900	730	850	—
300WL1250-28-160	300	400	445	12-22	350	445	490	12-22	4-40	500	1400	1505	700	780	900	730	850	—
350WL1900-20-160	350	460	505	16-22	400	495	540	16-22	4-40	550	1300	1505	750	840	970	745	875	—
40WL2100-16-160	400	515	565	16-27	450	550	595	16-22	4-40	555	1465	1505	800	840	970	745	875	—
500WL3000-13-160	500	620	670	20-27	550	655	705	20-26	6-40	600	1520	1505	900	1080	1210	1030	1160	540
600WL4000-8.5-160	600	725	780	20-30	700	840	895	24-30	6-40	600	1520	1505	900	1080	1210	1030	1160	540
600WL5000-10-185	600	725	780	20-30	650	760	810	20-26	6-40	570	1355	1415	1200	510	780	1320	1450	255
500WL2900-15-200	500	620	670	20-27	550	655	705	20-26	6-40	650	1355	1415	950	510	780	1320	1450	255
600WL4000-11-200	600	725	780	20-30	650	760	810	20-24	6-40	700	1355	1415	900	510	780	1320	1450	255
700WL5500-8.5-200	700	840	895	24-30	800	950	1015	24-33	6-40	800	1355	1415	1100	1000	1270	1600	1730	500
350WL1200-42-220	350	460	505	16-22	400	495	540	16-22	4-40	600	1360	1505	800	840	970	745	965	—
350WL1500-32-220	350	460	505	16-22	400	495	540	16-22	4-40	600	1400	1505	800	840	970	745	875	—
350WL2150-24-220	350	460	505	16-22	400	495	540	16-22	4-40	600	1400	1505	800	840	970	745	875	—
500WL3000-19-220	500	620	670	20-27	550	655	705	20-26	6-40	530	1590	1430	925	1080	1210	1030	1160	540
500WL3400-17-250	500	620	670	20-27	550	655	705	20-26	6-40	700	2070	1710	1000	510	780	1320	1450	255
400WL1100-52-250	400	515	565	16-27	450	550	595	16-22	4-40	600	1400	2444	800	840	970	745	965	—
600WL4820-12.3-250	600	725	780	20-30	700	810	860	24-26	6-40	700	2070	1710	1000	1000	1270	1600	1730	500

WL Ⅱ型泵（电机和水泵长轴安装）外形及安装尺寸如图 B.8 和表 B.7 所示。

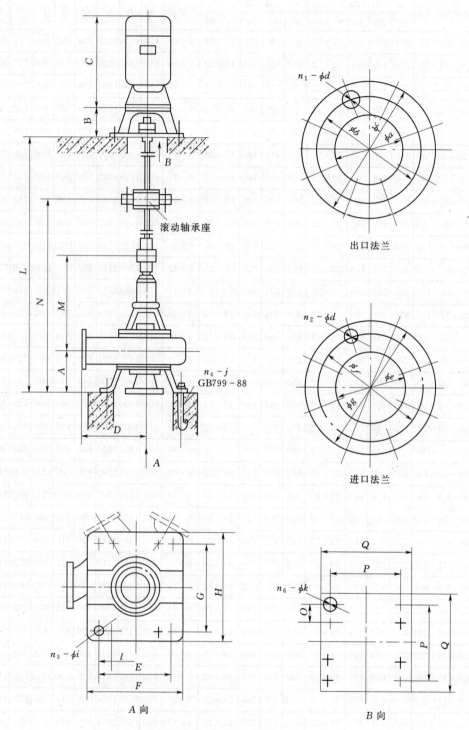

图 B.8　WL Ⅱ型泵外形及安装尺寸图

N、L 尺寸根据用户要求确定。

表 B.7　WL Ⅱ型泵安装尺寸表

单位：mm

型号	出口法兰				进口法兰				$n_3-\phi i$	A	B	C	D	E	F	G	H	I	M	O	P	Q	$n_6-\phi k$
	ϕa	ϕb	ϕc	$n_1-\phi d$	ϕe	ϕf	ϕg	$n_2-\phi d$															
100WL100-10-5.5	100	180	220	8-17.5	150	225	265	8-17.5	4-22	300	430	395	300	355	435	590	670	—	555	300	600	700	6-27
100WL30-25-5.5	100	180	220	8-17.5	150	225	265	8-17.5	4-22	301	430	400	340	355	435	590	670	—	555	300	600	700	6-27
150WL210-7-7.5	150	225	265	8-17.5	200	280	320	8-17.5	4-22	312	430	495	400	590	670	355	470	—	654	300	600	700	6-27
150WL190-18-18.5	150	225	265	8-17.5	200	280	3200	8-17.5	4-22	320	430	560	450	590	670	355	470	—	840	300	600	700	6-27
150WL292-13.3-18.5	150	225	265	8-17.5	200	280	320	8-17.5	4-22	320	430	560	450	590	670	355	470	—	340	300	600	700	6-27
200WL450-8.4-18.5	200	295	340	8-22	250	335	375	12-17.5	4-22	320	430	560	480	500	640	750	840	—	310	300	600	700	6-27
100WL80-35-22	100	180	220	8-17.5	150	225	265	8-17.5	4-22	320	430	600	450	355	435	590	670	—	300	300	600	700	6-27
150WL250-18-22	150	225	265	8-17.5	200	280	320	8-17.5	4-22	320	430	600	450	590	670	355	470	—	344	300	600	700	6-27
150WL300-16-22	150	225	265	8-17.5	200	280	320	8-17.5	4-22	320	430	600	450	590	670	355	470	—	840	300	600	700	6-27
150WL414-11.4-22	150	225	265	8-17.5	200	280	320	8-17.5	4-22	320	430	600	450	590	670	355	470	—	840	300	600	700	6-27
250WL600-8.4-22	250	350	395	12-22	300	395	440	12-22	4-27	450	430	600	520	790	880	610	700	—	854	300	600	700	6-27
250WL680-6.8-22	250	350	395	12-22	300	395	440	12-22	4-27	450	430	600	480	610	700	740	880	—	854	300	600	700	6-27
150WL262-19.9-30	150	225	265	8-17.5	200	280	320	8-17.5	4-27	380	430	665	450	500	640	750	840	—	810	300	600	700	6-27
250WL675-10.1-30	250	350	395	12-22	300	395	440	12-28	4-27	450	430	665	480	790	880	610	700	—	854	300	600	700	6-27
250WL720-9.4-30	250	350	395	12-22	300	395	440	12-22	4-40	500	430	1030	645	780	900	735	855	—	1160	300	600	700	6-27
300WL1000-7.1-30	300	400	445	12-22	350	445	490	12-22	4-40	450	430	665	650	780	900	735	855	—	1160	300	600	700	6-27
150WL350-20-37	150	225	265	8-17.5	200	280	320	8-17.5	4-27	380	430	895	450	500	640	750	840	—	810	300	600	700	6-27
200WL400-17.5-37	200	280	320	12-22	250	335	375	12-17.5	4-27	410	430	895	460	500	640	750	840	—	810	300	600	700	6-27
200WL480-13-37	200	280	320	12-22	250	335	375	12-17.5	4-27	410	430	895	483	500	640	750	850	—	820	300	600	700	6-27
300WL1000-8.5-37	300	400	445	12-22	350	445	490	12-22	4-40	450	430	980	650	780	900	750	840	—	1160	300	600	700	6-27
150WL320-26-45	150	225	265	8-17.5	200	280	320	8-17.5	4-27	377	430	795	400	500	640	750	840	—	800	300	600	700	6-27
200WL500-20.5-45	200	295	340	12-22	250	335	375	12-17.5	4-27	414	430	980	550	500	640	750	840	—	818	300	600	700	6-27
200WL600-15-45	200	295	340	12-22	250	335	375	12-17.5	4-27	414	430	980	550	500	640	750	840	—	840	300	600	700	6-27
250WL750-12-45	250	350	395	12-22	300	395	440	12-22	4-40	500	430	1030	645	780	900	735	855	—	1231	300	600	700	6-27
100WL1100-70-55	100	180	220	8-17.5	150	225	265	8-17.5	4-40	355	430	890	570	780	900	730	850	—	1045	300	600	700	6-27
250WL800-15-55	250	350	395	12-22	300	395	440	12-22	4-40	480	430	1030	600	780	900	735	855	—	1260	300	600	700	6-27
300WL900-12-55	300	400	445	12-22	350	445	490	12-22	4-40	455	430	1220	750	790	900	730	850	—	1140	300	600	700	6-27

续表

型号	出口法兰				进口法兰				$n_3-\phi i$	A	B	C	D	E	F	G	H	I	M	O	P	Q	$n_6-\phi k$
	ϕa	ϕb	ϕc	$n_1-\phi d$	ϕe	ϕf	ϕg	$n_2-\phi d$															
350WL1500-8-55	350	460	505	16-22	400	495	540	16-22	4-40	500	430	1030	550	840	970	745	875	—	115	300	600	700	6-27
400WL1750-7.6-55	400	515	565	17-26	450	550	595	16-22	4-40	555	430	1030	620	840	970	745	875	—	1160	300	600	700	6-27
200WL350-40-75	200	295	340	8-22	250	335	375	12-17.5	4-40	440	530	1220	640	780	900	735	855	—	1230	—	840	970	4-40
200WL400-30-75	200	295	340	8-22	250	335	375	12-17.5	4-27	420	530	1220	600	780	900	735	855	—	1230	—	840	970	4-40
200WL460-35-75	200	295	340	8-22	250	335	375	12-17.5	4-27	450	530	1220	620	780	900	735	855	—	1215	—	840	970	4-40
250WL600-25-75	250	350	395	12-22	300	395	440	12-22	4-40	484	530	1220	620	780	900	735	855	—	1239	—	840	970	4-40
250WL900-18-75	250	350	395	12-22	300	395	440	12-22	4-40	480	530	1220	600	780	900	735	855	—	1240	—	840	970	4-40
300WL938-15.8-75	300	400	445	12-22	350	445	490	12-22	4-40	480	530	1320	700	780	900	735	855	—	1130	—	840	970	4-40
350WL1400-12-75	350	460	505	16-22	400	495	540	16-22	4-40	500	530	1220	700	780	900	730	850	—	1130	—	840	970	4-40
400WL2000-7-15	400	515	565	16-27	450	550	595	16-22	4-40	555	530	1030	550	840	970	745	875	—	1160	300	600	700	6-27
300WL1328-15-90	300	400	445	12-22	350	445	490	12-22	4-40	500	530	1320	700	780	900	730	850	—	1130	—	840	970	4-40
350WL1500-13-90	350	460	505	16-22	400	495	540	16-22	4-40	550	530	1320	843	840	970	745	875	—	1251	—	840	970	4-40
250WL792-27-110	250	350	395	12-22	300	395	440	12-22	4-40	500	530	1320	645	780	900	735	855	—	1132	—	840	970	4-40
250WL1000-22-110	250	350	395	12-22	300	395	440	16-22	4-40	500	530	1320	645	780	900	735	855	—	1235	—	840	970	4-40
350WL1714-15.3-110	350	460	505	16-22	400	495	540	16-22	4-40	600	530	1505	800	840	970	745	875	—	1190	—	840	970	4-40
500WL2490-9-110	500	620	670	20-27	550	655	705	20-26	6-40	600	530	1480	1080	1080	1210	1030	1160	540	1570	—	840	970	4-40
600WL3322-7.5-110	600	725	780	20-30	700	840	895	24-30	6-40	700	530	1480	900	1210	1340	1160	1290	605	1600	—	840	970	4-40
200WL600-50-132	200	295	340	8-22	250	335	375	12-17.5	4-27	555	530	1170	500	745	875	840	970	—	1280	—	840	970	4-40
250WL820-35-132	250	380	395	12-22	300	395	440	12-22	4-40	555	530	1320	650	780	900	735	855	—	1280	—	840	970	4-40
400WL2200-12-132	400	515	565	16-27	450	550	595	16-22	4-40	555	530	1525	800	840	970	745	875	—	1255	—	840	970	4-40
250WL900-40-160	250	350	395	12-22	300	395	440	12-22	4-40	500	530	1505	700	780	900	735	855	—	1280	—	840	970	4-40
300WL1300-25-160	300	400	445	12-22	350	445	490	12-22	4-40	480	530	1505	700	780	900	730	850	—	1230	—	840	970	4-40
300WL1250-28-160	300	400	445	12-22	350	445	490	12-22	4-40	480	530	1505	700	780	900	730	850	—	1230	—	840	970	4-40
300WL1900-20-160	300	400	445	12-22	350	445	490	12-22	4-40	480	530	1505	700	780	900	730	850	—	1230	—	840	970	4-40
400WL2100-16-160	400	515	565	16-27	450	550	595	16-22	4-40	555	530	1505	800	840	970	745	875	—	1290	—	840	970	4-40
500WL3000-13-160	500	620	670	20-27	550	655	705	20-26	6-40	600	530	1505	900	1080	1210	1030	1160	540	1336	—	840	970	4-40
600WL4000-8.5-160	600	725	780	20-30	650	760	810	20-26	6-40	570	530	1505	1000	1080	1210	1030	1160	540	1330	—	840	970	4-40

续表

型号	出口法兰				进口法兰				$n_3-\phi i$	A	B	C	D	E	F	G	H	I	M	O	P	Q	$n_6-\phi k$
	ϕa	ϕb	ϕc	$n_1-\phi d$	ϕe	ϕf	ϕg	$n_2-\phi d$															
600WL5000-10-185	600	725	780	20-30	650	760	810	20-26	6-40	570	530	1415	1200	510	780	1320	1450	255	1355	—	840	970	4-40
500WL2900-15-200	500	620	670	20-27	550	655	705	20-26	6-40	600	530	1505	900	1080	1210	1030	1160	540	1300	—	840	970	4-40
600WL4000-11-200	600	725	780	20-30	700	840	895	24-30	4-40	600	780	1505	1000	1080	1210	1030	1160	540	1300	—	1050	1150	4-40
70WL5500-8.5-200	700	840	895	24-30	800	950	1015	24-33	6-40	600	780	1505	1100	1080	1210	1030	1160	540	1350	—	1050	1150	4-40
350WL1200-42-220	350	460	505	16-22	400	495	540	16-22	4-40	600	780	1505	800	840	970	745	875	—	1190	—	1050	1150	4-40
350WL1500-32-220	350	460	505	16-22	400	495	540	16-22	6-40	600	780	1505	800	1080	1210	1030	1160	540	1330	—	1050	1150	4-40
350WL2150-24-200	350	460	505	16-22	400	495	540	16-22	6-40	600	780	1505	900	1080	1210	1030	1160	540	1330	—	1050	1150	4-40
500WL3000-19-220	500	620	670	20-27	550	655	705	20-26	6-40	530	780	1505	925	1080	1210	1030	1160	540	1330	—	1050	1150	4-40
400WL1100-52-250	400	515	565	16-27	450	550	595	16-22	6-40	600	1400	1430	800	840	970	745	965	—	1900	—	1050	1150	4-40
500WL3400-17-250	500	620	670	20-27	550	655	705	20-26	6-40	600	780	2444	800	1080	1210	1030	1160	540	1900	—	1050	1150	4-40
600WL4820-12.3-350	600	725	780	20-30	700	840	895	24-30	6-40	600	780	1710	900	1080	1270	1600	1730	500	1900	—	1050	1150	4-40
700WL6100-10-250	700	840	895	24-30	800	950	1015	24-33	6-40	600	780	1710	1000	1000	1270	1600	1730	500	1900	—	1050	1150	4-40
700WL6500-9.5-250	700	840	895	24-30	800	950	1015	24-33	6-40	600	780	1710	1200	1000	1270	1600	1730	500	1900	—	1050	1150	4-40
400WL2600-28-315	400	515	565	16-27	450	550	595	16-22	6-40	600	780	1710	1100	1000	1270	1600	1730	500	1900	—	1050	1150	4-40
500WL3740-20.2-315	500	620	670	20-26	550	655	705	20-26	6-40	600	780	1710	1300	1000	1270	1600	1730	500	1900	—	1050	1150	4-40
700WL6400-11.6-315	700	840	895	24-30	800	950	1015	24-33	6-40	600	780	1710	1200	1000	1270	1600	1730	500	1900	—	1050	1150	4-40
500WL3550-23-355	500	620	670	20-27	550	655	705	20-26	6-40	600	780	1710	1300	1000	1270	1600	1730	500	1900	—	1050	1150	4-40
600WL5000-17-355	600	725	780	20-30	700	810	860	24-26	6-40	600	780	1710	1200	1000	1270	1600	1730	500	1900	—	1050	1150	4-40
400WL2540-35.6-400	400	515	565	16-22	450	550	595	16-22	6-40	700	780	1850	1200	1100	1270	1600	1930	550	2000	600	1050	1150	6-40
700WL7580-13-400	700	840	895	24-30	800	950	1015	24-33	6-40	700	780	2100	1400	1100	1370	1800	1930	550	2000	600	1200	1350	6-40
800WL8571-11.8-400	800	950	1015	24-33	900	1020	1075	24-33	6-40	700	780	2100	1400	1100	1370	1800	1930	550	2000	600	1200	1350	6-40
500WL4240-26.4-450	500	620	670	20-27	550	655	705	20-27	6-40	700	780	2000	1300	1100	1370	1800	1930	550	2000	—	1050	1150	4-40
600WL6000-19-450	600	725	780	20-30	700	810	860	24-26	6-40	700	780	2000	1300	1100	1370	1800	1930	550	2000	—	1050	1150	4-40
700WL7700-16.8-560	700	840	895	24-30	800	950	1015	24-33	6-44	700	780	2200	1350	1300	1600	2000	2200	650	2200	600	1200	1350	6-40
800WL10800-13.5-630	800	950	1016	24-33	900	1020	1075	24-33	6-40	700	780	2350	1400	1300	1600	2000	2200	650	2200	600	1200	1350	6-40
800WL11000-16-630	800	950	1015	24-33	900	1020	1075	24-33	6-40	700	780	2350	1400	1300	1600	2000	2200	650	2200	600	1200	1350	6-40
700WL9200-19-710	700	840	895	24-30	800	950	1015	24-33	6-40	700	780	2350	1400	1300	1600	2000	2200	650	2200	600	1200	1350	6-40